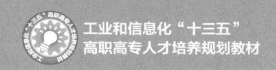
工业和信息化"十三五"
高职高专人才培养规划教材

计算机
组装与维护 第4版

Computer Assembly and Maintenance

张永健 周洁波 ◎ 主编

U0196200

人民邮电出版社
北 京

图书在版编目（CIP）数据

计算机组装与维护 / 张永健，周洁波主编. -- 4版
. -- 北京：人民邮电出版社，2018.2（2022.11重印）
工业和信息化"十三五"高职高专人才培养规划教材
ISBN 978-7-115-44669-5

Ⅰ. ①计… Ⅱ. ①张… ②周… Ⅲ. ①电子计算机－
组装－高等职业教育－教材②计算机维护－高等职业教育
－教材 Ⅳ. ①TP30

中国版本图书馆CIP数据核字(2017)第008331号

内 容 提 要

本书较全面地介绍了计算机系统的硬件组成、软件安装与使用及系统维护知识。全书共13章，具体内容包括微型计算机概述、CPU、主板、存储设备、输入设备、输出设备、其他设备、组装计算机、BIOS 设置与硬盘初始化、操作系统与驱动程序的安装、组建局域网、微型计算机的系统维护、计算机的日常维护与故障检测等。书后还提供了 9 个实训，读者通过练习和操作实践，可以巩固所学的内容。

本书可以作为高职高专计算机及相关专业和非计算机专业"计算机组装与维护"课程的教材，也可以作为微机软、硬件培训班教材，并适合计算机维修维护人员、计算机销售技术支持的专业人员和广大计算机爱好者自学使用。

◆ 主　编　张永健　周洁波
　　责任编辑　桑　珊
　　责任印制　焦志炜

◆ 人民邮电出版社出版发行　　北京市丰台区成寿寺路 11 号
　　邮编 100164　　电子邮件 315@ptpress.com.cn
　　网址 http://www.ptpress.com.cn
　　固安县铭成印刷有限公司印刷

◆ 开本：787×1092　1/16
　　印张：17.25　　　　　　　　　　2018 年 2 月第 4 版
　　字数：415 千字　　　　　　　2022 年 11 月河北第 10 次印刷

定价：45.00 元

读者服务热线：(010)81055256　印装质量热线：(010)81055316
反盗版热线：(010)81055315
广告经营许可证：京东市监广登字20170147号

第 4 版前言

《计算机组装与维护（第 3 版）》自 2012 年 9 月出版以来，受到了许多高职高专院校师生的欢迎。作者结合目前最新的计算机软、硬件技术和近几年课程教学改革实践，在保留原书特色的基础上，对第 3 版进行了全面修订，本次修订的主要内容如下。

- 对本书第 3 版的各个章节内容进行了更新，增加了最新的硬件产品和系统软件的介绍。
- 以当前主流操作系统和路由器为例，详细介绍了小型局域网的工作原理和组建过程。
- 对本书的部分操作性内容做了细致的视频演示，有利于初学者快速熟悉掌握。
- 删减了对笔记本电脑组成结构、升级方法和维护技巧的介绍，将对笔记本的选购、组装与维护单独编定成书。

修订后，本书详细介绍了最新的计算机系统组成部件，包括 CPU、主板、内存、显卡、硬盘及各种输入/输出设备等，并讲述了微型计算机的工作原理和基本性能参数，全面讲解了计算机硬件的选购和组装、主流操作系统的安装调试、系统性能的优化、计算机维护的常见注意事项等。针对品牌机用户的不断增多，本书加入了品牌台式机常用的软件升级和系统维护技巧。硬件方面，新增内容涉及目前流行的固态硬盘、平板电脑、一体机电脑和无线网络设备，并详细讲解了小型无线局域网的组建过程；软件方面，新增内容包括Windows 10 系统的安装和维护技巧。本书内容新颖，可操作性强，图文并茂，简明易懂，既有理论又有实践，从实用角度出发，重点培养学生动手解决实际问题的能力。

本书共 13 章，建议课程安排 50～60 学时，其中包括 10～18 学时的实训。

本书由张永健、周洁波任主编，周洁波确定了全书的内容框架和提纲，负责体例安排和统稿定稿等工作，张永健编写、更新和校对了各个章节内容和实训部分，并对部分章节的内容做了视频演示。同时感谢魏冬淞、孟孔明、魏芸强、张毓和任昊天同学参与了部分章节的修订工作，孟孔明和魏芸强设计和制作了书中部分动画内容。

由于编者水平有限，书中难免存在缺点和错误，恳请广大读者批评指正。

编　者
2016 年 11 月

目录 CONTENTS

第 4 章　存储设备　　55

第 7 章 其他设备

实训

实训　257

第 1 章 微型计算机概述

计算机是 20 世纪最伟大的发明之一。自从 1946 年 2 月诞生第一台电子数字计算机（Electronic Numerical Integrator And Calculator，ENIAC）以来，计算机技术的发展可谓日新月异。尤其是微型计算机的问世，打破了计算机的神秘感和计算机只能由少数专业人员使用的局面，使得计算机及其应用渗透到社会的各个领域。计算机技术的飞速发展和广泛应用，使得使用计算机成为人们必不可少的技能。如何组装一台性价比较高、稳定性较好的计算机，如何维护好自己使用的计算机，可以说是每位计算机使用者非常关心的问题。本章简要介绍微型计算机系统的组成、微型计算机的硬件结构和组装一台计算机的一般步骤。

1.1 微型计算机系统

1.1.1 微型计算机系统的组成

微型计算机，简称微机，也称为个人计算机（Personal Computer）。一个完整的微型计算机系统是由软件系统和硬件系统两部分组成的，如图 1-1 所示。

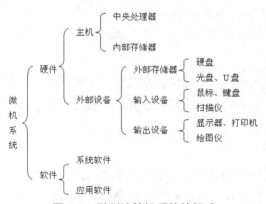

图 1-1 微型计算机系统的组成

计算机硬件是指组成一台计算机的各种物理装置，它们由各种实在的器件所组成。直观地看，计算机硬件是一大堆设备，它们是计算机进行工作的物质基础。

计算机软件是指在硬件设备上运行的各种程序、数据及有关的资料。程序实际上是用于指挥计算机执行各种动作以便完成指定任务的指令集合。

通常，把不装备任何软件的计算机称为裸机。目前，普通用户所面对的一般都不是裸机，而是在裸机上配置若干软件之后所构成的计算机系统。计算机之所以能够渗透到各个领域，能够出色地完成各种不同的任务，正是由于软件的丰富多彩。当然，计算机硬件是支撑计算机软件工作的基础，没有足够的硬件支持，软件就无法正常地工作。

实际上，在计算机技术的发展进程中，计算机软件随硬件技术的迅速发展而发展；反过来，软件的不断发展与完善，又促进了硬件的新发展。两者的发展密切地交织在一起，缺一不可。

1.1.2　微型计算机的硬件系统

微型计算机的硬件系统由以下几部分组成。

1．中央处理器

中央处理器（Central Processing Unit，CPU）主要包括运算器和控制器两个部件。运算器负责对数据进行算术和逻辑运算（即对数据进行加工处理），控制器负责对程序所规定的指令进行分析、控制，并协调输入/输出操作或对内存的访问。通常，运算器和控制器被合成在一块集成电路芯片上，这就是人们常说的CPU芯片。

中央处理器是计算机系统的核心，计算机发生的所有动作都是受CPU控制的。

2．存储器

存储器负责存储程序和数据，并根据控制命令提供这些程序和数据。

存储器是计算机的记忆部件，用于存放计算机进行信息处理所必需的原始数据、中间结果、最后结果及指示计算机工作的程序。

计算机的存储器分为内存（内存储器）和外存（外存储器）。内存又称为主存。CPU与内存合在一起一般称为主机。

外存又称辅助存储器（辅存）。外存储器的容量一般都比较大，而且可以移动，便于不同计算机之间进行信息交流。在微型计算机中，常用的外存有磁盘、光盘和U盘等。最常用的是磁盘，磁盘又分为硬盘和软盘。随着U盘的普及，软盘已经被淘汰。

3．输入设备

输入设备负责把用户的信息（包括程序和数据）输入到计算机中。

输入设备是外界向计算机传送信息的装置。在微型计算机系统中，最常用的输入设备有键盘和鼠标。

4．输出设备

输出设备负责将计算机中的信息（包括程序和数据）传送到外部媒介供用户查看或保存。

输出设备的作用是将计算机处理的结果传送到外部媒介，并转化成某种为人们所需要的表示形式。例如，将计算机中的程序、程序运行结果、图形、录入的文章等在显示器上显示出来，或者用打印机打印出来。在微机系统中，最常用的输出设备是显示器和打印机。有时根据需要还可以配置其他的输出设备，如绘图仪等。

由此可以看出，计算机硬件的基本功能是接受计算机程序的控制，实现数据输入、运算、数据输出等一系列根本性的操作。

1.1.3　微型计算机的软件系统

软件是计算机系统的重要组成部分。相对于计算机硬件而言，软件是计算机的无形部分，但其作用是很大的。这好比人们要在上班的路上听音乐，就必须要有手机或 MP3 等设备，这是硬件条件，但仅有硬件条件还听不成音乐，还必须要从网上下载自己喜欢的歌曲，这就是软件条件。由此可见，如果只有好的硬件，但没有好的软件，计算机是不可能显示出它的优越性的。

微型计算机的软件系统可以分为系统软件和应用软件两大类。

1. 系统软件

系统软件是指管理、监控和维护计算机资源（包括硬件和软件）的软件。常见的系统软件有操作系统、各种语言处理程序及各种工具软件等。

目前使用最广泛的操作系统有 DOS、UNIX 和 Windows。其中 DOS 操作系统曾是世界上最为流行的操作系统，它属于单用户单任务磁盘操作系统，并且已有多种汉化版本。UNIX 操作系统是世界上应用最广泛的一种多用户多任务操作系统。特别要指出的是，多窗口操作系统 Windows 为用户提供了最友好的界面，已在各种微机上得到了广泛的应用，对计算机的普及与应用起到了极大的促进作用。

2. 应用软件

应用软件是指除了系统软件以外的所有软件，它是用户利用计算机及其提供的系统软件为解决各种实际问题而编制的计算机程序。由于计算机已渗透到了各个领域，因此，应用软件是多种多样的。应用软件主要是在各个具体领域中为用户提供辅助功能，它也是绝大多数用户学习、使用计算机时最感兴趣的内容。应用软件具有很强的实用性，专门用于解决某个应用领域中的具体问题，因此，它也具有很强的专用性。由于计算机应用的日益普及，各行各业的应用软件越来越多。也正是这些应用软件的不断开发和推广，显示出了计算机无比强大的威力和无限广阔的前景。应用软件的内容很广泛，涉及社会的许多领域，很难概括齐全，也很难确切地进行分类。

常见的应用软件有：
① 信息管理软件；
② 办公自动化系统；
③ 文字处理软件；
④ 辅助设计软件及辅助教学软件；
⑤ 软件包，如数值计算程序库、图形软件包等。

1.2　微型计算机的硬件结构

对于计算机用户和维修人员来说，最重要的是微机的实际物理结构，即组成微机的各个部件。在许多人眼里，计算机是比较精密的设备，神秘而高深莫测，使用多年也不敢打开看看机箱里到底有什么。其实，微机的结构并不复杂，只要了解它是由哪些部件组成的，各部件的功能是什么，就可以对板卡、配件进行维护和升级。

图 1-2 所示为从外部看到的、典型的微机系统，它由主机、键盘、显示器和鼠标等部分组成。

图1-2　从外部看到的微机系统

1. 主机

主机包括主板、CPU、内存、电源、硬盘驱动器（硬盘）、光盘驱动器和插在总线扩展槽上的各种系统功能扩展卡，它们都安装在主机箱里。主机箱内部结构如图1-3所示。

图1-3　主机箱内部结构

（1）主板

从使用功能上讲，主板也称为主机板，有时称为系统板（System Board）、母板。它是一块多层印制电路板，按其大小分为标准板、Micro板和ITX板等几种。主板上装有中央处理器（CPU）、CPU插座、只读存储器（ROM）、随机存储器（RAM，内存储器）和RAM插座、一些专用辅助电路芯片、输入/输出扩展槽、键盘接口，以及一些外围接口和控制开关等。主板如图1-4所示。

通常，把不插CPU、内存条、控制卡的主板称为裸板。主板是微机系统中最重要的部件之一。

（2）硬盘驱动器

硬盘驱动器是微机系统中最主要的外存设备，是系统装置中重要的组成部分，它通过主板的硬盘适配器与主板连接。硬盘如图1-5所示。

图1-4　主板

图1-5　硬盘

（3）光盘驱动器

光盘驱动器也是微机系统中重要的外存设备。光盘的存储容量很大，目前计算机上配备的光驱有些是只读的，即只能从光盘上读取信息而不能把信息写到光盘上，有些是可读/写的，即不仅能读取光盘上的信息，还能将信息写到光盘上。光盘驱动器如图 1-6 所示。

（4）系统功能扩展卡

系统功能扩展卡也称适配器、功能卡。计算机的功能卡一般有显示卡、声卡、网卡、调制解调器等。

显示卡是负责向显示器输出显示信号的，显示卡的性能决定了显示器所能显示的颜色数和图像的清晰度。显示卡如图 1-7 所示。

图 1-6　光盘驱动器

图 1-7　显示卡

声卡是负责处理和输出声音信号的，有了声卡，计算机才能发出声音。

（5）电源

电源是安装在一个金属壳体内的独立部件，它的作用是为系统装置的各种部件提供工作所需的电源，目前台式机的标准电源为 ATX 电源。ATX 电源如图 1-8 所示。

（6）内存

内存是计算机的主存储器，但它只有临时存储数据的功能。在计算机工作时，它存放着计算机运行所需要的数据，关机后，内存中的数据将全部消失；而硬盘和光盘则是永久性的存储设备，关机后，它们保存的数据仍然存在。内存如图 1-9 所示。

图 1-8　电源

（7）CPU

CPU 是中央处理器的简称。CPU 负责整个计算机的运算和控制，它是计算机的大脑，它决定着计算机的主要性能和运行速度。CPU 如图 1-10 所示。

图 1-9　内存

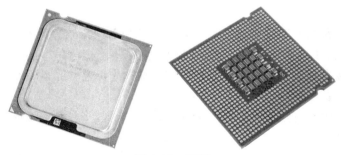

图 1-10　CPU

（8）主机箱

主机箱由金属体和塑料面板组成，分卧式和立式两种，上述所有系统装置的部件均安装在主机箱内部。主机箱面板上一般配有各种工作状态指示灯和控制开关。光盘驱动器总是安装在机箱前面以便插入和取出光盘。机箱后面有电源插口、显示器接口、键盘鼠标插口和 USB 接口等。

2．显示器

显示器是微机不可缺少的输出设备。显示器可显示程序的运行结果，显示输入的程序或数据等。显示器主要有以阴极射线管为核心的 CRT 显示器和液晶显示器。CRT 显示器已被淘汰，目前市场的主流产品为液晶显示器。

3．键盘

键盘是计算机最重要的输入设备。用户的各种命令、程序和数据都可以通过键盘输入计算机。键盘的标准接口为 USB 接口和 PS/2 接口。

4．鼠标

鼠标是计算机在窗口界面中操作必不可少的输入设备。鼠标是一种屏幕标定装置，不能直接输入字符和数字。在图形处理软件的支持下，在屏幕上使用鼠标处理图形要比键盘方便得多。目前市场上的鼠标主要有：机械式鼠标、光学鼠标、无线鼠标等。

除此之外，计算机的外部设备还有很多，如摄像头、手写板、打印机、扫描仪、数码相机、麦克风、移动硬盘、绘图仪等。有关外部设备的信息请查阅第 5 章、第 6 章和第 7 章内容。

计算机配件基本上是标准产品，诸如机箱、电源、主板、适配卡、硬盘、显示器、键盘等部件均可随时随地使用，使用者只要选配所需的部分，然后把它们像积木玩具一样拼装起来就可以了。这样，普通计算机用户都可以学会组装微机。

1.3　组装一台计算机的基本步骤

如何组装一台性价比较高、稳定性较好的计算机呢？一般来说需要以下 8 个步骤。

1．收集市场信息，制订装机计划

随着计算机技术的发展，计算机各种配件的更新速度越来越快，所以组装计算机之前，要认真了解计算机市场以及计算机产品的新技术，了解最新行情，制订初步的硬件配置表，根据预算制订采购方案。

对于经济不是太宽裕的用户，可以考虑在二手市场购买配件。由于计算机部件的更新速度日益提高，二手市场上经常可以见到一些技术上不是主流，但是价格非常低廉、实用的配件。

市场信息的收集可以在一些著名网站、计算机硬件杂志上获得。

2. 采购

按照制订好的方案采购。采购时应该注意包装是否曾经打开，以及配件与包装盒上是否一致。为了防止被奸商欺骗，要去那些信誉好的商店采购，采购前要问好保修包换时间，目前计算机配件至少是三个月包换，一年保修。

3. 组装

采购好所有配件，就可以组装计算机了。打开配件包装后，注意保存好所有配件的保修单和所有板卡的驱动程序。有关组装计算机的方法、步骤请参阅第 8 章内容。

4. 硬盘初始化与安装操作系统

新装的计算机首先要进行 CMOS 参数设置，然后对硬盘进行初始化，即分区格式化，最后安装操作系统。目前，操作系统一般选择 Windows XP/7/10。

5. 驱动程序的安装

操作系统安装完毕，安装主板、显卡、声卡、网卡等硬件的驱动程序。然后重新启动计算机，系统检测正常后，就可以安装用户所需要的应用程序了。

6. 安装应用程序

安装常用的字处理软件、游戏软件、工具软件及网络软件。

7. 做好系统备份文件

使用工具软件对系统盘进行整体备份，以便在今后系统发生问题时及时恢复。

8. 进行 72 小时的拷机

配件若有问题，在 72 小时的拷机中会被发现。如发现配件质量问题，请及时和供应商联系。

 练习题

一、选择题

1. _____是计算机的控制中枢。

    A．内存   B．CPU   C．主板   D．硬盘

2. _____是计算机系统必不可少的输入设备。

    A．键盘   B．鼠标   C．扫描仪   D．摄像头

3. _____是计算机系统必不可少的输出设备。

    A．打印机   B．显示器   C．绘图仪   D．扫描仪

二、填空题

1. 计算机主机内部主要由_____、_____、_____、_____、_____、_____和_____等硬件构成。

2. 一个完整的微机系统是由_____和_____两部分组成的。

3. 微机的软件系统可以分为_____和_____两大类。

4. 通常，把不装备任何软件的计算机称为_____。

三、简答题

1. 简述微机系统的组成。

2. 简述微机系统的硬件结构。

3. 简述组装一台计算机的基本步骤。

第②章 CPU

CPU 是整个计算机系统的核心，也是整个计算机系统最高的执行单位。它负责整个计算机系统指令的执行、数学与逻辑运算、数据存储、传送及输入/输出的控制。

2.1 CPU 发展简介

人们常说的 CPU 都是 x86 系列 CPU 或 x64 系列 CPU。

x86 或 x86-32 是 Intel 公司首先开发制造的一种微处理器体系结构的泛称。该系列早期的处理器名称是以数字来表示，并以"86"作为结尾的，包括 Intel 8086、80186、80286、80386 及 80486，因此其架构被称为"x86"。由于数字并不能作为注册商标，因此 Intel 公司及其竞争者均在新一代处理器中使用可注册的名称，如 Pentium。现在 Intel 公司把 x86-32 称为 IA-32，全名为"Intel Architecture，32-bit"。

Intel 公司为了保证微机能继续运行以往开发的各类应用程序，保护和继承丰富的软件资源，后来生产的所有 CPU 仍然继续使用 x86 指令集。另外，除 Intel 公司之外，AMD 和 Cyrix 等 CPU 厂家也相继生产出使用 x86 指令集的 CPU，由于这些 CPU 能运行为 Intel 公司的 CPU 所开发的各种软件，所以就将这些 CPU 称为 Intel 公司 CPU 的兼容产品。由于 x86 系列及其兼容 CPU 都使用 x86 指令集，就形成了庞大的 x86 系列及兼容 CPU 阵容。

x64 或 x86-64 是 64 位微处理器架构及其相应指令集的一种，也是 Intel x86 架构的延伸产品。x64 是在 1999 年由 AMD 公司设计的，AMD 首次公开 64 位集以扩充给 IA-32，称为 x86-64（后来改名为 AMD 64）。其后也为 Intel 所采用，现在 Intel 称之为 Intel 64。外界多使用 x86-64 或 x64 来称呼这种 64 位架构，从而保持中立，不偏袒任何厂商。

x86 系列 CPU 的发展史实际上是以 Intel 公司的产品为代表的发展历程。从 1978 年 Intel 公司推出 i8086 以来的短短三十多年，CPU 的时钟频率从不足 1MHz 到 3GHz，甚至更高。以下是 x86 系列及 x64 的发展简介。

1978 年 6 月，Intel 公司推出了 16 位微处理器 i8086。

1979 年 6 月，Intel 公司推出了 i8088，时钟频率为 4.77MHz，它的内部数据总线为 16 位，外部数据总线为 8 位，属于准 16 位微处理器，地址总线为 20 位，寻址范围为 1MB 内存。1981 年，IBM 公司用 i8088 芯片首先推出准 16 位 IBM PC，开创了全新的微机时代。

1985 年 10 月，Intel 公司推出全 32 位微处理器芯片 i80386，其内部和外部数据总线都为 32 位，地址总线也为 32 位，可寻址 4GB 内存，时钟频率为 12.5MHz～33MHz。

1989 年 4 月，Intel 公司推出 i80486，为 32 位微处理器，时钟频率为 25MHz～50MHz，带有 8KB 的 L1 Cache 及浮点运算单元。

1993 年，Intel 公司推出 Pentium，它采用 800nm 制造工艺，早期的 Pentium 工作在与系统总线相同的 66MHz 和 60MHz 频率下，没有倍频设置。一年后，Pentium 改用 600nm 半导体制造工艺，供电电压仍为 3.3V，总线频率为 60/66MHz，时钟频率达到 75MHz～200MHz，带有一个 16KB 的一级缓存，8KB 用于数据，8KB 用于指令。此时 Pentium 使用倍频技术，外频×倍频=CPU 时钟频率。

1997 年 5 月 7 日，Intel 公司推出 Pentium Ⅱ，它带有 MMX 指令，核心电压为 2.0V，采用 250nm 制造工艺和 Slot1 架构，工作在 66/100MHz 外频下，时钟频率为 233MHz～450MHz。

1999 年 2 月 26 日，Intel 公司推出了 Pentium Ⅲ CPU 芯片，采用 250nm 制造工艺、Slot1 架构、32KB 一级高速缓存和 256KB 二级高速缓存，工作在 100/133MHz 外频下，包括 MMX 指令和 Intel 自己的 3D 指令 SSE（因特网数据流单指令扩展，有 71 条指令），内核工作电压为 1.6V。

2000 年 6 月，Intel 公司又推出了 Pentium 4 CPU 芯片，Netburst 结构的 Pentium 4，起始频率为 1.4GHz。2001 年 8 月 28 日，Intel 公司发布了代号为 Willamette 的 Pentium 4 CPU，它的最高频率为 2GHz，采用 180nm 制造工艺。2002 年 1 月 7 日，Intel 公司发布了代号为 Northwood 的 Pentium 4 CPU，起始频率为 2GHz，采用 130nm 铜制造工艺，标志着 CPU 进入 130nm 制造工艺时代。目前的主频为 2.0GHz、2.20GHz、2.26GHz、2.40GHz、2.53GHz、3.06GHz、3.2GHz 等。

2005 年 5 月，Intel 公司发布了双核心 64 位处理器 Pentium D，代号有 820、830 和 840。它采用 Smithfield 核心，90nm 制造工艺，功耗 95W 以上，支持 800MHz 前端系统总线，主频分别为 2.80GHz、3.0GHz 和 3.20GHz，内含两个 1MB 的二级高速缓存，支持双核心、64 位存储扩展技术和病毒防护技术，支持 MMX、SSE、SSE2、SSE3 和 EM64T 指令集，配套的芯片组有 955X、945P、945G 等。

2006 年 11 月，Intel 公司发布了以 Kentsfield 为核心的 Core 2 Quadro 处理器，它是第一款面向桌面的四核心处理器。处理器的 4 个核心处理 4 个线程，不支持超线程技术。它采用 65nm 制造工艺，主频为 2.66GHz，其核心架构还是 Core 2 的体系架构，Core 2 上所有的特殊性能在四核产品上得到了延续，处理器具有 2 个 Core 2 Duo 核心、每核心独立拥有 4MB 的二级高速缓存。

2007 年 6 月，Intel 公司发布了 Core 微架构的 Pentium Dual Core（奔腾双核），其代表产品为 Pentium E2140 双核处理器，它采用 65nm 工艺制造，支持 800MHz 前端总线，主频为 1.6GHz，外频为 200MHz，内含 1MB 共享式二级高速缓存，采用 Socket 775 接口，支持 MMX、SSE、SSE2、SSE3 和 SSSE3 多媒体指令集，支持 64 位存储扩展技术、64 位运算指令集和 EIST 节能技术。

2007 年 12 月，Intel 公司发布了新一代旗舰级 x86 四核心处理器——Core 2 Extreme QX9650，它采用 Yorkfield 内核，45nm 工艺制造，支持 1 333MHz 前端总线，主频为 3.0GHz，内含 12MB 二级高速缓存。

2008 年 11 月，Intel 公司发布了 Core i7，它是一款 64 位四核心 CPU，沿用 x86-64 指令集，以 Nehalem 微架构为基础。Core i7 是一款 45nm 原生四核处理器，处理器拥有 8MB 三级高速缓存，支持三通道 DDR3 内存，采用 LGA1366 针脚设计，支持第二代超线程技术，也就是处理器能以八线程运行。首先发布的 3 款 Core i7 处理器分别为 Core i7 920、Core i7 940 和 Core i7 965，主频分别为 3.2GHz、2.93GHz 和 2.66GHz。Core i7 如图 2-1 所示。

图 2-1　Core i7

2009 年 6 月，Intel 公司发布了 Core i5 和 i3。Core i5 是基于 Nehalem 架构的双核处理器，依旧采用整合内存控制器，三级高速缓存达到 8MB，支持 Turbo Boost 等技术的新处理器，采用的是成熟的 DMI（Direct Media Interface），相当于内部集成所有北桥的功能。采用 DMI 用于准南桥通信，并且只支持双通道的 DDR3 内存，采用 LGA1156 接口。Core i3 采用双核心设计，通过超线程技术可支持 4 个线程，总线采用频率 2.5GT/s 的 DMI 总线，三级高速缓存为 4MB，而内存控制器、双通道、超线程技术等技术还会保留，同样采用 LGA 1156 接口。

2009 年 9 月 8 日，Intel 公司正式发布全新 LGA 1156 架构的 Core i5 和 i7 平台。LGA 1156 接口 Core i7 和 i5 处理器，核心代号均为 Lynnfield，不同的是，能够支持超线程技术的 lynnfield 产品被划分至 Core i7 系列，而不支持超线程技术的产品则归属于 Core i5 系列。无论是 Core i7 或是 i5，Lynnfield 代号的产品均仅仅支持双通道的内存设计。i7 和 i5 处理器与目前市场中的 LGA1366 酷睿 i7 系列相同，均配备了 8MB 的三级高速缓存。

2010 年 1 月，Intel 公司正式发布了 32nm 的第二代 Core i3、i5 和 i7 处理器，这是首批桌面应用级 32nm 工艺产品。Westmere 核心的 Core i5 和 i3 采用了 Clarkdale 架构，其是 Nehelem 架构的经典延续，具备了睿频加速技术、超线程技术、增强型的 Intel 智能高速缓存与控制器等多项技术。第二代 Core i7 是 32nm 原生四核处理器，处理器拥有 8MB 三级高速缓存，支持双通道 DDR3 内存。处理器采用 LGA 1155 针脚设计，支持第二代超线程技术。其中，Core i7 及 i5-700 系列均采用了原生四核心设计。而 Core i5-600 系列与 i3 系列产品则是采用了原生双核心。

2010 年 3 月，Intel 公司正式发布了全球第一款针对桌面级用户的 32nm 旗舰六核处理器，Core i7 980X Extreme。这是截至 2012 年 4 月全球针对桌面级用户发布的工艺制程最先进、性能最强、核心数量最多的顶级处理器。

2011 年 2 月，Inter 公司发布了两款 Core i5 系列的 Sandy Bridge 处理器，分别是 Core i5-2500 和 Core i5-2500K，两者均为四核心四线程规格，主频为 3.3GHz，配置总共 6MB 的高速缓存，可通过 Turbo Boost 技术提升频率至 3.7GHz。同时还发布了 Core i3 2100，其主频提高到 3.1GHz，总线频率提高到 5.0GT/s，最重要的是采用最新的 Sandy Bridge 技术。

2011 年 11 月，Inter 公司发布了 3 款基于 Sandy Bridge-E 平台的 Core i7 处理器，分别是 Core i7-3960X、Core i7-3930K 和 Core i7-3820。三者均采用 32nm 制作工艺，每个核心都拥有 256KB 二级高速缓存，支持 1 600MHz 四通道 DDR3 内存，采用 LGA 2011 接口和 QPI 技术。3960X 和 3930K 采用六核心设计，3820 则采用四核心设计。三者的频率分别为 3.3GHz、3.2GHz 和 3.6GHz，共享三级高速缓存分别为 15MB、12MB 和 10MB。

2012 年 4 月 24 日，英特尔在北京召开第三代智能酷睿处理器 Ivy Bridge 发布会。会上公布的产品包括一款移动版酷睿 i7 至尊版、六款全新智能酷睿 i7 处理器、六款酷睿 i5

处理器。Ivy Bridge 结合了 22 纳米与 3D 晶体管技术，在大幅度提高晶体管密度的同时，核芯显卡等部分性能甚至有了一倍以上的提升。

Haswell 架构是英特尔第四代 CPU 架构，发布于 2013 年。作为 Sandy-bridge 和 Ivy-bridge 的架构升级版，Haswell 依旧采用 22nm 技术并支持积和熔加运算，支持 SMT、Turbo Boost 技术，支持 LARni-512Bit 矢量计算（同 Larrabee），仍然是一复杂三精简的解码单元，但是做出了革命性的设计，解码效率较 Sandy Bridge 提升大概 33%到 50%；执行单元仍然采用三组执行、三组加速模式，在 AVX 的基础上增加了 FMA 和 LARni-512bit，且效率较 Sandy Bridge 提升了 33%到 50%。2015 年年初，Broadwell 在 CES 上发布，新一代芯片比 Haswell 带来 30%的功耗改进。Broadwell 是首款进入 14nm 时代的 CPU，此款产品大多用于笔记本和移动领域。

Intel Skylake 是英特尔第六代微处理器架构，是 Intel Haswell 微架构及其制程改进版 Intel Broadwell 微架构的继任者。Intel Skylake 已经在 2015 年 8 月 5 日发布。经过测量，Skylake 的制程为强大的 14nm 工艺，已成为史上最小的桌面四核心 CPU，比 65nm 双核心 CPU 都要小。Skylake 的封装基板变得很薄，只有 0.8mm，但稳定性和效果与并不比前代好，还需要改进。

2.2 CPU 的接口

目前主流 CPU 从生产厂家来看主要是 Intel 和 AMD 两家公司，因此，接口类型可以分为两种：基于 Intel 平台的接口和基于 AMD 平台的接口。

2.2.1 基于 Intel 平台的 CPU 接口

1. LGA 478 接口

LGA 478 接口具有 478 个插孔，适用于早期的 Pentium 4 处理器，具有较好的硬件搭配和升级能力。LGA 478 接口如图 2-2 所示。

2. LGA 775 接口

LGA 775 接口具有 775 个插孔，适用于 LGA 封装的 Pentium 4、Celeron D、Pentium D、Pentium Extreme Edition、Core 2 Duo 和 Core 2 Extreme 处理器。LGA 775 已经取代 LGA 478 成为 Intel 平台的主流 CPU 接口。LGA 775 接口如图 2-3 所示。

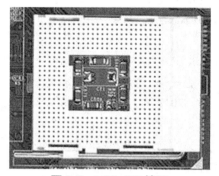

图 2-2　LGA 478 接口

3. LGA 1366 接口

LGA 1366 接口具有 1 366 个插孔，是 Intel 继 LGA 775 后推出的 CPU 接口，比 LGA 775 接口的面积大了 20%。它是 Core i7 处理器（Nehalem 系列）的插座，读取速度比 LGA 775 高。LGA 1366 接口如图 2-4 所示。

图 2-3　LGA 775 接口

图 2-4　LGA 1366 接口

4. LGA 1156 接口

LGA 1156 接口具有 1 156 个插孔，是 Intel 公司继 LGA 1366
后推出的 CPU 接口。它是 Intel Core i3、Core i5 和 Core i7 处
理器（Nehalem 系列）的插座，读取速度比 LGA 775 高。此
CPU 接口已被 LGA 1155 所取代，两者互不相容，因此 CPU
无法互用。LGA 1156 接口如图 2-5 所示。

5. LGA 1155 接口

LGA 1155 接口具有 1 155 个插孔，是 Intel 公司于 2011
年继 LGA 1156 后推出的搭配 Sandy Bridge 微架构的新款
Core i3、Core i5 及 Core i7 处理器所用的 CPU 接口，此插槽
已取代 LGA 1156，但两者并不相容，因此新旧款 CPU 无法互通使用。

图 2-5　LGA 1156 接口

6. LGA 2011 接口

LGA 2011 接口具有 2011 个插孔，是 Intel 公司于 2011 年 11 月推出的搭配 Sandy Bridge-E
平台的 Core i7 处理器所用的 CPU 接口，此插槽将取代 LGA 1366，成为 Intel 平台的高端
CPU 接口。另有 LGA 2011-v3 是为配合 x99 主板支持 ddr4 内存所设计。

2.2.2　基于 AMD 平台的 CPU 接口

1. Socket 754 接口

Socket 754 接口具有 754 个插孔，是 AMD 公司于 2003 年 9 月发布的 64 位桌面平台接
口标准，主要适用于 Athlon 64 的低端型号和 Sempron 的高端型号。Socket 754 接口如图 2-6
所示。

2. Socket 939 接口

Socket 939 接口具有 939 个插孔，是 AMD 公司于 2004 年 6 月发布的 64 位桌面平台
接口标准，主要适用于 Athlon 64、Athlon 64 X2 和 Athlon 64 FX。Socket 939 接口如图 2-7
所示。

3. Socket AM2 接口

Socket AM2 接口具有 940 个插孔，是 AMD 公司于 2006 年 5 月发布的 64 位桌面平台

接口标准，主要适用于 Sempron、Athlon 64、Athlon 64 X2 以及 Athlon 64 FX 等。它是目前 AMD 全系列桌面 CPU 所对应的接口标准。Socket AM2 将逐渐取代原有的 Socket 754 和 Socket 939，从而实现 AMD 桌面平台接口标准的统一。Socket AM2 接口如图 2-8 所示。

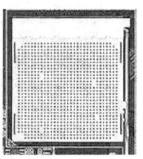

图 2-6　Socket 754 接口　　　　图 2-7　Socket 939 接口　　　　图 2-8　Socket AM2 接口

4．Socket AM2+接口

Socket AM2+接口是 AMD 公司于 2007 年推出的接口标准，插孔数跟 Socket AM2 完全一样，可用于多款 AMD 处理器，包括 Athlon 64、Athlon 64 X2 以及 Phenom 系列。Socket AM2+完全兼容 Socket AM2，用于 Socket AM3 的处理器，也能用于 Socket AM2+的主板，但是 Socket AM2+的处理器不可用于 Socket AM3 的主板。一个处理器接口通常是由支持更新的内存类型来界定的，AM2 就是因为要支持 DDR2 内存的主板才诞生的。然而 AM2+接口不支持 DDR3，AM3 接口才全面支持 DDR3。因此，AM2+只能作为一种过渡性接口而存在。Socket AM2+接口如图 2-9 所示。

5．Socket AM3 接口

Socket AM3 接口是 AMD 公司于 2009 年 2 月推出的接口标准，具有 940 个插孔，但只有其中 938 个是激活的，可用于多款 AMD 处理器，包括 Sempron Ⅱ、Athlon Ⅱ 以及 Phenom Ⅱ 系列。Socket AM3 用于取代 Socket AM2+，是 AMD 全系列桌面 CPU 所对应的新接口标准。Socket AM3 接口如图 2-10 所示。

6．Socket AM3+接口

Socket AM3+接口是 AMD 公司于 2011 年 10 月推出的接口标准，具有 942 个插孔，但只有其中 940 个是激活的，可用于 AMD FX 系列的处理器，AM3+接口向下兼容 AM3。

7．Socket FM1 接口

Socket FM1 是 AMD 公司最新的 APU 处理器所用的接口，具有 905 个插孔。Socket FM1 接口如图 2-11 所示。

8．Socket FM2 接口

新发布的 A85 的 FCH 芯片组将采用 Socket FM2 接口 CPU 插座。对于 A75、A55 芯片组，AMD 表示可以与 Trinity APU 相容，但是需要使用 Socket FM2 插座，因为 Socket FM2 与 Socket FM1 相比，针脚的排列和针脚数均有所改变。支援 Trinity APU 的主板（无论 A55、A75 还是 A85 芯片组）均需采用 Socket FM2 插座。此举与 Socket AM3+插座回溯相容 Socket AM3 的 CPU 做法完全不同。注意，FM2 接口不向下兼容 FM1。

图 2-9　Socket AM2+接口

图 2-10　Socket AM3 接口

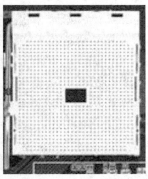

图 2-11　Socket FM1 接口

2.3　主要技术指标

1. 频率

（1）主频

主频是 CPU 内核运行时的时钟频率，即 CPU 的时钟频率（CPU Clock Speed）。通常，主频越高，CPU 的速度就越快。

（2）外频

外频又称外部时钟频率，这个指标和计算机系统总线的速度一致。外频越高，CPU 的运算速度越快。外频是制约系统性能的重要指标，100MHz 外频之下的 Celeron 800MHz 比 66MHz 外频之下的 Celeron 800MHz 运行速度快。目前 CPU 的外频主要有 133MHz、200MHz、266MHz 和 333MHz。

（3）前端总线频率 FSB（Front Side Bus）

前端总线是 CPU 和北桥芯片之间的通道，负责 CPU 与北桥芯片之间的数据传输，其频率直接影响 CPU 访问内存的速度。如果主板不支持 CPU 所需要的前端总线频率，系统就无法工作。也就是说，需要主板和 CPU 都支持某个前端总线频率，系统才能工作。

Intel、AMD 等公司 CPU 的外频及前端总线见表 2-1。

表 2-1　Intel、AMD 等公司 CPU 的外频及前端总线

公司名称	CPU 名称	外频	前端总线
Intel	Celeron Dual Core E1200	200MHz	800MHz
	Pentium Dual Core E5700	200MHz	800MHz
	Core 2 Duo E7500	266MHz	1 066MHz
	Core 2 Quadro Q9450	333MHz	1 333MHz
AMD	Sempron SP130	200MHz	1 600MHz
	Athlon Ⅱ X2 250	200MHz	2 000MHz
	Phenom Ⅱ X4 965	200MHz	2 000MHz

（4）倍频

计算机在实际运行过程中的速度不但由 CPU 的频率决定，而且还受到主板和内存速度的影响，并受到制造工艺和芯片组特性等的限制。由于内存和主板等硬件的速度大大低于 CPU 的运行速度，因此为了能够与内存、主板等保持一致，CPU 只好降低自己的速度，这就出现了外频。

倍频指 CPU 的时钟频率和系统总线频率（外频）间相差的倍数，倍频越高，时钟频率就越高。在 286 时代，还没有倍频的概念，CPU 的时钟频率和系统总线一样。随着计算机技术的发展，内存、主板和硬盘等硬件设备逐渐跟不上 CPU 速度的发展，而 CPU 的速度理论上可以通过倍频无限提升，CPU 时钟频率 = 外频 × 倍频。

（5）超频

在倍频一定的情况下，要提高 CPU 的运行速度只能通过提高外频来实现；在外频一定的情况下，提高倍频也可以实现目的。所谓"超频"，就是通过提高外频或倍频实现的。

Intel 的 Core 2 Duo 架构十分适合超频，发热量比较低，也比较省电，建议选择 45nm 架构来超频。此外，主频较低的 CPU 比较适合超频，比如，同样是 Core 2 Duo E7000 系列，E7200 与 E7400 是完全相同的内部结构，只是工作频率上的差别，超频所能达到的极限也非常接近，所以超频到同样的频率，原始主频低的 CPU 产品超频幅度要更大一些。

超频 CPU，超倍频是最佳方案。但有的厂家为防止超频，将 CPU 的倍频锁定了，如 Intel 大部分的 CPU 都是锁了倍频的。那么对于这种 CPU，只能通过提升外频来进行超频。而提高系统外频，其他设备的外频也会提高，这样超频能力就会受到更多因素的影响。而不锁倍频的 CPU，可以直接通过提高倍频的方式去超频，不会对其他部分造成太大影响，超频要相对容易一些。

2. 高速缓存

高速缓存是一种速度比内存更快的存储设备，其功能是减少 CPU 因等待低速设备所导致的延迟，进而改善系统性能。它一般集成于 CPU 芯片内部，用于暂时存储 CPU 运算时的部分指令和数据。高速缓存分为 L1 Cache（一级高速缓存）、L2 Cache（二级高速缓存）和 L3 Cache（三级高速缓存）。

高速缓存的工作原理是当 CPU 要读取一个数据时，首先从高速缓存中查找，如果找到就立即读取并送给 CPU 处理；如果没有找到，就用相对慢的速度从内存中读取并送给 CPU 处理，同时把这个数据所在的数据块调入高速缓存中，可以使得以后对整块数据的读取都从高速缓存中进行，不必再调用内存。正是这样的读取机制使 CPU 读取高速缓存的命中率非常高（大多数 CPU 可达 90% 左右），也就是说 CPU 下一次要读取的数据 90% 都在高速缓存中，只有大约 10% 需要从内存读取。这大大节省了 CPU 直接读取内存的时间，也使 CPU 读取数据时基本无需等待。

最早先的 CPU 高速缓存是一个整体，而且容量很低，Intel 公司从 Pentium 时代开始把高速缓存进行了分类。当时集成在 CPU 内核中的高速缓存已不满足 CPU 的需求，而制造工艺上的限制又不能大幅度提高高速缓存的容量。因此出现了集成在与 CPU 同一块电路板上或主板上的高速缓存，此时就把 CPU 内核集成的高速缓存称为一级高速缓存，而外部的称为二级高速缓存。二级高速缓存的容量和工作速度对提高计算机速度起关键作用。从理论上讲，在一颗拥有二级高速缓存的 CPU 中，读取一级高速缓存的命中率为 80%。也就是说 CPU 一级高速缓存中找到的有用数据占数据总量的 80%，剩下的 20% 从二级高速缓存中读取。由于不能准确预测将要执行的数据，读取二级高速缓存的命中率也在 80% 左右（从二级高速缓存读到有用的数据占总数据的 16%）。那么还有的数据就不得不从内存调用，但这已经是一个相当小的比例了。目前较高端的 CPU 中，还会带有三级高速缓存，它是为读取二级高速缓存后未命中的数据设计的一种高速缓存，在拥有三级高速缓存的 CPU 中，只有约 5% 的数据需要从内存中调用，这进一步提高了 CPU 的效率。

3．CPU 的指令集

在 CPU 新技术发展中，最引人瞩目的就是指令集的不断推陈出新。为增强计算机在多媒体、3D 图像等方面的应用能力而产生了 MMX、3DNow!、SSE、SSE2、SSE3、SSE4 等新指令集。

（1）MMX 技术

MMX（Multi Media eXtension）指令集是 Intel 公司开发的多媒体扩充指令集，共有 57 条指令。该技术一次能处理多个数据，通常用于动画再生、图像加工和声音合成等处理。

在多媒体处理中，对于连续的数据必须进行多次反复的相同处理。利用传统的指令集，无论是多小的数据，一次也只能处理一个数据，因此耗费时间较长。为了解决这一问题，在 MMX 中采取 SIMD（单指令多数据技术），可对一条命令多个数据进行同时处理，它可以一次处理 64bit 任意分割的数据。其次，是数据可按最大值取齐。

MMX 的另一个特征是在计算结果超过实际处理能力的时候也能进行正常处理。若用传统的 x86 指令，计算结果一旦超出了 CPU 处理数据的限度，数据就要被截掉，而化成较小的数。而 MMX 利用所谓 "饱和"（Saturation）功能，圆满地解决了这个问题。计算结果一旦超过了数据大小的限度，就能在可处理范围内自动变换成最大值。

（2）3DNow! 技术

3DNow! 指令集是 AMD 公司在 K6-Ⅱ、K6-Ⅲ和 K7 处理器中采用的技术，也是为了处理多媒体而开发的。3DNow! 技术实际上是指一组机器码级的扩展指令集（共 21 条指令）。这些指令仍然以 SIMD（单指令多数据技术）的方式实现一些浮点运算、整数运算和数据预取等功能。而这些运算类型（尤其是浮点运算）是从成百上千种运算类型中精算出来的，并在 3D 处理中最常用的。

3DNow! 侧重的是浮点运算，因而主要针对三维建模、坐标变换和效果渲染等三维应用场合。3DNow! 指令不仅以 SIMD 方式运行，而且可以在两个暂存器的执行通道内以一个时钟周期同时执行两个 3DNow! 指令的方式运行，即每个时钟周期可执行 4 个浮点运算，这就是 AMD K6-Ⅱ能大幅度提高 3D 处理性能的原因。

（3）SSE 指令

SSE（Streaming SIMD Extensions）指令集指 Intel 公司在 Pentium Ⅲ处理器中添加的 70 条新的指令，又称为 "MMX 2 指令集"。它可以增强 CPU 的三维和浮点运算能力，并让原来支持 MMX 的软件运行得更快。SSE 指令可以兼容以前所有的 MMX 指令，新指令还包括浮点数据类型的 SIMD，CPU 会并行处理指令，因而在软件重复做某项工作时可以发挥很大优势。

与之相比，MMX 所提供的 SIMD 仅对整数类型有效。众所周知，三维应用与浮点运算的关系很密切，强化了浮点运算即是加快了三维处理能力，在进行变换 3D 坐标（特别是同时变换几个）工作时，SIMD 会在一秒钟内做出更多的操作，所以利用 SIMD 浮点指令将得到更高的性能，它能进一步加强对场景渲染，实时影子效果和倒映之类的效果。对于用户来说，这意味着 3D 物体更生动，表面更光滑，"虚拟现实"更"现实"。

SSE 指令可以说是将 Intel 公司的 MMX 和 AMD 公司的 3DNow! 技术相结合的产物，由于 3DNow! 使用的是浮点寄存方式，因而无法较好地同步进行正常的浮点运算。而 SSE 使用分离的指令寄存器，从而 CPU 可以全速运行，保证了与浮点运算的并行性。更大的区别是两者所使用的寄存器可以保存的二进制数据的位数差异颇大，3DNow! 是 64 位，而 SSE 是 128 位。

3DNow! 和 SSE 虽然彼此并不兼容，但它们却很相似，究其实质，都试图通过 SIMD 技术来提高 CPU 的浮点运算能力，它们都支持在一个时钟周期内同时对多个浮点数据进行处理，都有支持如 MPEG 解码之类专用的多媒体指令。

（4）SSE 2 指令

SSE 2 指令集集成在 Intel 公司的 Pentium 4 中，以加快 3D、浮点及多媒体程序代码的运算性能，该指令集内包括 144 条指令。

（5）SSE 3 指令

SSE 3 指令是 Intel 公司在 Prescott 处理器中添加的 13 条新命令，后来正式命名为"SSE 3 指令"。

（6）SSE 4 指令

SSE 4 指令增加了 50 条新的性能指令，这些指令有助于程序编译，媒体、字符、文本处理和程序指向加速。实际上，Core 构架中的 Core 2 Duo 处理器就在 SSE 3 指令中增加了 32 条附加流媒体指令。但是这些指令被命名为 Supplimental Streaming SIMD，并不属于 SSE 4 指令。

（7）SSE 5 指令

SSE5 是 AMD 为了打破 Intel 垄断在处理器指令集的独霸地位所提出的，SSE5 初期规划将加入超过 100 条新指令，其中最引人注目的就是三算子指令（3-Operand Instructions）及熔合乘法累积（Fused Multiply Accumulate）。其中，三算子指令让处理器可将一个数学或逻辑函式库，套用到算子或输入资料。借由增加算子的数量，一个 x86 指令能处理二至三笔资料，SSE5 允许将多个简单指令汇整成一个指令，达到更有效率的指令处理模式。提升为三运算指令的运算能力，是少数 RISC 架构的水平。熔合乘法累积让允许建立新的指令，有效率地执行各种复杂的运算。熔合乘法累积可结合乘法与加法运算，透过单一指令执行多笔重复计算。透过简化程式码，让系统能迅速执行绘图着色、快速相片着色、音场音效，以及复杂向量演算等效能密集的应用作业。

4．CPU 的工作电压

CPU 的工作电压是指 CPU 正常工作所需的电压，提高工作电压，可以加强 CPU 内部信号，增加 CPU 的稳定性能，但会导致 CPU 的发热问题，CPU 发热将改变 CPU 的化学介质，降低 CPU 的寿命。早期 CPU 工作电压为 5V，随着 CPU 制造工艺的提高，近年来各种 CPU 的工作电压有逐步下降的趋势，目前台式机用 CPU 核电压通常为 2V 以内，最常见的是 1.3～1.5V 的。CPU 内核工作电压越低则表示 CPU 制造工艺越先进，也表示 CPU 运行时耗电越少。

CPU 内核电压的高低主要取决于 CPU 的制造工艺，也就是平常所说的 45nm 和 32nm 等。制造芯片时的 "nm" 值越小表明 CPU 的制造工艺越先进，CPU 运行时所需要的内核电压越低，CPU 相对消耗的能源就越小。例如，早期的 Pentium Ⅱ 采用 350nm 制造工艺，所以其内核工作电压达到 2.8V，而后来 Pentium Ⅲ 改用 250nm 制造工艺，所以内核工作电压也相继降为 2.0V。采用 130nm 制造工艺的 Pentium 4 处理器，其内核工作电压为 1.5V。采用 65nm 或 45nm 制造工艺的 Core 2 Duo 处理器的内核工作电压为 0.85～1.35V。而 Core i 系列处理器的核心各个核心可以运作于不同的频率和电压下，处理器会自行关闭用不上的核心，这样电流可以完全不通过此核心，使得处理器更加省电。

5. 地址总线宽度、数据总线宽度

（1）地址总线宽度

地址总线宽度决定了 CPU 可以访问的物理地址空间，对于 486 以上的微机系统，地址总线的宽度为 32 位，最多可以直接访问 4 096MB 的物理空间。目前，主流 CPU 的地址总线宽度为 64 位，可以访问 8GB 的物理地址空间。

（2）数据总线宽度

数据总线宽度决定了 CPU 与二级高速缓存、内存及输入/输出设备之间的一次数据传输的宽度，386、486 为 32 位，Pentium 以上的 CPU 数据总线宽度为 2 × 32 位 = 64 位，一般称为准 64 位。目前，主流 CPU 的数据总线宽度为 64 位。

6. 生产工艺

通常可以在 CPU 性能列表上看到生产工艺一项，有 45nm 或 32nm 等。目前出现了 22nm 的技术及还不是很成型的 14nm 技术，这些数值表示了集成电路中导线的宽度。生产工艺的数据越小，表明 CPU 的生产技术越先进，CPU 的功耗和发热也就越小，集成的晶体管也就越多，CPU 的时钟频率也就越高。

早期的 486 和 Pentium 等 CPU 的制造工艺水平比较低，为 350nm 或 600nm。后来的 Celeron、Celeron Ⅱ、Pentium Ⅱ 和 Pentium Ⅲ 则为 250m 或 180nm，Pentium 4 为 130nm，Pentium D 为 90nm，Core 2 Duo 为 65nm 或 45nm，Core i 系列为 45nm 或 32nm。

7. CPU 的封装

一般来说，处理器主要由两部分构成：硅质核心和将其核心与其他处理器部件连接的封装。所谓封装是指安装半导体集成电路芯片用的外壳，通过芯片上的接点用导线连接到封装外壳的引脚上，这些引脚又通过印制电路板上的插槽与其他器件相连接。它起着安装、固定、密封、保护芯片及增强电热性能等方面的作用，而且是沟通芯片内部与外部电路的桥梁，其复杂程度很大程度上决定了处理器的结构特性。

QFP 封装即方型扁平式封装技术（Plastic Quad Flat Pockage），该技术实现的 CPU 芯片

引脚之间距离很小，引脚很细，一般大规模或超大规模集成电路采用这种封装形式，其引脚数一般都在 100 以上。该技术封装 CPU 时操作方便，可靠性高，而且其封装外形尺寸较小，寄生参数减小，适合高频应用。该技术主要适合用 SMT 表面安装技术在 PCB 上安装布线。QFP封装如图 2-12 所示。

PLGA 是 Plastic Land Grid Array 的缩写，简称 LGA，即塑料焊盘栅格阵列封装。它用金属触点式封装取代了以往的针状引脚，因此采用 LGA 封装的处理器在安装方式

图 2-12　QFP 封装

上也与以往的产品不同，它并不能利用引脚固定 CPU，而是需要一个安装扣架，让 CPU可以正确地压在 Socket 露出来的弹性触须上。Intel 公司的 LGA 775、LGA1155 和 LGA 1366等酷睿系列 CPU 就是这种封装形式。

mPGA 即微型 PGA 封装，是一种先进的封装形式。目前只有 AMD 公司的 Athlon 64系列 CPU 产品采用，而且多是高端产品。

8．超线程技术

超线程（Hyper-Threading）技术是 Intel 公司的创新技术。在一颗实体处理器中放入两个逻辑处理单元，让多线程软件可在系统平台上平行处理多项任务，并提升处理器执行资源的使用率。使用这项技术，处理器的资源利用率平均可提升 40%，大大增加了处理器的可用性。

对支持多处理器功能的应用程序而言，超线程处理器被视为两个分离的逻辑处理器。应用程序无须修正就可使用这两个逻辑处理器。同时，每个逻辑处理器都可独立响应中断。第一个逻辑处理器可追踪一个软件线程，而第二个逻辑处理器则可同时追踪另一软件线程。另外，为了避免 CPU 处理资源冲突，负责处理第二个线程的那个逻辑处理器，其使用的是仅是运行第一个线程时被暂时闲置的处理单元。因此不会产生一个线程执行的同时，另一个线程闲置的状况。这种方式将会大大提升每个实体处理器中的执行资源使用率。

使用这项技术后，每个实体处理器可成为两个逻辑处理器，让多线程的应用程序能在每个实体处理器上平行处理线程层级的工作，提升了系统效能。2009 年，Intel 公司的新一代顶级处理器 Core i7 也支持超线程技术，超线程技术令 Core i7 可以由四核模拟出八核。

虽然采用超线程技术能够同时执行两个线程，但它并不像两个真正的两颗处理器那样，每个处理器都具有独立的资源。当两个线程都同时需要某一个资源时，其中一个要暂时停止，并让出资源，直到这些资源闲置后才能继续。因此超线程的性能并不等于两颗处理器的性能。

需要注意的是，含有超线程技术的处理器需要软件支持，才能比较理想的发挥该项技术的优势。目前微软的操作系统中支持此功能的软件包括：Windows XP 专业版、Windows Vista、Windows 7、Windows 8、Windows 10、Windows server 2003、Windows Server 2008。一般来说，只要能够支持多处理器的软件均可支持超线程技术，但是实际上这样的软件并不多，而且偏向于图形、视频处理等专业软件方面，游戏软件极少有支持的。因为超线程

技术是对多任务处理有优势，因此当运行单线程应用软件时，超线程技术将会降低系统性能，尤其在多线程操作系统运行单线程软件时将容易出现此问题。在打开超线程支持后，如果一个单处理器以双处理器模式工作，那么处理器内部缓存就会被划分成几个区域，互相共享内部资源。对于不支持多处理器工作的软件在这种模式下运行时出错的概率要比单处理器上高很多。

9. 64bit 技术

64bit 技术，即 64 位技术，是相对于 32bit 而言的，64bit 就是说处理器一次可以运行 64bit 数据。64bit 处理器主要有两大优点：一是可以进行更大范围的整数运算；二是可以支持更大的内存。此外，要实现真正意义上的 64bit 计算，光有 64bit 的处理器还不行，还需有 64bit 的操作系统及 64bit 的应用软件才行。目前，Intel 公司和 AMD 公司都发布了多个系列多种规格的 64bit 处理器，适合个人使用的操作系统方面，Windows XP/Vista/7/8/10 都发布了 64bit 版本。

目前，主流 CPU 使用的 64bit 技术主要有 AMD 公司的 AMD 64bit 技术和 Intel 公司的 EM64T 技术及 IA-64 技术。

市场上现有的 64bit 解决方案都是面向高端领域，且是不与 32bit 架构兼容的昂贵的方案。这种方案通常会要求包括冷却设备、电源、机箱等在内的全新的基础架构，还需要独立软件开发商重新编译应用在 64bit 计算平台下的软件，在这种方式下如果需要进行 32bit X86 应用时，要么不能兼容，要么就必须在模拟方式下运行，而模拟方式又不能提供全面的计算性能，这就造成了性能的下降；此外，最终用户和技术支持人员还需要专门学习 64bit 操作系统的应用，人们可能会因为无法忍受多余而烦琐的工作及高额的支出而放弃；对独立软件开发商来说，为了建立独立的体系，还必须在研发方面投入大量的人力和财力。

10. 双核心技术

双核心处理器是在一个处理器上拥有两个功能相同的处理器核心，就是将两个物理处理器核心整合到一个内核中。事实上，双核心架构并不是新技术，它早就已经应用在服务器上了，只是现在才逐渐走向普通用户。

双核心处理器技术的引入是提高处理器性能的有效方法。因为处理器实际性能是处理器在每个时钟周期内所能处理器指令数的总量，因此增加一个内核，处理器每个时钟周期内可执行的单元数将增加一倍。必须强调的是，如果想让系统达到最大性能，必须充分利用两个内核中的所有可执行单元，即让所有执行单元都有活可干。双核心处理器标志着计算机技术的一次重大飞跃。双核心处理器，较之当前的单核心处理器，能带来更多的性能和生产力优势，因而已经成为一种广泛普及的计算机模式。随着市场需求进一步提升，出现了三核心、四核心、六核心和八核心这种多核心处理器，它们合理地提高了系统的性能。多核心处理器还将在推动 PC 安全性和虚拟技术方面起到关键作用。现有的操作系统都能够受益于多核心处理器技术。

必须注意的是，双核心技术不同于我们之前介绍的超线程技术。例如，开启了超线程技术的 Pentium 4 与 Pentium D 在操作系统中都同样被识别为两颗处理器，但是，二者在本质上是完全不同的。我们可以简单地把双核心技术理解为两个"物理"处理器，是一种"硬"

的方式；而超线程技术只是两个"逻辑"处理器，是一种"软"的方式。

从原理上来说，超线程技术物理上只使用一个处理器，但是它可以让单核心处理器拥有处理多线程的能力，从而使操作系统等软件将其识别为两个逻辑处理器。这两个逻辑处理器像传统处理器一样，都有独立的 IA-32 架构，它们可以分别进入暂停、中断状态，或直接执行特殊线程。虽然支持超线程的 Pentium 4 能同时执行两个线程，但不同于真正的双核心处理器，超线程中的两个逻辑处理器并没有独立的执行单元、整数单元、寄存器甚至缓存等资源。它们在运行过程中仍需要共用执行单元、缓存和系统总线接口。在执行多线程时两个逻辑处理器均是交替工作，如果两个线程都同时需要某一个资源时，其中一个要暂停并要让出资源，要待那些资源闲置时才能继续。因此，超线程技术所带来的性能提升远不能等同于两个相同时钟频率处理器带来的性能提升。可以说，超线程技术仅是对单个处理器运算资源的优化利用。而双核心技术则是通过"硬"的物理核心实现多线程工作，即每个核心都拥有独立的指令集、执行单元，与超线程中所采用的模拟共享机制完全不一样。在操作系统看来，它是实实在在的两个处理器，可以同时执行多项任务，能让处理器资源真正实现并行处理模式，其效率和性能提升要比超线程技术高得多。目前已经推出了四核心、六核心甚至八核心的 CPU。

11．内存控制器

内存控制器是集成在 CPU 内部的，控制内存与 CPU 之间数据交换的一项重要技术。内存控制器决定了计算机系统所能使用的最大内存容量、内存 BANK 数、内存类型和速度、内存颗粒数据深度和数据宽度等重要参数，也就是说，内存控制器决定了计算机系统的内存性能，从而也对计算机系统的整体性能产生较大影响。

传统计算机系统的内存控制器位于主板芯片组的北桥芯片内部，CPU 要和内存进行数据交换，需要经过"CPU→北桥→内存→北桥→CPU"5 个步骤，在此模式下数据经由多级传输，延迟比较大，从而影响计算机系统的整体性能。AMD 公司首先在其 K8 系列 CPU 内部整合了内存控制器，CPU 和内存之间的数据交换简化为"CPU→内存→CPU"3 个步骤，这种模式具有更小的数据延迟，有助于提高计算机系统的整体性能。CPU 内部集成内存控制器可以使内存控制器同频于 CPU 的工作频率，而北桥的内存控制器一般就要大大低于 CPU 工作频率，这样系统延时就更少了。CPU 内部集成内存控制器后，内存数据不再经过北桥，这就有效地降低了北桥的工作压力。与此 AMD 公司相反，Intel 公司坚持把内存控制器放在北桥芯片里，同时对处理器本身的调整更多地依赖于缓存容量的增减。虽然 Intel 公司曾经列举了多项理由，表示不集成内存控制器好处多多，但随着形势的发展变化，Intel 公司终于在酷睿 i5、酷睿 i7 系列 CPU 中引入了整合内存控制器的方案。

但是在 CPU 内部整合内存控制器也有缺点，就是只能使用特定类型的内存，并且对内存的容量和速度也有限制。例如，AMD 公司早期的 K8 系列 CPU 只支持 DDR 内存，而不能支持更高速的 DDR2 内存。因此，Socket AM2 接口以前的 CPU 都不能使用 DDR2 内存。

12．虚拟化技术

虚拟化（Virtualization）是一个广义的术语，在计算机方面通常是指计算机元件在虚拟的基础上而不是在真实的基础上运行。虚拟化技术可以扩大硬件的容量，简化软件的重新配置过程。CPU 的虚拟化技术可以将单个 CPU 模拟为多个 CPU，允许一个平台同时运行多个操作系统，并且应用程序可以在相互独立的空间内运行而互不影响，从而显著提高计算机的工作效率。

虚拟化技术与多任务及超线程技术完全不同。多任务是指在一个操作系统中多个程序同时并行运行，而在虚拟化技术中，则可以同时运行多个操作系统，而且每一个操作系统中都有多个程序运行，每一个操作系统都运行在一个虚拟的 CPU 或者是虚拟主机上；而超线程技术只是单 CPU 模拟双 CPU 来平衡程序运行性能，这两个模拟出来的 CPU 是不能分离的，只能协同工作，而虚拟化技术是一种硬件方案，支持虚拟技术的 CPU 用带有特别优化的指令集来控制虚拟过程，通过这些指令集，很容易提高系统性能，比软件的虚拟实现方式提高性能的程度更大。

13. HT 总线技术

HyperTransport 简称 HT，是 AMD 公司于 2001 年 7 月正式推出的针对 K8 平台专门设计的高速串行总线。在基础原理上，HT 与目前的 PCI Express 非常相似，都是采用点对点的全双工传输线路，引入抗干扰能力强的 LVDS 信号技术，命令信号、地址信号和数据信号共享一个数据路径，支持 DDR 双沿触发技术等，但两者在用途上截然不同，PCI Express 作为计算机的系统总线，而 HT 则被设计为两个处理器核心间的连接，此外，连接对象还可以是处理器与处理器、处理器与芯片组、芯片组的南北桥等，属于计算机系统的内部总线范畴。HT 技术从规格上讲已经经历了 HT1.0、HT2.0、HT3.0、HT3.1、HT4.0 五代。

14. QPI 总线技术

Intel 的 QuickPath Interconnect 技术缩写为 QPI，译为快速通道互联。QPI 总线技术是在处理器中集成内存控制器的体系架构，主要用于处理器之间和系统组件之间的互联通信（诸如 I/O）。它抛弃了沿用多年的 FSB，CPU 可直接通过内存控制器访问内存资源，而不是以前繁杂的"FSB—北桥—内存控制器"模式。并且，与 AMD 在主流的多核处理器上采用的 4HT3（4 根传输线路，两根用于数据发送，两个用于数据接收）连接方式不同，英特尔采用了 4+1 QPI 互联方式（4 针对处理器，1 针对 I/O 设计），这样多处理器的每个处理器都能直接与物理内存相连，每个处理器之间也能彼此互联来充分利用不同的内存，可以让多处理器的等待时间变短（访问延迟可以下降 50% 以上）。

QPI 总线技术的优点有很多。在 Intel 高端处理器系统中，QPI 高速互联方式使得 CPU 与 CPU 之间的峰值带宽可达 96GB/s，峰值内存带宽可达 34GB/s。这主要因为 QPI 采用了与 PCI-E 类似的点对点设计，包括一对线路，分别负责数据发送和接收，每一条通路可传送 20bit 数据。这就意味着即便是最早的 QPI 标准，其传输速度也能达到 6.4GT/s，总计带宽可达到 25.6GB/s（为 FSB 1 600MHz 的 12.8GB/s 的两倍）。这种多条系统总线连接模式，Intel 称之为 multi-FSB。系统总线被分成多条连接，并且频率不再是单一固定的，也无需如以前那样还要再经过 FSB 进行连接。根据系统各个子系统对数据吞吐量的需求，每条系统总线连接的速度也可不同，这种特性无疑要比 AMD 目前的 HT 总线更具弹性。

QPI 总线可实现多核处理器内部的直接互联，而无需像以前那样还要再经过 FSB 进行连接。在多处理器作业下，每颗处理器可以互相传送资料，并不需要经过芯片组，从而大幅提升整体系统性能。随着 Nehalem 架构的处理器集成内存控制器、PCI-E 2.0 接口乃至 GPU，QPI 架构的优势会进一步发挥出来。QPI 采用串联方式作为信号的传送，在高频率下仍能保持稳定性。

15．DMI 总线技术

目前，绝大部分处理器都将内存控制器做到了 CPU 内部，让 CPU 通过 QPI 总线直接和内存通讯，不再通过北桥芯片，有效加快了计算机的处理速度。后来 Intel 发现，CPU 通过北桥与显卡连接也会影响性能，于是将 PCI-E 控制器也整合进了 CPU 内部，这样一来，相当于整个北桥芯片都集成到了 CPU 内部，主板上只剩下南桥，这时 CPU 直接与南桥相连的总线叫就叫做 DMI。

QPI 总线高达 25.6GB/s 的带宽已经远远超越了 FSB 的频率限制。但 DMI 总线却只有 2GB/s 的带宽。这是因为 QPI 总线用于 CPU 其内部通信，数据量非常大。而南桥芯片与 CPU 间不需要交换太多数据，因此连接总线采用 DMI 已足够了。所以，看似带宽降低的 DMI 总线实质上是彻底释放了北桥压力，换来的是更高的性能。

经过 FSB—QPI—DMI 总线的发展，CPU 内部集成了内存控制器和 PCI-E 控制器，实现了直接和内存及显卡进行数据传输，而南桥则整合了几乎所有的 I/O 功能，因此 DMI 总线有多高频率意义已经不大了，因为磁盘之类的设备其速率无法跟上，再高的 DMI 总线也没有用。

16．Intel 睿频加速技术

Intel 在 Nehalem 架构的处理器中开始采用一种能够自动提高 CPU 时钟频率的"正规超频"技术，Intel 将这项技术命名为"Intel Turbo Boost Technology"，中文名称为 Intel 睿频加速技术。睿频加速技术是 Intel Core i7/i5 处理器的独有特性，这项技术可以理解为自动超频。当开启睿频加速之后，CPU 会根据当前的任务量自动调整 CPU 主频，从而重任务时发挥最大的性能，轻任务时发挥最大节能优势。

Intel 官方对此项技术的解释是，当启动一个运行程序后，处理器会自动加速到合适的频率，而原来的运行速度会提升 10%～20%以保证程序流畅运行；应对复杂应用时，处理器可自动提高运行主频以提速，轻松进行对性能要求更高的多任务处理；当进行工作任务切换时，如果只有内存和硬盘在进行主要的工作，处理器会立刻处于节电状态。这样既保证了能源的有效利用，又使程序速度大幅提升。通过智能化地加快处理器速度，从而根据应用需求最大限度地提升性能，为高负载任务提升运行主频高达 20%以获得最佳性能，即最大限度地有效提升性能以符合高工作负载的应用需求，通过给人工智能、物理模拟和渲染需求分配多条线程处理，可以给用户带来更流畅、更逼真的游戏体验。

通俗地讲，睿频加速技术就是通过分析当前 CPU 的负载情况，智能地完全关闭一些用不上的核心，把能源留给使用中的核心，并使它们运行在更高的频率，进一步提升性能；相反，需要多个核心时，动态开启相应的核心，智能调整频率。这样，在不影响 CPU 的热功耗设计情况下，能把核心工作频率调得更高。举个简单的例子，如果某个游戏或软件只用到一个核心，睿频加速技术就会自动关闭其他三个核心，把运行游戏或软件的那个核心的频率提高，也就是自动超频，在不浪费能源的情况下获得更好的性能。反观 Core 2 时代，即使运行只用到一个核心，其他核心仍会全速运行，不仅性能无法得到提升，也造成了能源的浪费。

2.4　主流 CPU

当前，市场上的主流 CPU 几乎被 Intel 公司和 AMD 公司所垄断。

1. Intel 公司

Intel 公司的主流产品包括 Celeron 系列、Pentium 双核系列、Core 2 系列和 Core i 系列。

（1）Celeron 系列处理器

Celeron 即赛扬处理器，是 Intel 公司为了满足低价市场的需求，推出的低端处理器产品。Celeron 系列处理器凭借其良好的超频性能和便宜的价格，赢得了许多用户及超频玩家的喜爱。Celeron 系列处理器与同期的 Pentium 或 Core 2 处理器使用的核心相同，虽然 Celeron 能做高端处理器所做的所有事情。但是，Celeron 处理器往往比高端处理器处理能力低，这是因为 Celeron 处理器往往不具备高端处理器特有的功能，如动态节能，虚拟化等。可以说，Celeron 处理器是将有缺陷的其他处理器（如 Pentium、Core）屏蔽缺陷部分而来，或者直接削减二级缓存，是 Intel 为了进攻低端市场而设计的入门级 CPU。

Intel 以前生产的 Celeron 处理器版本有 Celeron2、Celeron3、Celeron4、Celeron J，现在活跃在市场上的有 CeleronM（移动 CPU）、CeleronD 及采用新一代 Core 架构的 Celeron 双核处理器 Celeron E，这使得更多用户以更实惠的价格体验到双核处理器的性能。

Celeron D 采用了 Intel 全新命名方法，按照档次划分为 3 个系列：335、330 和 325，主频分别为 2.8GHz、2.66GHz 和 2.53GHz。Celeron D 基于 Prescott 核心，采用 90nm 制造工艺，二级缓存为 256KB，一级缓存为 16KB，支持 533MHz 前端总线，有 LGA 478 接口和 LGA 775 接口两种规格，核心电压为 1.25～1.525V，超频性能优秀，但发热量也十分巨大，主要的竞争对手是 AMD 公司的 Sempron 系列处理器。

Intel 于 2008 年初推出首颗 Celeron 双核心低级处理器，命名为 Celeron E1000 家族。首颗 Celeron 双核心处理器型号为 E1200，基于 Conroe 核心，采用 65nm 制作工艺，核心时钟频率为 1.6 GHz，支持 800 MHz 前端总线，采用 LGA 775 接口，二级缓存为 512KB。

Intel 在 2009 推出全新低级处理器 Celeron E3000 家族，相比旧的 Celeron E1000 系列，采用 45 nm 制作工艺，核心时钟频率将进一步提升，而且二级缓存也由 512KB 提升至 1MB，采用 LGA 775 接口，支持 64 位技术和虚拟化技术，但不支持超线程技术。

Celeron E3000 家族初上市共有 2 种型号，包括 Celeron E3200 及 Celeron E3300，采用 Wolfdale 双核心，核心时钟频率分别为 2.4 GHz 及 2.5 GHz，支持 800MHz 前端总线，自带 1MB 二级缓存。后期推出 E3400 和 E3500 系列。

Celeron G 家族初上市共有 3 种型号，其中"Celeron G540""Celeron G530"都是双核心双线程，主频 2.5/2.4GHz，三级缓存削减到 2MB，集成图形核心 HD Graphics 2000，频率为 850～1100MHz，热设计功耗 65W。 另外，还有一款低规格节能版"Celeron G440"，热设计功耗仅仅 35W，不过只有单核心单线程，主频仅仅 1.6GHz，图形核心频率也降至 650～1100MHz，内存支持也更低（DDR3-1066），三级缓存倒是保持在 2MB。

Celeron 1019Y 代 1019Y 是一款双核处理器，其时钟速度为 1GHz，另外配有 2MB 的 3 级缓存，其显卡的基本频率为 350MHZ，最大动态频率为 800MHZ。虽然这款处理器支持虚拟化等基本技术，但是却缺少一些先进的技术，比如说超线程技术和睿频加速技术。但是，这款处理器的亮点在于其低功耗，其最大散热设计功耗只有 10W，而场景设计功耗（SDP）只有 7W。

（2）Pentium 双核系列处理器

Pentium 双核系列处理器定位在低端市场，由于 Core 2 Duo 当时刚刚发布，价格过高，而便宜的 Core Duo 性能上又比较差，正是出于这种原因，Intel 公司推出了 Pentium Dual Core，即 Pentium 双核。

Pentium D 和 Pentium Extreme Edition 是 Intel 公司的早期双核心处理器，采用 90nm 工艺制造，采用 LGA 775 接口。

早期的 Pentium D 处理器沿用了 Prescott 核心及 90nm 制造工艺。当时 Pentium D 内核实际上是由两个独立的 Prescott 核心组成的，两个核心各自拥有独立的 1MB 二级缓存，但必须保证两个二级缓存中的信息完全一致，否则就会出现运算错误。Pentium D 支持 EM64T 技术，但不支持超线程技术。而 Pentium Extreme Edition 与 Pentium D 最大的不同就是对超线程技术的支持。在打开超线程技术的情况下，Pentium Extreme Edition 处理器能够模拟出另外两个逻辑处理器，因此会被系统认为是四核心。Pentium D 和 Pentium Extreme Edition 处理器的核心可以看作是将两个 Prescott 核心松散地耦合在一起的产物，这种基于独立缓存的松散型耦合方案，其优点是技术简单，缺点是性能不够理想。

Pentium 双核处理器的首款产品发与 2007 年 6 月 3 日推出，早期采用 Conroe 与 Wolfdale 架构的系列产品，属于 Intel 处理器中低端产品，用于取代 Pentium D 系列处理器。最新的 Pentium 双核处理器于 2011 年 5 月 20 日发布，基于 Sandy Bridge 核心，采用 32nm 制作工艺，核心时钟频率从 2.2 GHz 到 2.9GHz 不等，采用 LGA 1155 接口，二级缓存为 512KB，三级缓存为 3MB。

（3）Core 2 系列处理器

从 Core 2 Duo 处理器开始，Intel 公司改变了以 Pentium 命名处理器的传统，而是以 Core（酷睿）代替。首批 Core 2 处理器于 2006 年 7 月 27 日发售，Core 2 分为 Solo（单核，只限笔记本电脑）、Duo（双核）、Quad（四核）及 Extreme（至尊）4 种型号。

Conroe 是第一代 Core 2 Duo 桌面处理器的核心代号，采用 65nm 制造工艺，核心时钟频率从 1.8GHz 到 3.0GHz 不等，采用 LGA 775 接口，支持 1 066MHz 和 1 333MHz 前端总线，二级缓存为 2M 或 4M，支持硬件防病毒技术、节能省电技术和 EM64T 等。最新的 Core 2 Duo 处理器于 2008 年 1 月 20 日发布，基于 wolfdale 核心，采用 45nm 制作工艺，核心时钟频率从 2.6GHz 到 3.33GHz 不等，采用 LGA 775 接口，支持 1 333MHz 前端总线，二级缓存为 6M。

Core 2 Quad 是 Core 2 Duo 的升级版，而 Core 2 Extreme 是 Intel 公司的高端产品，是当时最顶级的 PC 处理器。早期二者均采用 Kentsfield 核心，于 2007 年推出的 Kentsfield 是第一款桌面平台四核心处理器的核心类型，它是将两颗 Conroe 核心封装在一起组成一个四核心 CPU，2 个内核共同拥有 8MB 的共享式二级缓存。Kentsfield 核心采用 65nm 制造

工艺，LGA 775 接口，支持 1 066MHz 前端总线，支持虚拟化技术、节能省电技术及 64
位技术。最新的 Core 2 Quad 和 Core 2 Extreme 处理器于基于 Yorkfield 核心，采用 45nm
制作工艺，核心时钟频率从 2.6GHz 到 3.2GHz 不等，采用 LGA 775 接口，支持 1 333MHz
前端总线，二级缓存为 12MB。

（4）Core i 系列处理器

2009 年 6 月，Intel 公布了新的 CPU 名命名方式，迅驰、Core 2 Duo 和 Core 2 Quad
等将逐渐被淘汰。为了简化命名方式，Intel 决定处理器重新命名为 Intel Core i3、Core i5
和 Core i7。其中，i3 代表低端产品，i5 代表中端产品，i7 代表高端产品。

Core i7 处理器是 Intel 于 2008 年推出的 64 位四核心 CPU，采用 Nehalem 架构，用来取
代 Core 2 系列处理器。Core i7 是一款原生四核处理器。上面讲到，Core 2 Quad 系列四核
处理器其实是把两个 Core 2 Duo 处理器封装在一起，并非原生的四核设计，通过狭窄的前
端总线来通信，这样的缺点是数据延迟问题比较严重，性能不尽如人意。而 Core i7 则采用
了原生四核设计，采用先进的 QPI（QuickPathInterconnect）总线进行通信，传输速度是前
端总线的 5 倍。缓存方面也采用了三级内含式高速缓存设计，一级缓存的设计和 Core 微架
构一样，二级缓存采用超低延迟的设计，三级缓存采用共享式设计，即被所有内核共享。

基于 Bloomfield 四核心的 Core i7 处理器，采用 45nm 制作工艺，核心时钟频率从
2.66GHz 到 3.33GHz 不等，拥有 8MB 三级缓存，支持 800/1 066MHz 三通道 DDR3 内存，
采用 LGA 1366 接口和 QPI 总线，支持第二代超线程技术，也就是处理器能以八线程运行。

基于 Lynnfield 四核心的 Core i7 处理器，采用 45nm 制作工艺，核心时钟频率从 2.53GHz
到 3.06GHz 不等，拥有 8MB 三级缓存，支持 1 066/1 333MHz 双通道 DDR3 内存，采用 LGA
1156 接口和 DMI 总线。

Core i7 处理器目前有双核心（用于笔记本电脑）、四核心和六核心 3 个版本。

2010 年 3 月，Intel 公司正式发布了全球第一款针对桌面级用户的 32nm 旗舰六核处理
器。六核心 Core i7 处理器基于 Gulftown 核心，采用 32nm 制作工艺，核心时钟频率从 3.2GHz
到 3.73GHz 不等，拥有 12MB 三级缓存，支持 800/1 066MHz 三通道 DDR3 内存，采用 LGA
1366 接口和 QPI 总线。

2011 年 1 月发布的 Core i7 系列处理器采用 Sandy Bridge 四核心设计，是 32nm 原生
四核处理器，核心时钟频率从 2.8GHz 到 3.5GHz 不等，拥有 8MB 三级缓存，支持
1 066/1 333MHz 双通道 DDR3 内存，采用 LGA 1155 接口和 QPI 总线。

2011 年 11 月发布的 Core i7 系列处理器采用 Sandy Bridge-E 平台设计，分别是 Core
i7-3960X、Core i7-3930K 和 Core i7-3820。三者均采用 32nm 制作工艺，每个核心都拥有
256KB 二级缓存，支持 1 600MHz 四通道 DDR3 内存，采用 LGA 2011 接口和 QPI 技术。
3960X 和 3930K 采用六核心设计，3820 则采用四核心设计。三者的频率分别为 3.3GHz、
3.2GHz 和 3.6GHz，共享三级缓存分别为 15MB、12MB 和 10MB。

2012 年推出的 Core i7 系列处理器采用 Ivy Bridge 平台设计，以 i7-4820k 为例，采用
22nm 制作工艺，四核心，八线程。主频 3.7GHz，共享三级缓存别为 10MB，采用 LGA 1155
和 LGA 2011 接口。

2013 年推出的 Core i7 系列处理器采用 Haswell 平台设计，以 i7-4790 为例，采用 22nm

制作工艺，四核心，八线程。主频 4.0GHz，共享三级缓存别为 8MB，采用 LGA 1155 和 LGA 2011 接口。

2015 年推出的 Core i7 系列处理器采用 Broadwell 平台设计，以笔记本和便携式微机为主，在此不多介绍。Core i5 是 Core i7 派生的低级版本，同样基于 Nehalem 微架构。与 Core i7 支持三通道内存不同，Core i5 只支持双通道 DDR3 内存。另外，Core i5 会集成一些北桥的功能，如 PCI-Express 控制器。接口采用全新的 LGA 1156 接口。

基于 Lynnfiled 四核心的 Core i5 处理器，采用 45nm 制作工艺，核心时钟频率从 2.4GHz 到 2.8GHz 不等，拥有 8MB 三级缓存，支持 1 066/1 333MHz 双通道 DDR3 内存，采用 LGA 1156 接口和 DMI 总线。

基于 Clarkdale 双核心的 Core i5 处理器，采用 32nm 制作工艺，核心时钟频率从 3.2GHz 到 3.6GHz 不等，拥有 4MB 三级缓存，支持 1 066/1 333MHz 双通道 DDR3 内存，采用 LGA 1156 接口和 DMI 总线。

2011 年 1 月最新发布的 Core i5 系列处理器采用 Sandy Bridge 四核心设计，采用 32nm 制作工艺（2012 年以 Ivy bridge 和 2013 年以 Haswell 为平台设计的采用的均为 22nm 制作工艺），核心时钟频率从 2.3GHz 到 3.3GHz 不等，拥有 6MB 三级缓存，支持 1 066/1 333MHz 双通道 DDR3 内存，采用 LGA 1155 接口和 QPI 总线。

Core i3 可看作是 Core i5 的进一步精简版，最大的特点是整合 GPU（图形处理器），也就是说 Core i3 将由 CPU+GPU 两个核心封装而成，它是 Intel 公司第一款 CPU+GPU 的处理器产品。由于整合的 GPU 性能有限，用户想获得更好的 3D 性能，可以外加显卡，Core i3 支持 SLI 和 Crossfire 技术。

基于 Clarkdale 双核心的 Core i3 处理器，采用 32nm 制作工艺，核心时钟频率从 2.93GHz 到 3.33GHz 不等，拥有 4MB 三级缓存，支持 1 066/1 333MHz 双通道 DDR3 内存，采用 LGA 1156 接口和 DMI 总线。

2011 年 1 月最新发布的 Core i3 系列处理器采用 Sandy Bridge 双核心设计，采用 32nm 制作工艺（2012 年以 Ivy bridge 和 2013 年以 Haswell 为平台设计的采用的均为 22nm 制作工艺），核心时钟频率从 2.5GHz 到 3.4GHz 不等，拥有 3MB 三级缓存，支持 1 066/1 333MHz 双通道 DDR3 内存，采用 LGA 1155 接口和 QPI 总线。

2．AMD 公司

AMD 公司的主要产品包括 Sempron Ⅱ系列、Athlon Ⅱ系列、Phenom Ⅱ系列和 APU。

（1）Sempron Ⅱ系列处理器

Sempron 处理器是 AMD 公司的低端产品，中文官方名称为"闪龙"，主要针对 Intel 公司的 Celeron 处理器。Sempron 处理器是 Athlon 处理器的缩减版，具有很高的性价比。

目前，主流的 Sempron 处理器为 Sempron Ⅱ，即 Sempron 的第二代产品，按照接口分为两种，分别采用 Socket AM2 接口和 Socket AM3 接口。

采用 Socket AM2 接口的 Sempron 处理器层采用过 3 种核心，最新的产品于 2008 年 2 月推出，基于 Sherman 双核心设计，采用 65nm 制作工艺，核心时钟频率为 1.8GHz 到 2.2GHz 不等，拥有 512KB 二级缓存，支持 800MHz 双通道 DDR2 内存，支持 3D Now！和超线程技术。

采用 Socket AM3 接口的 Sempron 处理器基于 Sargas 单核心设计，采用 45nm 制作工艺，核心时钟频率为 2.7GHz 到 2.9GHz 不等，拥有 1MB 二级缓存，支持 1 066MHz 的双通道 DDR3 内存，支持 3D Now! 和虚拟化技术，不支持超线程和 Turbo Boost 技术。

（2）Athlon Ⅱ 系列处理器

Athlon 是 AMD 公司的一种为桌面计算机平台而设的处理器，也是迄今为止 AMD 最为成功的一代处理器架构，其中文官方名称为"速龙"。

目前市场上主流的 Athlon 处理器是 Athlon Ⅱ，即 Athlon 的第二代产品，属于 AMD 的 45nm 多核 CPU 产品系列之一，定位在中低端市场。

Athlon Ⅱ 系列处理器按照核心数分为双核心、三核心和四核心三种。Athlon Ⅱ 系列采用 AMD K10 架构，与 Phenom Ⅱ 系列不同的是，Athlon Ⅱ 处理器均不设三级缓存，但把旧有的每核 512KB 二级缓存增至每核 1MB（四核仍为 512KB）。另外，Athlon Ⅱ 的双核产品均属本地设计，即并非通过屏蔽一颗四核处理器的其中两个内核，因此处理器的 TDP 功耗也比 Phenom Ⅱ 系列低。三核心的 Athlon Ⅱ 核心架构与四核心的 Athlon Ⅱ 相同，只是将其中一颗核心屏蔽起来。部分 Athlon Ⅱ 四核心系列产品是通过屏蔽 Phenom Ⅱ 系列的三级缓存而得来的。所以用户可以通过破解方法，打开三级缓存。

双核心的 Athlon Ⅱ 处理器基于 Regor 核心设计，采用 45nm 制作工艺，核心时钟频率从 2.7GHz 到 3.3GHz 不等，每个核心各拥有 1MB 二级缓存，支持 1 066 双通道 DDR3 内存，采用 Socket AM3 接口，支持 HT 技术。

三核心的 Athlon Ⅱ 处理器基于 Rana 核心设计，采用 45nm 制作工艺，核心时钟频率从 2.2GHz 到 3.4GHz 不等，每个核心各拥有 512KB 二级缓存，支持 1 333 双通道 DDR3 内存，采用 Socket AM3 接口。

四核心的 Athlon Ⅱ 处理器基于 Propus 核心设计，采用 45nm 制作工艺，核心时钟频率从 2.3GHz 到 3.2GHz 不等，每个核心各拥有 512KB 二级缓存，支持 1 333 双通道 DDR3 内存，采用 Socket AM3 接口，支持 HT 技术。

（3）Phenom Ⅱ 系列处理器

Phenom Ⅱ 是 AMD 的高端产品，采用 45nm 制作工艺，是 Phenom 处理器的后继者。采用 Socket AM3 接口的 Phenom Ⅱ 处理器支持 DDR3 内存，分双核心、三核心、四核心和六核心 4 种类型。

通过主板的 BIOS 升级，Socket AM3 版本的 Phenom Ⅱ 可以向后兼容 Socket AM2+。Phenom Ⅱ 的兼容性，使得采用 Socket AM3 接口的处理器可以支持 DDR2 和 DDR3 内存（最高支持 DDR3-1333），现有的 Socket AM2+ 主板用户可以直接升级使用 Phenom Ⅱ 处理器，而无需更换主板和内存，所以主板制造商和用户可以将 DDR2 用于 Socket AM3 接口的处理器上，从而降低组装计算机的成本。而 Intel 的 Core i7，就只能使用 DDR3 内存。

Phenom Ⅱ 是 AMD 第一个修正了 "cold bug" 问题的处理器。"cold bug" 是一个物理现象，当温度低于某个程度时，处理器会停止运作。这样会使得用干冰或者液氮等"极端"冷却方法失效。如果 "cold bug" 的影响能够减低，那么处理器就可以超频至更高的程度。

从 AM3 版本的 Phenom Ⅱ 开始，基于同一款芯片的三个产品系列会同时发售。第一个系列是旗舰级，代表着拥有最佳性能。另外两个系列是通过屏蔽核心的某些组件而形成。在制造处理器的时候，难免会有瑕疵。通过屏蔽核心的瑕疵可以制造出较低端型号的产品。

双核心的 Phenom Ⅱ 处理器基于 Callisto 核心设计，通过屏蔽原四核心的其中两个而取得，采用 45nm 制作工艺，核心时钟频率从 3.0GHz 到 3.5GHz 不等，每个核心各拥有 512KB 二级缓存，所有核心共享 6MB 三级缓存，支持 1 333 双通道 DDR3 内存，采用 Socket AM3 接口，支持 HT 技术。

三核心的 Phenom Ⅱ 处理器基于 Heka 核心设计，通过屏蔽原四核心的其中一个而取得，采用 45nm 制作工艺，核心时钟频率从 2.6GHz 到 3.2GHz 不等，每个核心各拥有 512KB 二级缓存，所有核心共享 6MB 三级缓存，支持 1 333 双通道 DDR3 内存，采用 Socket AM3 接口，支持 HT 技术。

四核心的 Phenom Ⅱ 处理器经历了 Deneb 和 Zosma 两种核心，均采用 45nm 制作工艺，核心时钟频率从 2.5GHz 到 3.7GHz 不等，每个核心各拥有 512KB 二级缓存，所有核心共享 6MB 三级缓存，支持 1 333 双通道 DDR3 内存，采用 Socket AM3 接口，支持 HT 技术。二者唯一的区别是基于 Zosma 核心的处理器加入了对 Turbo Core 技术的支持。

六核心的 Phenom Ⅱ 处理器基于 Thuban 核心设计，采用 45nm 制作工艺，核心时钟频率从 2.6GHz 到 3.3GHz 不等，每个核心各拥有 512KB 二级缓存，所有核心共享 6MB 三级缓存，支持 1 333 双通道 DDR3 内存，采用 Socket AM3 接口，支持 HT 和 Turbo Core 技术。

（4）APU 处理器

APU，全称是 "Accelerated Processing Units"，即加速处理器，它是 AMD 公司融聚理念的产品，第一次将计算机上两个最重要的处理器，CPU 和 GPU（图形处理器）做在一个晶片上，它同时具有高性能 CPU 和最新独立显卡的处理性能，支持 DX 11 游戏和最新应用的"加速运算"，大幅提升电脑运行效率，实现了 CPU 与 GPU 真正的融合。

APU 是 AMD 公司对融合技术多年研究的成果，传统计算中的绝大部分浮点操作都脱离 CPU 而转入擅长此道的 GPU 部分，GPU 不再只是游戏工具，混合计算将大放光芒。CPU 和 GPU 的概念也会渐渐模糊起来。2011 年 1 月，AMD 推出一款革命性的产品 AMD APU，是 AMD Fusion 技术的首款产品。APU 将通用运算 x86 架构 CPU 核心和可编程矢量处理引擎相融合，把 CPU 擅长的精密标量运算与传统上只有 GPU 才具备的大规模并行矢量运算结合起来。AMD APU 设计综合了 CPU 和 GPU 的优势，通过一个高性能总线，在单个硅片上把一个可编程 x86 CPU 和一个 GPU 的矢量处理架构连为一体，双方都能直接读取高速缓存。AMD APU 中还包含其他一些系统成分，比如内存控制器、I/O 控制器、专用视频解码器、显示输出和总线接口等。AMD APU 的魅力在于它们内含由标量和矢量硬件构成的全部处理能力。

AMD 未来的处理器组成将按照"推土机"（Bulldozer）和"山猫"（Bobcat）两款全新的处理器架构划分，推土机架构主攻性能和扩展性，面向主流客户端和服务器领域；山猫架构的重点则是灵活性、低功耗和小尺寸，将用于低功耗设备、小型设备、云客户端。山猫架构就是 Fusion APU 融合处理器的基础，真实产品包括 "Zacate" 和 "Ontario" 两种制品。这两种制品的区别在于，"Zacate" 的 TDP 为 18W，主要针对轻薄型 PC 市场，对阵 Intel 的 ULV（Ultra Low Voltage）系列处理器。Intel 目前对 ULV 处理器特点及市场定位进行了如此描述：不足 10W 超低功耗、45nm 制造工艺、Core 2 架构、针对 11 英寸到 13.3 英寸之间的超便携笔记本电脑。而"Ontario"的 TDP 为 9W，主要目标是上网本，对阵 Atom 系列处理器。Atom 是 Intel 历史上体积最小和功耗最小的处理器，专门为小型设备设计，旨在降低产品功耗。

2011 年 6 月面向主流市场的 Llano APU 正式发布。Llano APU 芯片采用 32nm 工艺制造，首发的版本集成 14.5 亿个晶体管，核心面积 228mm^2，采用了新的 micro PGA 封装接口 Socket FS1，772 针无顶盖。"Llano"处理器于笔记本电脑所用的插槽为 Socket FT1，于上网本所用的插槽为 Socket FS1。和之前的 Brazos APU 类似，Llano APU 也在单独一颗硅片上集成了众多模块：x86 处理器核心、二级缓存、DDR3 内存控制器、图形 SIMD 阵列（也就是 GPU）、显示控制器、UVD 解码引擎、PCI-E 控制器。Llano APU 内集成了如此众多的功能模块，如何确保它们之间的高速互连、以便让整体随时保持在最佳状态、避免任何潜在的瓶颈，这无疑是 APU 设计过程中最关键的一点。AMD 特意设计了全新的 Fusion Compute Link（Fusion 计算连接）来将北桥模块、GPU、IO 输入输出串联在一起，允许 GPU 访问一致性缓存/内存，同时在 GPU 和北桥之间还搭建了 Radeon Memory Bus（Radeon 内存总线），让没有独立显存的 GPU 通过高速带宽去访问系统系统。Llano APU 移动版支持双通道 DDR3 内存，每通道一条内存条，也就是总共只能插两条内存，容量最大 32GB。频率和电压方面，标准版 DDR3 最高 1 600MHz，电压 1.5V，低压版 DDR3 最高 1 333MHz，电压 1.35V，带宽最高 25.6GB/s。Llano APU 的桌面版则支持双通道 DDR3 内存，每通道两条内存条，总共可以插入 4 条内存，容量最大 64GB，支持 1.35V DDR3 1333、1.5V DDR3 1866，带宽最高 29.8GB/s。

2.5　CPU 及风扇的选购

2.5.1　CPU 的选购

1. 盒装与散装

盒装 CPU 拥有漂亮的包装盒，内有详细的说明书与质保书等，但是价格要比散装的贵。一般要买盒装的 CPU，其售后服务有保障，并且不容易有假货。在购买盒装 CPU 时，要注意商家提供的包装是否完整。购买后当场打开包装，取出产品清单或说明书，逐个核对说明书中列举的配件。盒装 CPU 一般都配有专用的散热风扇、导热硅脂。

散装 CPU 的对象主要是成批进货且不需要精美包装或说明的计算机厂商，但是也有不少 DIY 族为了减少开支而选择散装 CPU。

2. 选购标准

在购买 CPU 时应注意 3 点：首先要明确购机的目的，购机是用来玩游戏还是进行三维图形处理，是仅仅用来打字、上网还是另有其他特殊的用途；其次，要根据经济条件来选购；最后，对自己的计算机水平要有清醒的认识。CPU 降价很快，对于初学者主要是在学习如何使用计算机，中低档的双核心 CPU 足矣，使用 Core i7 就会造成浪费。如果你精通计算机，CPU 可以选购高档一些的。

CPU 的购买群体一般可以分为 3 种：第一种为追求高性能者，如果要求计算机具有高性能，而且经济条件允许的话，高端 Core i7 四核心 CPU，甚至六核心或八核心的 CPU 都是最佳的选择，当然，大一些的高速内存、高速度的硬盘也都是必需的；第二种为追求低价格者，经常有些用户受经济条件限制，不能承受太昂贵的产品，可选择 AMD 和 Intel 公司的低端 CPU，如 Core i3、Core 2 Duo、Celeron 或 Sempron II 处理器，尤其是 AMD 公司的产品，是平价 CPU 的代表；第三种为追求性能价格比最优的用户，相信购买 CPU 的大多数人都属于这一类型，这种情况下，可以选择主流 Core i5、Phenom II 或 Athlon II 处理器。

2.5.2 风扇的选购

在购买盒装 CPU 时，一般都有与之匹配的 CPU 风扇。CPU 风扇由散热片和散热风扇组成。为了更好地发挥散热功能，有时还在散热片上涂上一层硅脂。散装 CPU 一般不带散热风扇，购买 CPU 时一定记着要买一个散热风扇。但必须注意搭配使用，否则可能在安装 CPU 时损坏内核。

CPU 在运行过程中产生的热量，传导给紧贴其背面的散热片，然后经 CPU 风扇的转动而将将冷空气灌入散热片表面，从而降低 CPU 的温度。如果没有散热风扇或其他散热装置散热，大量热量积存会造成死机，严重时可能会烧坏 CPU。

图 2-13　Core i7 处理器的散热片和风扇

购买 CPU 风扇时，一定要注意搭配使用，选用型号专用风扇，可以使 CPU 风扇最大的发挥作用，起到散热的目的。Core i7 处理器的散热片和风扇如图 2-13 所示。

此外，选购时还需要注意以下两点。

（1）配合主机使用

通常散热风扇的散热片越大，散热效果越好，但是必须考虑到风扇在主机内的位置和机箱内空间的大小。还应该注意主机是否可以容纳加装风扇后的高度，扩充槽加装接口卡时会不会被风扇或散热片挡住，散热风扇是否能够扣紧 CPU 风扇卡槽等。

（2）质量

散热风扇同样也分盒装和散装。通常盒装的散热风扇都在其包装上注明许多相关的技术规格，如风扇本身的转速（单位是 r/min）、功率等。总之，安装方便与散热效果良好是选购 CPU 风扇时最重要的考虑因素。如果计划超频，可以在选购时购买性能较好的名牌产品。

 练习题

一、选择题

1. CPU 的两大生产厂商是，Intel 公司和_____公司。

　　A．华硕　　　　　　B．联想　　　　　　C．AMD　　　　　D．Pentium

2．CPU 的主频由_____和_____决定。

　　A．外频　　　　　　B．倍频　　　　　　C．内频　　　　　D．前端总线频率

3．以下 CPU 中采用 LGA 1155 接口的是_____。

　　A．Celeron　　　　 B．Phenom Ⅱ　　　 C．Core 2 Duo　　 D．Core i5

4．最新的 Core i 系列处理器采用_____nm 制作工艺。

　　A．65　　　　　　 B．45　　　　　　　C．32　　　　　　 D．22

二、填空题

1．Intel 公司主要采用的 CPU 接口方式有_____、_____、_____、_____和_____。

2．APU 是将计算机上两个最重要的处理器_____和_____做在一个晶片上，它同时具有高性能处理器和最新独立显卡的处理性能。

3．Intel 公司的主流 CPU 有_____、_____、_____和_____，而 AMD 公司的主流 CPU 有_____、_____和_____。

4．Intel 公司的 Core i 系列产品中，_____代表低端产品，_____代表中端产品，_____代表高端产品。

5．Phenom Ⅱ 是 AMD 的高端产品，采用 45nm 制作工艺，按照核心的数量可以分为_____核心、_____核心、_____核心和_____核心 4 种类型。

三、简答题

1．什么是 CPU 双核心技术？它与超线程技术有何不同？

2．Core i7 四核心 CPU 与 Core 2 Quad 四核心 CPU 有何不同？

3．请评价 Phenom Ⅱ 系列的兼容性如何。

4．简述 CPU 的选购方法。

5．简述 CPU 风扇的选购方法。

第 3 章 主板

3.1 主板的作用

主板又叫主机板（Main Board）、系统板（System Board）或母板（Mother Board），它安装在机箱内，是微机最基本的也是最重要的部件之一。主板是整个微机内部结构的基础，不管是 CPU、内存、显示卡还是鼠标、键盘、声卡、网卡都要通过主板来连接并协调工作。若主板性能不好，一切安装在它上面的部件的性能都不能充分发挥出来。如果把 CPU 看成是微机的大脑，那么主板就是微机的身躯。当拥有了一个性能优异的大脑（CPU）后，同样也需要一个健康强壮的"身体"——主板来运作。图 3-1A、图 3-1B 所示为华硕 P9X79 Deluxe 主板和 Z170P 主板。

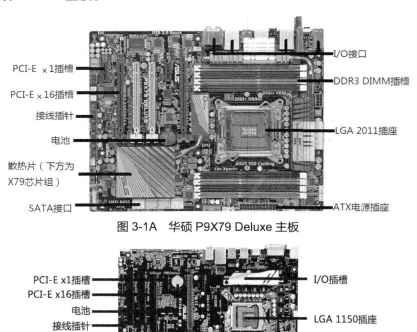

图 3-1A　华硕 P9X79 Deluxe 主板

图 3-1B　华硕 Z170P 主板

主板实际上就是一块电路板，上面安装了各式各样的电子零件并布满了大量电子线路。当微机工作时由输入设备输入数据，由 CPU 来完成大量的数据运算，再由主板负责组织输送到各个设备，最后经输出设备反映到我们的感官。主板上安装了组成微机的主要电路系统，一般有控制芯片组、BIOS 芯片、键盘接口、面板控制开关接口、指示灯插接件、扩充插槽、主板及插卡的直流电源供电插座等元件，以及 CPU 与外设之间数据交换的通道——总线。在 486 微机时代以前，大部分的 CPU 是焊接在主板上的，甚至早期的 486 也有部分是这样的结构。后来随着 CPU 种类的增多，考虑到使用时可方便地升级，现在的主板上就只预留了 CPU 的插槽，如 Inter 的 LGA1150，775，1155，2011 等，这样，人们就可方便地选择合适的 CPU。

主板的另一特点，是采用了开放式结构。主板上大都有 6～8 个扩展插槽，供外围设备的控制卡（适配器）插接。通过更换这些插卡可以对微机的相应子系统进行局部升级，使厂家和用户在配置机型方面有更大的灵活性，而一台新购买的微机也不会因某个子系统的快速过时而导致整个系统报废。

3.2 主板的组成

现在市场上的主板虽然品牌繁多、布局不同，但基本组成和使用的技术基本一致，主要有：BIOS 芯片，主板芯片组（南桥芯片、北桥芯片），AGP 插槽，ISA 插槽，AMR 插槽，CPU 插槽，DIMM 插槽，PCI-E × 16 插槽，PCI-E × 4 插槽，PCI-E × 1 插槽，PCI 插槽，SATA 接口，串口，并口，PS/2 键盘和鼠标接口，USB 接口等。

3.2.1 芯片组

1. 芯片组的功能

芯片组（Chipset）可以说是主板的灵魂，它决定着主板的性能。评定主板的性能首先要看它选用什么样的芯片组，因为芯片组决定了主板使用什么样的外部频率、可以使用的内存的种类和大小、能对内存提供多大的缓存、支持的 Cache 数量、各种总线及输出模式等。

早期的主板芯片组包含 3～4 块芯片，现在一般只有 2 块芯片，我们称之为南桥芯片、北桥芯片，如图 3-2 所示。

北桥芯片主要决定主板的规格、对硬件的支持及系统的性能，它连接着 CPU、内存、RAM、AGP 或 PCI-E 总线。主板支持什么规格的 CPU、内存和显卡，都是由北桥芯片决定的。北桥芯片往往有较高的工作频率，所以发热量很高，通常在主板上的 CPU 插槽附近可以找到一个散热器，下面就是北桥芯片。装载同样北桥芯片的主板，其性能几乎是一样的。

南桥芯片主要负责主板外围周边的功能，主板上的各种接口（如串口、并口、USB 口）、

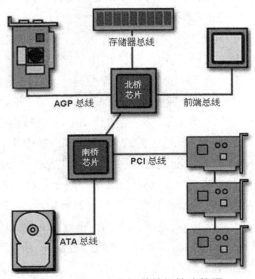

图 3-2 南桥、北桥芯片组的功能图

35

PCI 总线（接电视卡、网卡、声卡等）、IDE 或 SATA 接口（接硬盘、光驱）及主板上的其他芯片（如集成的声卡、网卡等），都归南桥芯片控制。早期的南桥芯片通常裸露在 PCI 插槽旁边，因为工作频率越来越大，现在的南桥芯片上一般也都覆盖着散热器。

由于目前很多主流 CPU 将内存控制器集成在 CPU 内部，于是北桥芯片简化了很多，功能也逐渐单一化，这也是一种趋势，简化主板结构，提高主板的集成度。南桥芯片的发展方向主要是集成更多的功能，如网卡、RAID、IEEE 1394 和 Wi-Fi 无线网络等。目前的发展趋势是，北桥芯片的功能将集成在 CPU 内部，而南桥将最大限度地整合主板外围功能，最终主板芯片组将变为单芯片形式。

2. 常见芯片组简介

目前的主板市场主要分为 Intel 平台和 AMD 平台。芯片组生产厂家主要有 Intel 和 AMD，NVIDIA、VIA 和 SIS 等公司也有芯片组产品，但数量不多。Intel 目前主流的芯片组是 X79、H77、Z75、Z77、Q77、Q75、B75 等，G 系列带有集成显卡，而 P 系列没有集成显卡，到了 7 系的时候没有 P 系列；同系列的小号均是大号的精简版，一般都是数字越大，芯片组越新；普通芯片组（加字母 P、G 等）是指在台式机上使用的芯片组，而在笔记本上使用的芯片组一般会再加 M（Mobile）。AMD 公司的主流芯片组是 A85、A75、990FX、870、790GX 等。

（1）Intel 公司的芯片组

Intel 公司是世界上最大的 CPU 制造商，同时也是最大的芯片组开发商，Intel 公司研制开发支持自己 CPU 的芯片组。Intel 公司芯片组是以字母+数字的形式命名的。从首字母的命名上看，Intel 的主板芯片组主要分为四大类，“G”系列面向低端市场，“H”系列面向中低端市场，“P”系列面向主流市场，“X”系列面向高端市场。从后面的数字命名上看，可以分为 7 系列、8 系列、9 系列、100 系列芯片组（历史上有过 4 系列、5 系列、6 系列，现已不在主流产品之列，已经被后续系列芯片取代）。

① 7 系列芯片组。

Intel 7 系列芯片组是 Intel 搭配三代 Core i（代号 Ivy Bridge，简称 IVB）系列处理器推出的产品，主要包括 H77、Z75、Z77、Q77、Q75、B75、X79 等型号（见图 3-3）。

Intel 7（代号为 Panther Point）系列芯片组对台式计算机有 3 种型号：定位高端、搭配 Core i7 处理器的 Z77、Z75 和定位主流、搭配 Core i5 处理器的 H77，其中主打的当然是 Z77。笔记本移动平台上则有 5 种型号，包括面向高端游戏本的 HM77，适合主流本的 HM76、HM75，用于超极本和轻薄本的 UM77，以及针对低端入门级廉价本的 HM70。

图 3-3　Z77 芯片组

H77 定位为主流市场，将逐步取代 H67；Z77/75 两款主板则定位高端玩家，取代 Z68、P67。Z77、Z75、H77 三款芯片组都同时支持 IVB、SNB 两代 LGA 1155 接口处理器，还整合了图形核心，都有 RAID 技术，均配备 4 个 USB 3.0 和 10 USB 2.0 接口、2 个 SATA 6Gbit/s 和 4 个 SATA 3Gbit/s 接口，都能提供 8 条 PCI-E 2.0 总线通道——芯片组仍然不支持

PCI-E 3.0。关于兼容性，7 系列的所有主板全部都可以直接向下兼容 Sandy Bridge 处理器，不同之处在于，H77 不支持处理器超频，Z75 没有 SRT 固态硬盘加速技术，三款处理器 PCI-E 总线的分配，分别可拆成三路、双路和单路。

H77 为最低端型号，仅有一条 PCI-E ×16 插槽，集成音频 Codec 支持双路 HDMI/DP 音频，不支持超频，但延续了 Z68 的 SRT 固态硬盘加速技术。

Z75 支持 2×8 双卡，支持超频，但不支持 SRT 固态硬盘加速技术。Z77 则完整提供超频功能，SRT 硬盘加速，PCI-E 通道也可划分为 1×16、2×8 或 1×8+2×4。

Q 系列的芯片主要是商业芯片组，Q77 支持固态硬盘加速。Q75 和 B75 对 SATA 6Gbit/s 接口、USB 接口进行了削减。

Intel 公司主流的 7 系芯片组还包括 X79 芯片组，X79 是 Intel 公司的顶级芯片组，支持基于 Sandy Bridge-E 核心的采用 LGA 2011 接口的 Core i7 处理器。X79 芯片组支持四通道 DDR3 内存，但是具体内存插槽数量、最大内存容量和内存传输频率要视 CPU 而定，不支持集成显示芯片，支持 PCI-E 2.0 和 3.0 插槽。南桥的功能包括支持 4 个 SATA 2.0 接口、10 个 SATA 3.0 接口、14 个 USB 2.0 接口（没有提供原生 USB 3.0 接口）、4 个 PCI-E 3.0 ×16 接口、8 个 PCI-E 2.0 ×16 接口，支持 RAID 功能，集成声卡和吉比特网卡。

② 8 系列芯片组。

Intel 8 系列的制造工艺升级到了 45nm（4～7 系列一直都是 65nm）。封装形式仍是 FCBGA，其中桌面版尺寸 23mm×22mm、厚度 1.602mm。针对台式计算机的有 5 种型号，分别是高性能可超频的 Z87、主流的 H87、低端的 B85、商务平台的 Q87/Q85。B85 其实主要面向企业用户，但最终被推向了低端台式机市场，因此性价比较高。针对笔记本电脑的有消费级的 HM87、HM86 和商务型的 QM87。同时 Intel 还准备了更入门级的 H81，取代老旧的 H61。

8 系列芯片组支持最多 6 个 USB 3.0、6 个 SATA 6Gbps（7 系列最多 4 个/2 个），这是最为突出的，而且还支持 Flex I/O 弹性输入输出技术，可灵活配置 PCI-E/USB/SATA 输出。8 系列还全部支持 Intel WiDi 无线显示技术、NFC 近场通信技术、Intel IPT 身份保护技术，主动管理技术也升级到 AMT 9.0（仅限 Q87/QM87）。数字输出管理从芯片组转移到了处理器内部，就只剩下了模拟的 VGA。

Z87、H87（见图 3-4）都可以支持 6 个 USB 3.0、8 个 USB 2.0、6 个 SATA 6Gbit/s，而且支持 Flex I/O，不同之处在于 H87 不支持超频，也不支持多路显卡，但多了 SBA。

B85 砍掉了 Flex I/O、RAID、SRT，但是和 H87 一样支持 SBA，接口配置为 4 个 USB 3.0、8 个 USB 2.0、4 个 SATA 6Gbit/s、2 个 SATA 3Gbit/s。

H81 进一步删除了 PCI-E 3.0、三屏显示、RST、SRT、SBA，每通道最多一条内存，6 条 PCI-E 2.0、2 个 USB 3.0、8 个 USB 2.0、2 个 SATA 6Gbps、2 个 SATA 3Gbit/s。

图 3-4　Z87 芯片组

Q85 在参数方面与 B85 没有太多差别，Q87 在性能方面在 H87 的基础上还支持 vPro 和 Anti-Theft。

③ 9 系列芯片组。

9 系列芯片组的规格跟 8 系列是一样的，在一些功能方面 9 系列芯片组确实有一些改进，比如 9 系芯片组可以支持第五代 Core Broadwell 处理器，多了一个启动保护功能，RST 支持 PCI-E 存储，也就是 M.2 及 SATA-Express 接口。官方明确 9 系列芯片组将支持 14nm Broadwell 处理器，至于 8 系列芯片组，会止步于 Haswell 升级版处理器。

Z97 和 H97 支持×16、×8+×8 及×8+×4+×4 输出，核显都支持 3 屏输出，内存通道也是双通道 DDR3 的，每通道最多 2 条内存。PCI-E 2.0 通道数最多也是 8 个，SATA 6Gbit/s 接口都是最多 6 个，USB 3.0 接口也是最多 6 个，支持 I/O 接口弹性配置。总体来说 9 系列和 8 系列没有本质上的差别。

④ 100 系列芯片组。

Intel 100 系列推出了 H170、B150、H110、Q170、Q150、Z170、Z150 6 款配套芯片组，支持第六代 Core Skylake 处理器。6 款芯片组将分别对位取代此前的 H87/H97、B85、H81、Q87、Q85、Z87/Z97。100 系列几乎每个地方都有着质的飞跃，尤其是总线全面升级到 PCI-E 3.0，USB 3.0 接口数量大增，还支持 RST PCI-E 设备，与处理器的通道也首次升级为 PCI-E 3.0 通道的 DMI 3.0 总线。

Z170 和其他型号最大的区别就是完全支持超频，当然规格也是最齐整的，可提供 20 条 PCI-E 3.0 总线（多了 4 条）、6 个 SATA 6Gbit/s 接口（没变）、3 个 SATA Express 接口（以前没有）、10 个 USB 3.0 接口（多了 4 个）、3 个 RST PCI-E 接口（以前没有）。

H170 关闭了超频，PCI-E 3.0 削减到 16 条，USB 3.0 减至 8 个（USB 2.0 就增至 6 个），SATA Express、RST PCI-E 接口各自减为两个，其他基本保留。

B150 就削减得比较多了，只有 8 条 PCI-E 3.0、6 个 USB 3.0（6 个 USB 2.0）、一个 SATA Express，不再支持 RST PCI-E，不过依然保留了 6 个 SATA 6Gbit/s。

H110 因为是入门级的，规格最低，只有 6 条 PCI-E 2.0、4 个 SATA 6Gbit/s、4 个 USB 3.0（6 个 USB 2.0），SATA Express 也被拿掉了。

Q170 几乎和 Z170 差不多，Q150 则稍微好于 B150。

⑤ 200 系列芯片组。

为了搭配第七代酷睿 Kaby Lake 处理器，Intel 即将推出 200 系列芯片组，最快于 2016 年上市，应该作为最后一代 14nm 技术的芯片组。

200 系列新特性比较多，比如 HSIO 高速输入输出通道从 26 条增至 30 条，多出来的 4 条属于 PCI-E，功能完整，还会用来支持 Intel Optane，也就是 3DX Point 混合存储技术。RST 存储技术将升级到 15 配合处理器，新平台的显示输出将支持 5K 分辨率，但单屏幕仅能到 5K/30f/s，双屏才能到 5K/60f/s，硬件解码方面则支持 HEVC/H.265 10bit、VP9 10bit。增加了雷电 3 接口，所以就没有了 USB 3.1，而且 200 系列有希望兼容未来采用 10nm 工艺的 Cannonlake 处理器。

（2）AMD 公司的芯片组

AMD 公司是全球第二大 CPU 生产商，也是第二大芯片组生产商，AMD 公司研制开发支持自己 CPU 的芯片组。AMD 公司芯片组是以数字+字母的形式命名的。从数字的命名上看，AMD 的主板芯片组主要分为三大类，支持 Socket AM2/AM2+接口的 7 系列，支持 Socket

AM3 的 8 系列，支持 Socket AM3+的 9 系列。同一系列中，根据数字的大小，芯片组等级依次从高到低排列。从字母的命名上看，带有"D"的是高端独立芯片组，带有"X"字的是中低端非整合芯片组，带有"S"的是整合芯片组。

① 7 系列芯片组。

AMD 7 系列芯片组主要有 AMD 770/780G/785G/790X/790GX/790FX，分别为高端的 790 系列和中端的 780、770 系列（见图 3-5）。

AMD 7 系列芯片组中，AMD 770 主要包括前期及后期两个版本，早期的 770 芯片组与 AMD 780G 芯片组是同一个档次的，芯片组分别为"北桥 AMD 770+南桥 SB700""北桥 AMD 780G+南桥 SB700"。770 不支援任何 CrossFire 模式，只支援一条的 PCI-E 2.0 ×16。780G 芯片组主板可以视为 770 独立芯片组的整合集成显卡版本，所以 770 为中端独立芯片组主板，而 780G 为中端整合芯片组主板。780G 支援混合式 CrossFire，意味着独立显示核心，可以与整合式显示核心进行 CrossFire。图形效能可望提高 5%～40%，取决于独立显示核心的等级。后期的 770

图 3-5　AMD7 系列 790GX 芯片组

芯片组与 785G 芯片组是同一个档次的，芯片组分别为"北桥 AMD 770+南桥 SB710""北桥 AMD 780G+南桥 SB710"，785G 芯片组主板可以视为 770 独立芯片组的整合集成显卡版本。而 785G 芯片组与 780G 芯片组的区别是：780G 芯片组的主板，板载集成 ATI Radeon HD 3200 显示核心，核心频率 500MHz，不自带缓存空间，占用内存；而 785G 芯片组主板，板载集成 ATI Radeon HD 4200 显示核心，核心频率 500MHz，自带 128MB 或 256MB 缓存空间。

790 系列芯片组为中高端芯片组，主要包括 790X/790GX/790FX 芯片组。其中，790X 芯片组与 790GX 芯片组是同一个档次的，芯片组分别为"北桥 AMD 790+南桥 SB750""北桥 AMD 790GX+南桥 SB750"，790GX 芯片组主板可以视为 790X 独立芯片组的整合集成显卡版本，板载集成 ATI Radeon HD 3300 显示核心，核心频率 700MHz，不自带缓存空间，占用内存，新增两条 PCI-E 2.0 ×8，支援 CrossFireX。所以 790X 为高端独立芯片组主板，而 790GX 为高端整合芯片组主板。790FX 则为 7 系列中最顶级的芯片组，它是一款独立芯片组，支持 HyperTransport 3.0 和 PCI-E 2.0 技术，可以建立 4 路和 3 路的 CrossFire。

② 8 系列芯片组。

AMD 8 系列芯片组主要包括 AMD 870/880G/890GX/890FX 芯片组（见图 3-6）。8 系列芯片组总体上优化了与 DDR3 内存的兼容性，更好的支持 AMD 二代处理器，支持 SATA 3.0 接口。

870 为中端独立芯片组主板，880G 为中端整合芯片组主板，后者板载集成 ATI Radeon HD 4250 显示核心，核心频率为 650MHz，自带 128MB 或 256MB 缓存空间。而 890GX 芯片组板载集成 ATI Radeon HD 4290 显示核心，核心频率为 700MHz，自带 128MB 或 256MB 缓存空间。而 890FX 芯片组为 8 系列中的顶级型号，支持 DDR3 内存，CrossfireX 多路显卡交火，而 890GX 仅支持双路交火。这 4 款北桥芯片搭配 SB810 和 SB850 两款南桥筑起了 AMD 在 2010 年和 2011 年的整个产品线架构。

图 3-6　AMD 8 系列 880 芯片组

③ 9 系列芯片组。

AMD 9 系列芯片组仍然由南北桥两部分组成，其中北桥有 990FX/990X/970 3 种型号，区别主要是 PCI-E 2.0 插槽数量和带宽不同，但都没有集成显示核心。9 系列芯片组支持 Socket AM3+接口，以及 Turbo Core 2.0 第二代多核心动态加速技术。芯片组最大亮点就是支持 IOMMU（输入输出内存管理单元）。传统的 MMO 用于将处理器的虚拟地址转换成物理地址，IOMMU 则是把设备可见的虚拟地址映射成物理地址，为服务器、桌面的 I/O 虚拟化提供一种安全、灵活、高性能的方案。

990FX 是 9 系列中的顶级型号，支持两条 PCI-E 2.0 ×16 全速插槽，并可拆分为 4 条 PCI-E 2.0 ×8 半速插槽，可组建双路、三路或四路 CrossFireX，另支持 1 条 PCI-E 2.0 ×4 插槽，6 条 PCI-E 2.0 ×1 插槽。990X 支持 1 条 PCI-E 2.0 ×16 全速插槽，并可拆分为两条 PCI-E 2.0 ×8 半速插槽，可组建双路 CrossFire，另支持 6 条 PCI-E 2.0 ×1 插槽。970 支持 1 条 PCI-E 2.0 ×16 全速插槽且不可拆分，也就是不支持 CrossFire。

南桥有 SB950、SB920 两种型号，主要区别在于 RAID 技术，而且都不支持原生 USB 3.0。

④ A75 和 A55 芯片组。

A75 和 A55 芯片组都采用单芯片设计。由于 Llano APU 全面整合了显示核心、内存控制器、PCI-E 控制器等一系列原本属于北桥的功能，A75 和 A55 基本上相当南桥芯片，主要负责系统输入输出功能。

A75 和 A55 面向 Socket FM1 接口的桌面平台，搭配 Socket FM1 接口的 Llano A 系列 APU。不同之处在于 A75 支持 6 个 SATA 3.0 接口，并提供 4 个原生 USB 3.0 接口，以及 10 个 USB 2.0 接口；而 A55 则只有 6 个 SATA 2.0 接口和 14 个 USB 2.0 接口，不支持 SATA 3.0 和 USB 3.0 接口。另外这两款芯片组都支持 RAID 技术。

⑤ A85 芯片组。

A85 芯片组相对 A75 芯片组在规格方面还是有着不小的提升的。首先在磁盘阵列（RAID）的功能上，A85 芯片组支持 RAID 5 功能，这是 A75 所不具备的。RAID 5 在提升磁盘性能的同时，还保障了数据的安全，是一种两全其美的 RAID 方式。另外，继承前辈的优良传统并再次发扬光大，A85 芯片组原生提供了多达 8 个 SATA3 接口的支持。随着大容量高速存储设备的迅速普及，SATA3 接口正在逐步显示着自己的威力。6 个已经很多，8

个更是福利。同时，A85 将支持多屏的数量由 A75 的 3 个提升到了 4 个（需要 APU 支持）。其他功能诸如 USB2.0、USB3.0 及内存方面均没有改变。

3.2.2　CPU 插座

CPU 插座主要为 Socket 系列。早期曾经出现过 Slot 系列插槽，它看上去像主板上常见的扩展槽一样，呈狭长形，现在主流计算机中已不再使用。

Socket 系列 CPU 插座采用 ZIF（Zero Insert Force）标准，即零阻力插座。在插座旁边有一个杠杆，拉起杠杆，CPU 的每一个针脚就可以轻松地插进插座的每一个孔位里，然后把杠杆压回原来的位置，就可将 CPU 固定住。Socket 系列插座如图 3-7A、图 3-7B 所示。

目前 CPU 插座主要有 LGA 1150、LGA 1155 和 LGA 2011，以及 Socket AM2、Socket AM2+、Socket AM3、Socket AM3+和 Socket FM1。Socket 1366、Socket 1150、Socket 1156、Socket 1155 和 Socket 2011 适合安装 LGA 封装的 Core i 系列处理器。

Socket AM2 主要适用于 Sempron、Athlon 64、Athlon 64 X2 及 Athlon 64 FX 等，它是 AMD 全系列桌面 CPU 所对应的接口标准。Socket AM2+完全兼容 Socket AM2，是一种过渡性接口。Socket AM3 主要适用于 Sempron Ⅱ、Athlon Ⅱ 以及 Phenom Ⅱ 系列处理器，是 AMD 全系列桌面 CPU 所对应的新接口标准。Socket AM3+向下兼容 AM3。Socket FM1 是 AMD 公司最新的 APU 处理器所用的接口。

图 3-7A　LGA 2011 插座

图 3-7B　Socket 1150 插座

3.2.3　总线扩展槽

总线是计算机中传输数据信号的通道。总线扩展槽是主板中负责对外的连接通道，任何外界的接口卡，如显卡、声卡、网卡等都要插在扩展槽上才能够与主板沟通，输出图像和声音。主板上常见的总线扩展槽有 AGP、PCI 和 PCI-E 插槽。AGP 插槽曾经存在过很长一段时间，目前已被淘汰，PCI 插槽也面临着被淘汰的命运。

1．PCI 扩展槽

PCI（Peripheral Component Interconnect，外围元件接口）是用于解决外部设备接口的总线。PCI 总线是一种不依附某个具体处理器的局部总线。从结构上看，PCI 是在 CPU 和外设之间插入的一级总线，具体由一个桥接电路实现对这一层的管理，并实现上下之间的接口以协调数据的传送。与 ISA 扩展槽相比，PCI 扩展槽的长度更短，颜色一般为白色，通常用来安装声卡、内置 Modem 和网卡等。PCI 扩展槽如图 3-8 所示。

图 3-8　PCI 扩展槽和 AGP 接口插槽

2．AGP 接口插槽

　　AGP（Accelerated Graphics Port，图形加速端口）专门用于高速处理图像。AGP 不是一种总线，因为它是点对点连接，即连接控制芯片和 AGP 显示卡。AGP 在主内存与显示卡之间提供了一条直接的通道，使得 3D 图形数据越过 PCI 总线，直接送入显示子系统。这样就能突破由于 PCI 总线形成的系统瓶颈，从而达到高性能 3D 图形的描绘功能。AGP 标准可以让显卡通过专用的 AGP 接口调用系统主内存作为显示内存，是一种解决显卡板载显示内存不足的廉价解决方案。

　　AGP 插槽的形状与 PCI 扩展槽相似，为褐色。AGP 插槽只能插显卡，因此在主板上 AGP 接口只有一个。目前 AGP 端口标准已经由原来的 AGP 1X 发展到 AGP 8X，其对应的数据传输率为 266Mbit/s、266Mbit/s × 8，现在主板大都采用 AGP 8X 接口，配合 AGP 8X 的显示卡，大大提高了电脑的 3D 处理能力。现在市面上的主板已经不带 AGP 接口插槽了，它已经被 PCI-E 接口插槽所替代。AGP 接口插槽如图 3-8 所示。

3．PCI-E 接口插槽

　　PCI-E（PCI-Express 的缩写）是最新的总线和接口标准。2002 年，包括 Intel、AMD、DELL、IBM 在内的 20 多家业界主导公司正式推出 PCI-E 1.0 标准。它的主要优势是数据传输速率高，最初就可达到 10GB/s 以上，发展潜力巨大，能满足现在和将来一定时间内出现的低速设备和高速设备的需求。它采用了目前业内流行的点对点串行连接，比起 PCI 及更早期的计算机总线的共享并行架构，每个设备都有自己的专用连接，不需要向整个总线请求带宽，而且可以把数据传输率提高到一个很高的频率，达到 PCI 所不能提供的高带宽，并且 PCI-E 接口每个针脚可以获得比传统 I/O 标准更多的带宽，降低了设备生产成本和体积。

　　PCI-E 允许实现×1（0.25GB/s）、×2、×4、×8、×12、×16 和 32 通道规格，其中，PCI-E×（0.25GB/s）和 PCI-E×16（4GB/s）是主流规格，很多芯片组厂商在南桥芯片中添加了对 PCI-E×1 的支持，在北桥芯片中添加了对 PCI-E×16 的支持。PCI-E 将逐渐取代 PCI 和 AGP，最终实现总线标准的统一。PCI-E×16 接口插槽如图 3-9 所示。

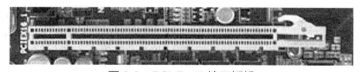

图 3-9　PCI-E×16 接口插槽

随着高端显卡产生的数据越来越多，PCI-E 1.0 成为高端显卡的瓶颈，因此，出现了 PCI-E 2.0 标准。PCI-E 2.0 是 PCI-E 总线家族中的第二代版本。PCI-E 2.0 在 1.0 版本的基础上更进了一步，传输性能翻了一番。目前新一代芯片组产品均可支持 PCI-E 2.0 总线技术，×1 模式的接口带宽可达到 1GB/s，×16 图形接口可以达到 16GB/s 的带宽值。PCI-E 2.0 保持对现行 1.0 规范的兼容，旧的 PCI-E 扩展卡依然可以在 PCI-E 2.0 标准的平台上正常运行。

PCI-E 3.0 标准已经发布，×16 图形接口可以达到 32GB/s 的惊人带宽值，是现有 PCI-E 2.0 标准的两倍，当然也保持了对 PCI-E 2.0 标准的兼容。虽然支持 PCI-E 3.0 的主板早已进入市场，但是支持 PCI-E 3.0 的显卡和处理器在 2011 年末时才陆续推出。PCI-E 4.0 预计将于 2017 年推出。

3.2.4　内存插槽

内存插槽的作用是安装内存条。插槽的线数与内存条的引脚数一一对应，线数越多插槽越长。所谓多少"线"是指内存条与主板插接时有多少个接点。内存插槽有 30 线、72 线、168 线、184 线和 240 线等。30 线的内存插槽主要见于 486 档次以下的微机，72 线内存插槽见于 486 档次以上的微机，168 线内存插槽在 586 以上主板才有，目前主要是 240 线。内存插槽还可分为 SIMM 插槽、DIMM 插槽和 RIMM 插槽。主流插槽为 DIMM 插槽，配合使用 DDR、DDR2、DDR3 和 DDR4 内存，如图 3-10 所示。

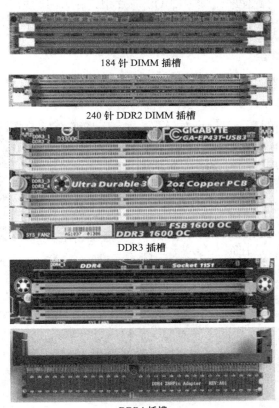

184 针 DIMM 插槽

240 针 DDR2 DIMM 插槽

DDR3 插槽

DDR4 插槽

图 3-10　内存插槽

3.2.5　BIOS 与 CMOS

BIOS（Basic Input/Output System，基本输入/输出系统）是安装在主板上的一个 ROM 芯片，其中保存有微机系统最重要的基本输入/输出程序、系统 CMOS 设置、开机上电自检程序和系统启动自举程序。BIOS 芯片可以说是主板的管家，主板内所有的信息都由它来管理，一块主板性能优越与否，很大程度上取决于主板上的 BIOS 管理功能是否先进。早期主板上的 BIOS 通常采用 EPROM 芯片，一般用户无法更新版本，在 Pentium 或 Pentium Ⅱ 以上的主板上，BIOS 芯片都采用闪速只读存储器（Flash ROM），用户可用专用软件随时升级。也正是由于 Flash ROM 可由用户更改其中的内容，所以 BIOS 是主板上唯一会被病毒攻击的芯片，BIOS 中的内容一旦破坏，主板将不能工作。CIH 病毒主要攻击 BIOS，所以各大主板厂商对 BIOS 采用了多种保护措施，如采用双 BIOS 技术，在主板上装有两片 BIOS，当主 BIOS 被病毒破坏之后，后备 BIOS 就自动生效进行工作。

CMOS（Complementary Metal Oxide Semiconductor 本意是指互补金属氧化物半导体）是微机主板上的一块可读写的 RAM 芯片，用来保存当前系统的硬件配置和用户对某些参数的设定。CMOS 由主板的电池供电，即使关闭机器，信息也不会丢失。CMOS RAM 本身只是一块存储器，只有保存数据的功能，而对 CMOS 中各项参数的设定要通过专门的程序。现在都将 CMOS 设置程序做到了 BIOS 芯片中，在开机时通过特定的按键就可以进入 CMOS 设置程序方便地对系统进行设置，因此 CMOS 设置又叫作 BIOS 设置。

3.2.6　SATA 接口插座

SATA 接口插座是通过插入一条 7 线细线缆数据线让主板与 SATA 硬盘驱动器或光盘驱动器相连接。

SATA（Serial ATA 的缩写）即串行 ATA，是一种完全不同于 IDE 的新型接口类型，如图 3-11 所示，因采用串行方式传输数据而知名。SATA 总线使用嵌入式时钟信号，具备更强的纠错能力，与以往相比其最大的区别在于能对传输指令（不仅仅是数据）进行检查，如果发现错误会自动矫正，这在很大程度上提高了数据传输的可靠性。其串行接口还具有结构简单，支持热插拔的优点。

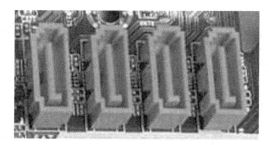

图 3-11　SATA 接口插座

SATA 相对于 IDE 来说，具有很多的优势。首先，SATA 以连续串行的方式传送数据，一次只会传送 1 位数据。这样能减少 SATA 接口的针脚数目，使连接电缆数目变少，效率也会更高。SATA 仅用 4 支针脚就能完成所有的工作，分别用于连接电缆、连接地线、发送数据和接收数据，同时这样的架构还能降低系统能耗和减小系统复杂性。其次，SATA 的起点更高、发展潜力更大，SATA 1.0 定义的数据传输率可达 150MB/s，这比并行 IDE 所能达到 133MB/s 的最高数据传输率还高，而 SATA 2.0 的数据传输率将达到 300MB/s，SATA

3.0 的数据传输率可以达到 600MB/s。

3.2.7　电源接口

主机板、键盘和所有接口卡都由电源插座供电。主板上的电源插座共有两种规格，AT 规格和 ATX 规格。

AT 规格是一种较为传统的插座规格，AT 主板的电源插座是 12 芯单列插座，没有防插错结构，电源插座看似连在一起，实际上分为两个插头，其编号为 P8 和 P9，插接时应注意将 P8 与 P9 的两根接地黑线紧靠在一起，一定不要把插头插反了，否则会烧毁主板。

ATX 是目前广泛使用的电源插座规格，配合 ATX 电源使用，早期的 ATX 电源插座为 20pin，目前多为 24pin，但它也向下兼容 20pin 接口。ATX 电源插座具有防插错结构，如果插头拿反了就插不进去，所以不必担心会烧毁主板。在软件的配合下，ATX 电源可以实现软件关机、键盘开机，Modem 远程唤醒等电源管理功能。

现在的主板上 AT 电源逐渐地被 ATX 电源所取代。ATX 电源插座如图 3-12 所示。

图 3-12　ATX 电源插座

3.2.8　电池

电脑系统与时钟是紧密相关的，当电脑关机后，由电池提供系统时钟所需的电源。此外电池也提供了保存 CMOS 设定所需的电源，使 CMOS 设定可以继续维持而不是因为关机而消失。主板上使用的电池通常是纽扣电池，卡在主板的电池插槽里，当电池里的电量不够时，开机后屏幕会提醒"CMOS Battery Low"，这时就需要更换新电池了。主板电池是一个充电式电池，使用寿命一般为 5 年。电池如图 3-13 所示。

图 3-13　电池

3.2.9　跳线

主板上的跳线主要有 3 组，分别用来设置 CPU 的外频、倍频和工作电压。

主板上的跳线通常有两种形式，一种是 Jumper 型，另一种是 DIP Switch 型。虽然它们的样子不尽相同，但工作原理是一样的。现在不少主板厂商为了方便用户，已经将主板上的跳线去掉，改为在 BIOS 里面设置 CPU 的参数。

3.2.10　其他外设接口

其他外设接口如图 3-14 所示。

图 3-14　其他外设接口

1．COM 接口

COM 接口也叫串口（因为它是串行传输数据），COM 用来连接外设，如某些老式鼠标或传真机。现在的鼠标大部分都是 PS/2 或 USB 接口的，因此 COM 接口一般闲着。

2．并行接口

并行接口，简称并口，25 针的并行接口用来连接打印机，但现在打印机一般使用 USB 接口。

3．PS/2 鼠标、键盘接口

现在还有一部分鼠标、键盘使用 PS/2 接口。

4．同轴输出接口

同轴输出接口是一种数字音频输出接口，用电缆作为传输媒介，主要用来连接带同轴输入接口的音频功率放大器/数字音频解码器，可输出数字信号，进行外部解码，得到更好的声音质量。不过就现在网络上流行的 MP3 等有损音频格式来说，这个插口对音乐发烧友以外的人没有任何意义。

5．USB 接口

USB（Universal Serial Bus，通用串行总线）也是一种输入/输出接口，用于连接键盘、鼠标、数码相机、打印机等外部设备。USB 接口最多可连接 127 个外设。USB 接口具有即插即用（Plug and Play）与热插拔（Hot Plug）的功能，可以在开机状态下随时加入新的外设，或是卸下外设，而不影响系统的运行。它不像其他外设接口，都必须重新开机后才能识别并启
动该装置。

现在的主板一般能支持 8～18 个 USB 接口。但是，有时候我们会看到主板声称自己支持 12 个 USB 接口，可是在主板的背部却只能看到 6 个 USB 接口，这是为什么呢？其实除了这两个 USB 接口外，主板上还提供了一组插针，用专用的 USB 接线板连接在这些插针上就可以使用其他的 USB 接口了。

6．音频接口

音频用于连接音箱、耳机和麦克风。

7．RJ45 端口

RJ45 端口即我们平时所说的"网口"，全称为"双绞线以太网端口"，供用户将计算机连接到局域网。

3.3　主板新技术

1．双通道内存

随着高端处理器的推出，处理器对内存系统的带宽要求越来越高，内存带宽成为系统越来越大的瓶颈。理论上讲，内存厂商只要提高内存的运行频率，就可以增加带宽，但是由于受到晶体管本身的特性和制造技术的制约，内存频率不可能无限制地提升，所以在全新的内存研发出来之前，双通道内存技术就成了一种可以有效地提高内存带宽的技术。它最大的优势在于只要更改内存的控制方式，就可以在现有内存的基础上带来内存带宽的提升。

双通道内存技术其实是一种内存控制和管理技术，它依赖于芯片组的内存控制器发生作用。双通道体系的两个内存控制器是独立工作的，因此能够同时运作，使有效等待时间缩减 50%，从而使内存带宽翻番。双通道内存技术是解决 CPU 总线带宽与内存带宽的矛盾的低价、高性能的方案。它并非新技术，之前早已被应用于服务器和工作站系统中，只是为了解决台式机内存带宽的瓶颈问题才应用到台式机主板上。内存双通道一般要求按主板上内存插槽的颜色成对使用。

普通的单通道内存系统具有一个 64bit 的内存控制器，而双通道内存系统则有 2 个 64bit 的内存控制器，在双通道模式下具有 128bit 的内存位宽，从而在理论上把内存带宽提高一倍。虽然双 64bit 内存体系所提供的带宽等同于一个 128bit 内存体系所提供的带宽，但是二者所达到的效果却是不同的。双通道体系包含了两个独立的、具备互补性的智能内存控制器，理论上来说，两个内存控制器都能够在彼此间零延迟的情况下同时运作。比如说两个内存控制器，一个为 A，另一个为 B。当控制器 B 准备进行下一次存取内存的时候，控制器 A 就在读/写主内存，反之亦然。两个内存控制器的这种互补"天性"可以让等待时间缩减 50%。双通道的两个内存控制器在功能上是完全一样的，并且两个控制器的时序参数都是可以单独编程设定的。这样的灵活性可以让用户使用二条不同构造、容量、速度的内存条，此时双通道简单地调整到最低的内存标准来实现 128bit 带宽，允许不同密度或等待时间特性的内存条共同 运作。

随着 Intel Core i7 平台发布，三通道内存技术孕育而生。三通道内存插槽如图 3-15 所示。与双通道内存技术类似，三通道内存技术的出现主要是为了提升内存与处理器之间的通信带宽。此外，三通道内存将内存总线位宽扩大到了 64bit × 3 = 192bit，同时采用 DDR3 1066 内存，因此其内存总线带宽达到了 1 066MHz × 192bit/8 = 25GB/s，内存带宽得到了巨大的提升。三通道内存的理论性能也能比同频率双通道内存提升 50%以上。

2011 年 11 月发布的 Core i7 系列处理器采用 Sandy Bridge-E 平台设计，首次引入了四通道内存技术，不少四通道内存套装也应运而生。四通道内存套装采用 DDR3 内存，工作频率从 1 333MHz 到 2 200MHz 不等。

2．多显卡技术

多显卡技术，简单地说就是让两块或者多块显卡协同工作，以提高系统图形处理能力。

要实现多显卡技术一般来说需要主板芯片组、显示芯片及驱动程序三者的支持。多显卡技术的出现，是为了解决日益增长的图形处理需求和现有显示芯片图形处理能力不足的矛盾。目前，多显卡技术主要是两大显示芯片厂商 NVIDIA 的 SLI 技术和 AMD 的 CrossFire 技术。二者均是在一块支持双 PCI-E × 16 插槽的主板上，同时使用两块显卡，以增强系统图形处理能力。理论上能把图形处理能力提高一倍。

图 3-15　三通道内存插槽

3. RAID 技术

RAID（Redundant Array of Disks），即冗余磁盘阵列。该技术可以为多硬盘用户带来更高效的磁盘性能和安全性，提升目前成为计算机性能瓶颈的磁盘子系统的性能。目前很多主板厂商都在其产品上集成了 RAID 控制芯片，使其生产的主板能够提供 RAID0、RAID1和 RAID0+1 这 3 种等级 RAID 的功能，可以满足一般用户的需要。

要实现 RAID0 必须要有两个以上硬盘驱动器，RAID0 实现了带区组，数据并不是保存在一个硬盘上，而是分成数据块保存在不同驱动器上。因为将数据分布在不同驱动器上，所以数据吞吐率大大提高，驱动器的负载也比较平衡。如果刚好所需要的数据在不同的驱动器上效率最好。它不需要计算校验码，实现容易。它的缺点是它没有数据差错控制，如果一个驱动器中的数据发生错误，即使其他盘上的数据正确也无济于事了。所以，不应该将它用于对数据稳定性要求高的场合。如果用户进行图像（包括动画）编辑和其他要求传输比较大的场合使用 RAID0 比较合适。同时，RAID 可以提高数据传输速率，比如所需读取的文件分布在两个硬盘上，这两个硬盘可以同时读取。那么原来读取同样文件的时间被缩短为 1/2。在所有的级别中，RAID0 的速度是最快的。但 RAID0 是没有冗余功能的，如果一个磁盘（物理）损坏，则所有的数据都无法使用。

对于使用这种 RAID1 结构的设备来说，RAID 控制器必须能够同时对两个盘进行读操作和对两个镜像盘进行写操作。因为是镜像结构，因此在一组盘出现问题时，可以使用镜像，提高系统的容错能力。它比较容易设计和实现。每读一次盘，只能读出一块数据，也就是说数据块传送速率与单独的盘的读取速率相同。因为 RAID1 的校验十分完备，因此对系统的处理能力有很大的影响，通常的 RAID 功能由软件实现，而这样的实现方法在服务器负载比较重的时候会大大影响服务器效率。当系统需要极高的可靠性时，如进行数据统计，那么使用 RAID1 比较合适。而且 RAID1 技术支持"热替换"，即在不断电的情况下对故障磁盘进行更换，更换完毕只要从镜像盘上恢复数据即可。当主硬盘损坏时，镜像硬盘就可以代替主硬盘工作。镜像硬盘相当于一个备份盘，可想而知，这种硬盘模式的安全性是非常高的，RAID1 的数据安全性在所有的 RAID 级别上来说是最好的。但是其磁盘的利用率却只有 50%，是所有 RAID 级别中最低的。

RAID5 的读出效率很高，写入效率一般，块式的集体访问效率不错。因为奇偶校验码在不同的磁盘上，所以提高了可靠性，允许单个磁盘出错。RAID5 也是以数据的校验位来保证数据的安全，但它不是以单独硬盘来存放数据的校验位，而是将数据段的校验位交互存放于各个硬盘上。这样，任何一个硬盘损坏，都可以根据其他硬盘上的校验位来重建损坏的数据。但是它对数据传输的并行性解决不好，而且控制器的设计也相当困难。RAID5 最大的好处是在一块盘掉线的情况下，RAID 照常工作，相对于 RAID0 必须每一块盘都正常才可以正常工作的状况容错性能好多了。因此 RAID5 是 RAID 级别中最常见的一个类型。

RAID10 的结构是一个带区结构加一个镜像结构，因为两种结构各有优缺点，因此可以相互补充，达到既高效又高速还可以互为镜像的目的，巧妙地利用了 RAID0 的速度及 RAID 1 的保护两种特性。这种新结构的价格高，可扩充性不好，主要用于容量不大，但要求速度和差错控制的数据库中。RAID10 是先镜射再分区数据，即将所有硬盘分为两组，视为 RAID0 的最低组合，然后将这两组各自视为 RAID1 运作。RAID10 的缺点是需要的硬盘数较多，因为至少必须拥有 4 个以上的偶数硬盘才能使用。

4．IEEE 1394

IEEE 1394 是一项高速数据传输标准，最大传输率可达 800Mbit/s。由于此接口采用了高带宽设计，因此为音频/视频制作、外部存储设备及便携设备提供了理想的数据传输模式。IEEE 1394 支持外设热插拔，可为外设提供电源，省去了外设自带的电源，能连接多个不同设备，支持同步数据传输，理论上最长的线长度为 4.5m。

5．USB 3.0/3.1

USB 最大的好处是可以在不需要重新开机的情况之下安装硬件。USB 在设计上可以让多达 127 个外围设备在总线上同时运作。

USB 3.1 是最新的 USB 规范，数据传输速率可提升至 10Gbit/s。与 USB 3.0 技术相比，新 USB 技术使用一个更高效的数据编码系统，并提供一倍以上的有效数据吞吐率。它完全向下兼容现有的 USB 连接器与线缆。

USB 3.0 主要适用于高画质的摄像头、高分辨率扫描仪及大容量的便携存储器之类的高性能外部设备。USB 3.0 接口如图 3-16 所示。

第一代 USB 1.0 是在 1996 年出现的，速率只有 1.5Mbit/s；2 年后升级为 USB 1.1，速率也大大提升到 12Mbit/s；2000 年 4 月，USB 2.0 推出，速率达到了 480Mbit/s，是 USB 1.1 的 40 倍；但是 USB 2.0 的速率早已经无法满足如今的应用需要，USB 3.0 应运而生，最大传输带宽高达 5.0Gbit/s，也就是 640MB/s，同时向下兼容，实际传输速率大约是 3.2Gbit/s（即 400MB/s）。

USB 2.0 基于半双工二线制总线，只能提供单向数据流传输，而 USB 3.0 采用了对偶单纯形四线制差分信号线，故而支持双向并发数据流传输，这也是 USB 3.0 速率猛增的关键原因。USB 3.0 引入全双工数据传输。5 根线路中 2 根用来发送数据，另 2 根用来接收数据，还有 1 根是地线。也就是说，USB 3.0 可以同步全速地进行读写操作。除此之外，USB 3.0 还引入了新的电源管理机制，支持待机、休眠和暂停等状态。

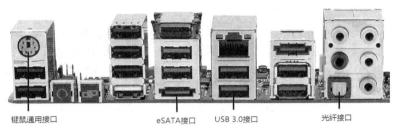

图 3-16A　主板新接口（一）

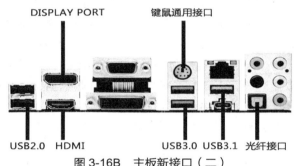

图 3-16B　主板新接口（二）

6. eSATA 接口

eSATA 的全称是 External Serial ATA（外部串行 ATA），它是 SATA 接口的外部扩展规范。换言之，eSATA 就是"外置"版的 SATA，它是用来连接外部而非内部 SATA 设备。例如，拥有 eSATA 接口，就可以轻松地将 SATA 硬盘与主板的 eSATA 连接，而不用打开机箱更换 SATA 硬盘。

原有的 SATA 是采用 L 形插头区别接口方向，而 eSATA 接口是平的，通过插头上下端不同的厚度及凹槽来防止误插。eSATA 接口如图 3-16 所示。虽然改变了接口方式，但 eSATA 底层的物理规范并未发生变化，仍采用了 7 针数据线，所以仅仅需要改变接口便可以实现对 SATA 设备的兼容。普通 3.5 英寸硬盘的最高数据传输率为 60Mbit/s，在使用外置 3.5 英寸的硬盘盒时，USB2.0 或 IEEE 1394 的接口速度会成为数据传输的瓶颈。因此，eSATA 是一个非常不错的解决方案，而且 eSATA 硬盘盒在搭配 SATA 硬盘后，中间无需桥接芯片的转换，是一种原生的存储设备接口。

eSATA 接口支持热拔插。事实上，现有许多主板上的 SATA 1.0 标准控制器并不支持热插拔功能，当用户在系统运行的时候将 SATA 设备拔下时很可能会导致系统崩溃。SATA 线缆和接口没有任何的保护和锁定装置，同时接口部分也相当脆弱。一般来说，机箱内部的 SATA 接口在插拔 50 次左右就容易因接触不良而出现问题，这样的接口设计，对于外部设备来说无疑是致命的。作为外部连接标准，eSATA 必须在强度、抗电磁干扰、线缆柔韧性方面全部符合要求。因此，eSATA 设备的接口和线缆都采用了全金属屏蔽。全金属屏蔽设计不仅能够降低电磁干扰，还有助于减少在热插拔过程中产生的静电。与此同时，为了防止接口受到外力意外断开，eSATA 标准还要求在线缆接口处加装金属弹片式的锁定装置。根据测试，eSATA 全新设计的接口将保证设备最少可进行 2 000 次的热插拔。

7. 键鼠通用接口

有些主板为了节省接口，会用 PS/2 键鼠通用接口，这个接口的颜色是一半绿一半紫，既可以插键盘，也可以插鼠标，但是一次只能接入一个设备，这意味着键盘和鼠标有一个可以使用 PS/2 键鼠通用接口，另一个则需要使用 USB 接口。键鼠通用接口如图 3-16 所示。

8. 光纤接口

光纤接口是一种数字音频输出接口，以光导纤维来作为传输媒介，主要用来连接带光纤接口的音频功率放大器/数字音频解码器，可输出数字信号，进行外部解码，得到更好的声音质量。不过就现在网络上流行的 MP3 等有损音频格式来说，这个插口对音乐发烧友以外的人没有任何意义。光纤接口如图 3-16 所示。

9. 整合北桥

Intel 与 AMD 的新一代处理器，已经将传统北桥的大部分功能都整合在了 CPU 内部，Intel 采用 Clarkdale 与 Lynnfield 核心的处理器则整合北桥芯片，与其搭配的 P55/H55/P67/H67 等芯片其实就是一颗南桥芯片。

基于 Clarkdale 核心的 Core i3 和 Core i5 处理器首次整合了北桥芯片，但整合的方式比较特别：Clarkdale 核心包括 CPU 和 GPU 两个部分，CPU 部分使用了新一代 32nm 工艺制造，是双核心四线程设计；GPU 部分就是传统意义上的北桥，为 45nm 工艺制造，内含双通道 DDR3 内存控制器、PCI-E 控制器和集成显卡。CPU 部分和 GPU 部分是各自独立的，微观上通过 QPI 总线相连，宏观上被封装在了一起。整体上来看 Clarkdale 不仅整合了内存控制器和 PCI-E 控制器，还整合了显示核心，看似更加先进。实际上，Clarkdale 只是将原本放在主板上的北桥芯片，挪到了 CPU 的铁盖下面，本质上并没有整合任何东西。但是与之搭配的 H55 芯片组，确实只剩下了一颗南桥。北桥的发热量远高于南桥，由于北桥位于处理器上面，因此用户再也不用担心主板的散热问题了。

基于 Lynnfield 核心的 Core i7 和 Core i5 处理器才是真正意义上整合了北桥的处理器。从 Core i7 方面来看，Lynnfield 相比 Bloomfield，在处理器内核部分几乎没有任何改动，它也整合了内存控制器。Bloomfield 核心整合了传统北桥最重要的功能——内存控制器，所以 X58 北桥当中就只剩下了 PCI-E 控制器。Lynnfield 核心由于定位较低一些，考虑到大多数主流用户并不需要多显卡互联，因此 Intel 索性将北桥当中剩余的模块——PCI-E 控制器简化之后（只有 16 条通道），全都整合在了 CPU 当中。这就相当于整颗北桥都被 CPU 吃掉了，如此一来，CPU 将直接与南桥相连，它们之间的总线就是 DMI。Lynnfield 核心的处理器是真正意义上"消灭"了北桥芯片的处理器。但它定位中高端，因此并没有整合显卡。

10. 整合显卡

Intel 的 Clarkdale 核心虽然将 CPU 和 GPU 首次封装在了 CPU 基板上面，但本质上它并没有做到 CPU 和 GPU 的融合。Lynnfield 虽然确实整合了北桥，但它在整合时并没有包括显卡。而 Intel 全新的 Sandy Bridge 核心处理器，在 Lynnfield 核心的基础上，加入了新一代核心显卡，架构方面也有所微调。这是第一款真正意义上整合了北桥和显卡的处理器。

Intel 发布 Sandy Bridge 的同时，AMD 也正式发布了 Fusion APU 处理器，它将 CPU 和 GPU 无缝融合在了一起。但首批发布的产品定位比较低端，CPU 仅为双核，GPU 的规格也比较低，而且还不支持 PCI-E 扩展外接显卡，整合程度远不如 Sandy Bridge。AMD 的 APU 定位于嵌入式平台、工控机、HTPC 等对配置要求不高的领域，CPU 和 GPU 的性能基本够用，南桥功能全面，无需额外的扩展插槽。因此并没有整合太多高速总线和功能模块。AMD 后来陆续发布了定位中高端的 APU，四核 CPU 搭配中端 GPU 的配置，可以满足绝大多数用户的需要。

11. 整合南桥

在未来的 APU 处理器当中，AMD 打算除了北桥外，将南桥也完全整合进去，如此一来，与之搭配的主板上将不会再有芯片组，只是一块堆满接口和插槽的扩展输出板子而已。芯片组完全集成到 CPU 内部，对热量控制要求很高，主板成本也会进一步降低。主板无芯片的时代将要到来。

3.4 主板的选购

主板作为整个微机硬件系统运行的平台，其质量很重要。对主板的要求是工作稳定，兼容性好，功能完善。由于现在主板设计方面可自由发挥的余地越来越小，因此稳定性主要取决于用料和做工。兼容性主要表现在使用某些配件和软件时，工作是否稳定。兼容性不好的主板有时会给客户带来很大的困惑，使人不清楚是硬件有了问题还是操作有误。

目前市场上主板的生产厂商和品牌非常多，价格差别非常大，质量也是参差不齐，但是功能却类似。下面讨论选购主板时应该考虑的因素。

1. 性能和速度

一般都用专门的测试软件来评估主板在实际应用环境下的速度。不过一般性能和速度只有在不同产品之间比较才有意义，由于只有在完全相同的硬件和软件环境下的数据才具有可比性，所以只有一些专业媒体才会进行同类产品的横向比较，用户只需拿到他们的数据进行比较选择。

2. 必要功能

例如主板是否支持大容量硬盘，主板接口是否完善，BIOS 的种类，系统实时时钟是否正常等。

3. 兼容性

对于自己动手组装微机的用户来说，兼容性是必须考虑的因素。兼容性好的主板会使你在选择部件和将来对微机升级时具有更大的灵活性。

4. 升级和扩充

CPU 的换代速度比较快而主板相对稳定，也就是说主板比 CPU 有着更长的生命周期，一块好的主板应该为现在及将来的 CPU 技术提供支持,这样 CPU 升级时就不用升级主板了。

计算机在购买一段时间后都会出现要添加新设备的情况。有良好的扩充能力的主板将使用户不必为插槽空间的紧缺而伤脑筋。主板的扩充能力主要体现在有足够的 I/O 插槽、内存插槽及与多种产品兼容的软/硬驱接口、USB 接口等。一般情况下,标准 ATX 主板比 Micro ATX 等小主板具有更好的升级扩充能力。

5. 品牌和工艺水准

目前生产主板的厂家很多,流行的主板品牌有华硕、微星、精英、技嘉、磐英等。正规大厂的生产技术比较值得用户信赖,其主板采用优质的元件和工艺设计,性能稳定、价格相对合理。检查主板工艺水准可以查看这些方面:

① 主板是否全新;

② 做工是否精细,各焊点接合处是否整齐简洁;

③ 结构布局是否合理,是否利于散热;

④ 产品的相关配件是否齐全。

6. 服务方式

目前市场上有几十种品牌的主板,但有些品牌没有标明公司网址,购买后连 BIOS 程序的更新服务都没有,虽然这些主板的价格较低,但是一旦出了问题,只好自认倒霉了。因此,在购买前要认真考虑厂商的售后服务,包括产品售出时的质保卡,承诺产品保换时间的长短,是否拥有便于下载最新 BIOS 程序的网站等。

 练习题

一、选择题

1. _____可以说是主板的灵魂,它决定着主板的性能。

    A. 南桥芯片　　　　B. 芯片组　　　　　C. BIOS 芯片　　　　D. 中央处理器

2. _____主要决定主板的规格、对硬件的支持及系统的性能,它连接着 CPU、内存、AGP 或 PCI-E 总线。

    A. 南桥芯片　　　　B. 北桥芯片　　　　C. BIOS 芯片　　　　D. PCI-E 接口

3. Inter 100 系列推出了_____款芯片组。

    A. 4　　　　　　　　B. 5　　　　　　　　C. 6　　　　　　　　D. 7

4. _____是最新的总线和接口标准。它的主要优势是数据传输速率高,×16 图形接口可以达到 32GB/s 的惊人带宽值。

    A. PCI　　　　　　B. USB 3.0　　　　C. PCI-E 3.0　　　　D. SATA 3.0

二、填空题

1. 目前的主板市场主要分为_____平台和_____平台,芯片组生产厂家主要也是这两个公司。

2．AGP 接口插槽是一种早期的显卡专用插槽，目前，它已经被_____接口插槽所替代。

3．IDE 接口插座是通过插入一条 40 线扁平数据线与 IDE 硬盘驱动器或光盘驱动器相连接，目前，它已经被_____接口插座所取代，这种接口采用 7 线细线缆数据线。

4．_____是 Intel 公司的顶级芯片组，并且支持基于 skylake 核心的完全支持超频，可提供 20 条 PCI-E 3.0 总线、6 个 SATA 6Gbit/s 接口、3 个 SATA Express 接口、10 个 USB 3.0 接口、3 个 RST PCI-E 接口。

三、简答题

1．简述南北桥芯片的作用。

2．Intel 公司的 100 系列芯片组包含哪六款产品？请选择其中一个简述其主要技术参数。

3．简述双通道内存技术的优势和特点。

4．简述选购主板时应该注意的因素。

第④章 存储设备

存储器是计算机的重要组成部分，可分为主存储器（Main Memory，简称主存）和辅助存储器（Auxiliary Memory，简称辅存）。主存储器又称内存储器（简称内存），辅助存储器又称外存储器（简称外存）。外存通常是磁性介质（软盘、硬盘、磁带）或光盘，能长期保存信息，并且不依赖于电来保存信息。内存作为计算机硬件的必要组成部分之一，其地位越来越重要，内存的容量与性能已成为衡量计算机整体性能的一个决定性因素。

4.1 内存

4.1.1 内存的分类

内存泛指计算机系统中存放数据与指令的半导体存储单元。它包括 RAM（Random Access Memory，随机存取存储器）、ROM（Read Only Memory，只读存储器）、Cache（高速缓冲存储器）等。因为 RAM 是其中最主要的存储器，整个计算机系统的内存容量主要由它的容量决定，所以人们习惯将 RAM 直接称为内存，而后两种，则仍称为 ROM 和 Cache。

1. 只读存储器（ROM）

ROM 是计算机厂商用特殊的装置把内容写在芯片中，只能读取，不能随意改变内容的一种存储器，一般用于存放固定的程序，如 BIOS、ROM 中的内容不会因为掉电而丢失。ROM 又分为一次写 ROM 和可改写的 EPROM（Erasable Programmable ROM）。ROM 中的信息只能被读出，而不能被操作者修改或删除。与一般的 ROM 相比，EPROM 可以用特殊的装置擦除和重写它的内容。

（1）EPROM

EPROM 芯片上有一个透明窗口，用特殊的装置向芯片写完毕后，用不透明的标签贴住。如果要擦除 EPROM 中的内容，揭掉标签，用紫外线照射 EPROM 的窗口，EPROM 中的内容就会丢失。

（2）OTPROM

一次编程只读存储器（One Time Programmable Read Only Memory，OTPROM）的写入原理类似于 EPROM，但是为了节省成本，编程写入之后就不再抹除，因此不设置透明窗。

（3）EEPROM（Electrically Erasable Programmable ROM，电擦除可编程只读存储器）

它与 EPROM 非常相似，EEPROM 中的信息同样可以被抹去，也同样可以写入新的数据。EEPROM 可以用电来对其进行擦写，而不需要紫外线。

（4）闪速存储器（Flash Memory）

闪速存储器的主要特点是在不加电的情况下能长期保存存储的信息。就其本质而言，它属于 EEPROM 类型。它既有 ROM 的特点，又有很高的存取速度，而且易于擦除和重写，功耗很小。由于它具有独特优点，可以将 BIOS 存储在其中，因此 BIOS 升级非常方便。

2. 随机存储器（RAM）

RAM 就是平常所说的内存，系统运行时，将所需的指令和数据从外存（如硬盘、光盘等）调入内存中，CPU 再从内存中读取指令或数据进行运算，并将运算结果存入内存中。RAM 的存储单元根据具体需要可以读出，也可以写入或改写。RAM 只能用于暂时存放程序和数据，一旦关闭电源或发生断电，其中的数据就会丢失。根据其制造原理不同，现在的 RAM 多为 MOS 型半导体电路，它分为静态和动态两种。

（1）静态 RAM（SRAM）

SRAM（Static RAM）存储单元的基本结构是一个双稳态电路，由于读、写的转换被写电路控制，所以只要写电路不工作，电路有电，开关就保持现状，不需要刷新，因此 SRAM 又叫静态 RAM。由于这里的开关实际上是由晶体管代替，而晶体管的转换时间一般都小于 20ns，所以 SRAM 的读写速度很快，一般比 DRAM 快 2～3 倍。微机的外部高速缓存（External Cache）就是 SRAM。但是，这种开关电路需要的元件较多，在实际生产时一个存储单元由 4 个晶体管和 2 个电阻组成，这样一方面降低了 SRAM 的集成度，另一方面也增加了生产成本。

（2）动态 RAM（DRAM）

DRAM（Dynamic RAM）就是通常所说的内存，它是针对静态 RAM（SRAM）来说的。SRAM 中存储的数据，只要不断电就不会丢失，也不需要进行刷新。而 DRAM 中存储的数据是需要不断地进行刷新的。因为一个 DRAM 单元由一个晶体管和一个小电容组成。晶体管通过小电容的电压来保持断开、接通的状态，当小电容有电时，晶体管接通表示 1；当小电容没电时，晶体管断开表示 0。但是充电后的小电容上的电荷很快就会丢失，所以需要不断地进行"刷新"。

所谓刷新，就是给 DRAM 的存储单元充电。在存储单元刷新的过程中，程序不能访问它们，在本次访问后，下次访问前，存储单元又必须进行刷新。

内存的刷新时间单位为 ns（纳秒）。由于电容充、放电需要时间，所以 DRAM 的读写时间远远慢于 SRAM，其平均读写时间为 60～120ns，但由于它结构简单，所用的晶体管数仅是 SRAM 的 1/4，实际生产时集成度很高，所以 DRAM 的价格远低于 SRAM，适合用作大容量存储器。主存通常采用 DRAM，而高速缓冲存储器（Cache）则使用 SRAM。

另外，内存还应用于显卡、声卡及 CMOS 等设备中，用于充当设备缓存或保存固定的程序及数据。

4.1.2 内存的单位和主要性能指标

1. 内存的单位

存储器是具有"记忆"功能的设备，它用具有两种稳定状态的物理器件来表示二进制数码"0"和"1",这种器件称为记忆元件或记忆单元。记忆元件可以是磁芯、半导体触发器、MOS 电路或电容器等。位（bit）是二进制数的最基本单位，也是存储器存储信息的最小单位，8 位二进制数称为 1 字节（Byte），可以由 1 字节或若干字节组成一个字（Word），字长等于运算器的位数。若干个记忆单元组成一个存储单元，大量存储单元的集合组成一个存储体（Memory Bank）。为了区分存储体内的存储单元，必须将它们逐一进行编号，称为地址。地址与存储单元之间一一对应，且是存储单元的唯一标志。注意存储单元的地址和它里面存放的内容完全是两回事。

（1）位（bit）。位（bit）是二进制数的最基本单位，也是存储器存储信息的最小单位，如十进制数中的 14 在计算机中就用 1110 来表示，1110 中的一个 0 或一个 1 就是一个位。

（2）字节（Byte）。8 位二进制数称为 1 字节（B），内存容量就是指具有多少字节，字节是微机中最常用的单位。1 字节等于 8 位，即 1B = 8bit。

存储器可以容纳的二进制信息量称为存储量。在微机中，凡是涉及数据量的多少时，用的单位都是字节，内存也不例外。不过在数量级方面与普通的计算方法有所不同，1 024 字节为 1KB，而不是通常的 1 000 为 1k，1 024KB 为 1MB，更高数量级用 1GB =1 024MB 表示。目前而言，一般微机的内存大小都以"GB"作为基本的计数单位。

（3）内存的单位换算。现在微机的内存容量都很大，一般都以千字节、兆字节、吉字节或更大的单位来表示。常用的内存单位及其换算如下。

千字节（KB，KiloByte）：1KB =1 024B

兆字节（MB，MegaByte）：1MB =1 024KB

吉字节（GB，GigaByte）：1GB =1 024MB

太字节（TB，TeraByte）：1TB =1 024GB

各个单位间的关系：

1TB=1 024GB

=1 024×1 024MB

=1 024×1 024×1 024KB

=1 024×1 024×1 024×1 024B

=1 024×1 024×1 024×1 024×8bit

2. 内存的主要性能指标

（1）存取周期。内存的速度用存取周期来表示，单位为 ns（纳秒）。这个时间越短，速度就越快，也就标志着内存的性能越高。内存的速度一般为 5ns、6ns、7ns、8ns、10ns。

（2）数据宽度和带宽。内存的数据宽度是指内存同时传输数据的位数，以 bit 为单位。内存带宽指内存的数据最高传输速率。

（3）容量。每个时期内存条的容量都分为多种规格，比如早期的 168 线内存的有 128MB、256MB、512MB 等容量，目前流行的 184 线和 240 线内存常见的内存容量有 512MB、1GB、2GB、4GB 等。

（4）内存电压。早期的 SDRAM 使用 3.3V 电压，DDR 使用 2.5V 电压，DDR2 使用 1.8V 电压，DDR3 的工作电压则降到 1.5V，DDR4 工作电压则更是降为 1.2V。

计算机组装与维护（第4版）

（5）内存的"线"数。所谓的内存条是多少"线"，就是指内存条与主板插接时有多少个接触点，这些接触点就是"金手指"，内存曾经有30线、72线和168线，目前多为184线和240线。30线内存条的数据宽度为8bit；72线内存条的数据宽度为32bit；168线、184线和240线内存的数据宽度为64bit，双通道内存系统则有2个64bit的内存控制器，因此在双通道模式下具有128bit的内存位宽。

168线、184线、240线和284线内存条采用双线内存模块（DIMM，Double Inline Memory Module）。这是在奔腾CPU推出后出现的新型内存条，DIMM提供了64bit的数据通道，因此它在奔腾主板上可以单条使用。DIMM比早期的SIMM插槽要长一些，而且DIMM的金手指两端不像SIMM那样是互通的，它们各自独立传输信号，因此可以满足更多数据信号的传送需要。同样采用DIMM，SDRAM的接口与DDR内存的接口也略有不同，SDRAM DIMM为168线结构，金手指每面为84线，金手指上有两个卡口，用来避免插入插槽时，错误将内存反向插入而导致烧毁；DDR DIMM则采用184线DIMM结构，金手指每面有92线，金手指上只有一个卡口。卡口数量的不同，是二者最为明显的区别。DDR2 DIMM为240线DIMM结构，金手指每面有120线，与DDR DIMM一样金手指上也只有一个卡口，但是卡口的位置与DDR DIMM稍微有一些不同，因此DDR内存和DDR2的接口是不能通用的，同理DDR2内存也是插不进DDR DIMM的。DDR3线数与DDR2相同，皆为240线，但是卡口位置不同，因此DDR2和DDR3的接口也是不能通用的。普通DDR4内存为284线，与240线的DDR3不同，卡口位置有明显差别，DDR4和DDR3内存的接口不能通用。DDR3和DDR4内存的金手指和卡口如图4-1所示（图4-1a为DDR3内存的金手指和卡口，图4-1b为DDR4内存的金手指和卡口，图4-1c为DDR3和DDR4内存的金手指和卡口对比）。

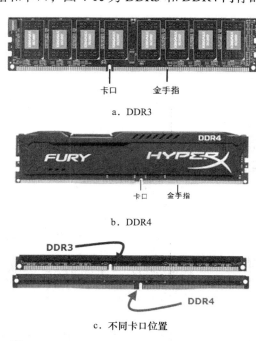

a. DDR3

b. DDR4

c. 不同卡口位置

图4-1　DDR3和DDR4内存的金手指和卡口

（6）SPD。SPD（Serial Presence Detect）是1个8针的EEPROM芯片，容量为256B，

里面主要保存了该内存条的相关资料，如容量、芯片的厂商、内存模组的厂商、工作速度、是否具备 ECC 校验等。SPD 的内容一般由内存模组制造商写入。支持 SPD 的主板在启动时自动检测 SPD 中的资料，并以此设定内存的工作参数，使之以最佳状态工作，更好地确保系统的稳定。

（7）时钟频率 f、时钟周期（T_{CK}）。时钟频率代表了 DRAM 能稳定运行的最大频率，时钟频率越高的内存，其性能也越出众。

DDR 内存的基准时钟频率为 200MHz、266MHz，333MHz、400 MHz、533MHz。DDR2 内存的基准时钟频率为 400MHz、533MHz，667MHz、800MHz、1 066MHz 和 1 200MHz。DDR3 内存的基准时钟频率为 1 066MHz、1 333MHz、1 600MHz、1 800MHz、1 866MHz、2 000MHz、2 200MHz 和 2 400MHz。

内存的时钟周期（T_{CK}）由时钟频率决定，$T_{CK}=1/f$。例如对于外频为 100MHz 的系统来说，一个系统时钟周期为 10ns。

（8）CAS 的延迟时间。CAS 的延迟时间是指纵向地址脉冲的反应时间，也是在一定频率下衡量支持不同规范的内存重要标志之一，用 CAS Latency（CL）指标来衡量。它一定程度上反映出了内存在 CPU 接到读取内存数据的指令后，到正式开始读取数据所需的等待时间。不难看出同频率的内存，CL 设置低的更具有速度优势。如果 CAS 反应时间 CL=2 或 3，则说明内存读取数据所延迟的时间既可以是两个时钟周期，也可以是三个时钟周期。工作在相同频率下的同种内存，将 CL 设置为 2 会得到比设置为 3 更优秀的性能。为了使主板正确地为内存设定 CAS 延迟时间，内存生产厂商都将其内存在不同工作频率下所推荐的 CAS 延迟时间记录在了内存 PCB 板上的一块 EEPROM 上，这块芯片就是我们所说的 SPD。当系统开机时，主板 BIOS 会自动检测 SPD 中的信息并最终确定是以 CL=2 还是 CL=3 来运行。

（9）ECC。在比较高级的内存上，会看到所谓"ECC"（Error Checking and Correcting）标识，即表示这个内存具备修正错误码的功能。它使得内存在传输数据的同时，在每笔资料上增加一个检查位元，以确保资料的正确性。若有错误发生，还可以将它加以修正并继续传输，这样不至于因为错误而中断。

（10）奇偶校验（Parity）。非奇偶校验内存的每个字节只有 8 位，若它的某一位存储了错误的值，就会使其中存储的数据发生改变而导致应用程序发生错误。而奇偶校验内存在每字节（8 位）外又额外增加了一位作为错误检测之用。那些 Parity 检测到错误的地方，ECC 可以纠正错误。

（11）内存的封装。目前内存封装技术主要有以下几种。

内存封装即颗粒封装，就是内存芯片所采用的封装技术类型。封装就是将内存芯片包裹起来，以避免芯片与外界接触，防止外界对芯片的损害。空气中的杂质和不良气体，乃至水蒸气都会腐蚀芯片上的精密电路，进而造成电学性能下降。不同的封装技术在制造工序和工艺方面差异很大，封装后对内存芯片自身性能的发挥也起到至关重要的作用。内存的封装方式经历了 DIP、TSOP、BGA、CSP 等，种类不下 30 种。内存的封装技术经历了几代的变革，性能日益先进，芯片面积与封装面积之比越来越接近，适用频率越来越高，耐温性能越来越好，引脚数不断增多，引脚间距减小，重量减小，可靠性提高，使用起来更加方便。

4.1.3 主流内存

现在市场上用于个人电脑的主流内存是 DDR3 和 DDR4，曾经也出现过早期的 SDRAM、DDR 和 DDR2 内存类型。

1. SDRAM

SDRAM（Synchronous DRAM，同步动态随机存储器），顾名思义，它的工作速度与系统总线速度是同步的。目前 SDRAM 已经退出主流市场，SDRAM 内存如图 4-2 所示。

图 4-2　SDRAM 内存

2. DDR

DDR 全称是 DDR SDRAM（Double Date Rate SDRAM，双倍速率 SDRAM）。看名字就知道 DDR 其实也是 SDRAM 的一种。DDR 内存采用了双时钟差分信号技术，使其在单个时钟周期内的上下沿都能进行数据传输，所以具有比 SDRAM 多一倍的传输速率和内存带宽。图 4-3 所示为 DDR 内存。用户可以通过内存条的金手指的"缺口"进行辨别，DDR 只有一个卡口，而 SDRAM 有两个卡口。

图 4-3　DDR 内存

DDR 运行频率主要有 100MHz、133MHz、166MHz、200MHz、216MHz、266MHz 几种，由于 DDR 内存具有双倍速率传输数据的特性，因此在 DDR 内存的标识上采用了工作频率×2 的方法，也就是 DDR200、DDR266、DDR333、DDR400、DDR433 和 DDR533。

DDR 内存还可以用其带宽来表示。内存带宽严格地说应该分为内存理论带宽和内存实际带宽两种，这里讨论的是内存的理论带宽，它的计算公式是：内存带宽=内存运行频率 × 8Byte（64bit）。用内存的带宽来表示比用运行频率表示更能体现内存的性能，但是这里提及的都是理论带宽。

3. DDR2

DDR2（Double Data Rate 2 SDRAM 的简称）是由 JEDEC（电子设备工程联合委员会）进行开发的新生代内存技术标准，它与上一代 DDR 技术标准最大的不同就是，虽然同是采用了在时钟的上、下沿同时进行数据传输的基本方式，但 DDR2 的预读取位数为 4bit，两倍于 DDR 的预读取能力。也就是说，同样在 100MHz 的工作频率下，DDR 的实际频率为

200MHz，而 DDR2 则可以达到 400MHz。DDR2 标准规定所有 DDR2 内存均采用 FBGA 封装形式，不同于以前广泛采用的 TSOP/TSOP II 封装形式，FBGA 封装可以提供更为良好的电气性能与散热性，为 DDR2 内存的稳定工作与未来频率的发展提供了坚实的基础。DDR2 内存工作电压为 1.8V，相对于 DDR 的 2.5V 降低了不少，从而提供了更小的功耗与更小的发热量。

双通道内存技术始于 DDR2，这项技术需要主板芯片组的支持，并且组成双通道的两条内存的 CAS 延迟、容量需要相同。不过，有些芯片组支持弹性双通道，这使得双通道的形成条件更加宽松，不同容量的内存也能组建双通道。DDR2 内存双通道套装如图 4-4 所示。

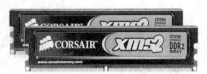

图 4-4   DDR2 内存双通道套装

4．DDR3

DDR3 是属于 SDRAM 家族的内存产品。DDR2 的预读取位数为 4bit，而 DDR3 增至 8bit。简单地说，DDR3 是为了进一步提升内存带宽，为 CPU 提供足够的匹配指标。如果 DDR2 达到 1 066MHz 这样的极端频率，其合格率和成本等都不理想。如果要用低成本实现更高的频率，新一代的解决方案必将出台，这就是 DDR3。从技术指标上看，DDR3 的最低频率是 1 066MHz，后期推出的 1 600/1 800/2 000MHz 等产品的内存带宽大幅度超过 DDR2，以 DDR3 2 000MHz 为例，其带宽可以达到 16GB/s（双通道内存方案则可以达到 32GB/s 的理论带宽值）。就像 DDR2 从 DDR 转变而来后延迟周期数增加一样，DDR3 的 CL 周期也将比 DDR2 有所提高。DDR2 的 CL 范围一般在 2～5，而 DDR3 则在 5～11 之间。DDR3 CSP 封装方式，除了延续 DDR2 SDRAM 的 ODT、OCD、Posted CAS 方式外，另外新增了更为精进的 CWD、Reset、ZQ、SRT、RASR 等功能。

Reset 功能是 DDR3 新增的一项重要功能，并为此专门准备了一个引脚。这一引脚将使 DDR3 的初始化处理变得简单。当 Reset 命令有效时，DDR3 内存将停止所有操作，并切换至最少量活动状态，以节约电力。

点对点连接（Point-to-Point，P2P）是 DDR3 为了提高系统性能而进行的重要改动，也是 DDR3 与 DDR2 的一个关键区别。在 DDR3 系统中，一个内存控制器只与一个内存通道打交道，而且这个内存通道只能有一个插槽，因此，内存控制器与 DDR3 内存模组之间是点对点的关系，从而大大地减轻了地址/命令/控制与数据总线的负载。

此外，DDR3 具备了根据温度自动自刷新、局部自刷新等新功能，在功耗方面也要出色得多，其工作电压从 DDR2 的 1.8V 降至 1.5V。相对于 DDR 变更到 DDR2，DDR3 对 DDR2 的兼容性更好。由于针脚、封装等关键特性不变，这对厂商降低成本大有好处。

三通道内存技术始于 DDR3。在使用双通道 DDR2 800 内存（内存带宽为 800MHz × 128bit/8 = 12.5GB/s）的情况下，如果前端总线频率仍为 800MHz，那么前端总线需要两个时钟周期才能传送完 12.5GB 的数据。三通道将内存总线位宽扩大到了 64bit × 3 = 192bit，如果采用 DDR3 1333 内存，内存总线带宽可以达到 1 333MHz × 192bit/8 = 31.2GB/s，内存带宽得到了巨大的提升。DDR3 内存三通道套装如图 4-5 所示。

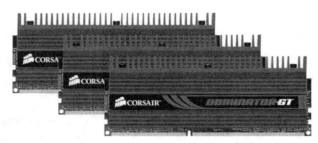

图 4-5　DDR3 内存三通道套装

5. DDR4

DDR4 内存是新一代的内存规格，DDR4 又称为双倍速率 SDRAM 第四代。DDR4 内存条外观变化明显，金手指变成弯曲状。DDR4 将内存下部设计为中间稍突出、边缘收矮的形状，在中央的高点和两端的低点以平滑曲线过渡。这样的设计既可以保证 DDR4 内存的金手指和内存插槽触点有足够的接触面，信号传输确保信号稳定的同时，让中间凸起的部分和内存插槽产生足够的摩擦力稳定内存。

相比 DDR3，DDR4 性能有了重要改进，DDR4 采用 16bit 预取机制（DDR3 为 8bit），即在相同内核频率下的理论速度是 DDR3 的两倍；利用更可靠的对等保护和错误恢复等技术，数据可靠性进一步提升；工作电压降为 1.2V，甚至更低，功耗明显降低。

DDR4 内存的每个针脚都可以提供超过 2Gbit/s（256MB/s）的带宽，内存频率提升明显，可达 4266MHz。DDR4 使用了 3DS（3-Dimensional Stack，三维堆叠）封装技术，单条内存的容量最大可以达到目前产品的 8 倍之多，目前常见的大容量内存单条容量为 8GB（单颗芯片 512MB，共 16 颗），而 DDR4 则完全可以达到 64GB，甚至 128GB。另外，DDR4 使用 20nm 以下的工艺来制造，电压从 DDR3 的 1.5V 降低至 DDR4 的 1.2V，移动版电压还会降得更低。因为 DDR4 使用更低的电压和更少的维持电流，这样可以进一步降低总体计算环境的能耗，并且节省能源高达 40% 以上。而随着工艺进步、电压降低及联合使用多种功耗控制技术的情况下，DDR4 的功耗表现是非常出色的。

除性能优化、更加环保和成本更低外，DDR4 还提供用于提高数据可靠性的循环冗余校验（CRC），并可对链路上传输的"命令和地址"进行完整性验证的芯片奇偶检测。此外，它还具有更强的信号完整性及其他强大的 RAS 功能。

在 DDR 在发展的过程中，一直都以增加数据预取值为主要的性能提升手段。但到了 DDR4 时代，数据预取的增加变得更为困难，所以推出了 Bank Group 的设计。DDR4 架构上采用了 8n 预取的 Bank Group 分组，包括使用两个或者四个可选择的 Bank Group 分组，这将使得 DDR4 内存的每个 Bank Group 分组都有独立的激活、读取、写入和刷新操作，从而改进内存的整体效率和带宽。如此一来如果内存内部设计了两个独立的 Bank Group，相当于每次操作 16bit 的数据，变相地将内存预取值提高到了 16n，如果是四个独立的 Bank Group，则变相的预取值提高到了 32n。

DDR4 内存除了采用 Bank Group 作为提升带宽的关键技术，点对点总线技术则是 DDR4 整个存储系统的关键性设计，对于 DDR3 内存来说，目前数据读取访问的机制是双向传输。而在 DDR4 内存中，访问机制已经改为了点对点技术，这是 DDR4 整个存储系统的关键性设计。

DDR4 内存如图 4-6 所示。

图 4-6　DDR4 内存

6. 笔记本电脑内存

由于笔记本电脑整合性高，设计精密，对于内存的要求比较高，笔记本电脑内存必须符合小巧的特点，需采用优质的元件和先进的工艺，拥有体积小、容量大、速度快、耗电低、散热好等特性。出于追求体积小巧的考虑，大部分笔记本电脑最多只有两个内存插槽。由于内存扩展槽很有限，因此单位容量大一些的内存会显得比较重要，此外，单位容量大的内存在保证相同容量的时候，会有更小的发热量，这对笔记本电脑的稳定也是大有好处的。

笔记本电脑内存规格也分为 DDR、DDR2、DDR3 和 DDR4 4 种，目前 DDR3 是主流，大多采用 240 线的 DIMM 插槽，而 DDR 已逐渐退出历史舞台。市场上有不少笔记本电脑使用内存双通道套装，但是目前还没有三通道套装上市。笔记本电脑 DDR3 内存如图 4-7 所示。相比于 DDR3，笔记本电脑 DDR4 内存的长度更长，金手指的数量更多，缺口位置更靠近等分点，无法与 DDR3 兼容。它的 PCB 面板更厚一些，由于笔记本电脑大多使用板载内存，用户将无法自行添加、更换内存。在硬件规格方面，DDR4 内存大幅度提高了频率，使性能得以提升，而 1.2V 甚至更低的电压使得发热量降低。虽然 DDR4 内存的性能和发热量都有不小进步，但是内存性能提升对整机性能的影响实在太小，加上第六代处理器同时支持 DDR4 和 DDR3L 内存，所以距离 DDR4 成为唯一的主流内存规格还有很长时间。

图 4-7　笔记本 DDR3 内存

4.1.4　内存的选购

选购内存时要注意以下几个方面。

（1）明确用途。选购内存前一定要明确用途，如果只是做一些简单的文字处理或是其他不需处理大量数据的工作，可选择价廉、容量较小的内存。若需要上网、处理大量数据，运行一些大型软件、数据库及图像处理软件，那就得选择质优、容量较大的内存，否则电脑会经常"死机"或出现一些莫名其妙的错误。

（2）品牌与市场。不要把生产内存芯片的厂商和真正生产内存条的厂商搞混。目前多以内存芯片的厂商来命名内存，比如内存条上是现代内存的颗粒就将它称为现代内存，其实这是错误的观念。对于如 SAMSUNG、NEC、HYUNDAI 等内存颗粒生产厂，他们大量生产内存芯片，然后对这些芯片进行品质检查，对其中性能极为优异的产品都留下来，自己生产内存条用，当然在性能、稳定性上都是很优异的。他们生产的一部分高质量产品也供给一些如 KINGMAX 等知名的内存厂商来制造内存条。由于需要引进内存颗粒，所以价格相对高一些。但因为属于第三方生产厂，通常都会通过一些工艺的改进来增强内存的效能。总的来说内存分为 3 种：一种是原厂内存，原厂内存指的是如 SAMSUNG、NEC、HYUNDAI 等内存颗粒生产厂家所生产的内存，一般在质量和性能上都比采用同样芯片的品牌内存和杂牌内存要好些（并不是绝对）；另一种是品牌内存，品牌内存是一些有规模的大厂购买内存颗粒继而加工制造一些有品质的内存，通常性能上也有着不俗的表现，如金士顿、威刚、海盗船等；还有就是我们常见的非品牌内存了，他们的做法与品牌内存基本无异，但做工通常比较粗糙，要购买这类的内存需要具有一定的经验，这些内存无论在所用芯片还是内存的制造工艺上都有一些差距，但同时也使成本有所下降。

（3）认清标识、鉴别质量、防止假冒伪劣产品。购买时要仔细检查内存颗粒的字迹是否清晰，有无质感，这是一个非常重要也是最基本的一步，如果感觉字迹不清晰，用力擦拭后字迹明显模糊，那么就很有可能是经过打磨的内存。其次，观察内存颗粒上的编号、生产日期等信息。如果是旧内存的话生产日期会比较早，而编号如果有错误的话也很有可能是假冒打磨的内存。另外，要观察电路板。电路板印刷质量是否整洁，有无毛刺等，金手指是否明显有经过插拔所留下的痕迹，如果有，则很有可能是二手内存。

（4）注意保护内存。选购和运输中注意保护内存也是很重要的。在猛烈的振动和撞击的情况下，都可能导致内存条折寿甚至报废。比如说一内存条可以在正常情况下可以运行在 1 066MHz 频率下，但是不小心摔了一下后，可能只能运行在 800MHz 频率下了，所以内存条防止摔、振很重要。还有一点就是静电对内存条的危害，人体或某些物品（尤其是电器产品）带的静电也很可能将内存的芯片击伤、击坏，所以尽量用柔软、防静电的物品包裹内存条；注意用手触摸它时要先触摸一下导体，释放手上的静电；轻拿轻放。

4.2 传统硬盘

4.2.1 传统硬盘的分类

目前微机的硬盘可按盘的尺寸和接口类型进行分类。

1. 按盘的尺寸分类

硬盘产品按内部盘片尺寸分有：5.25 英寸、3.5 英寸、2.5 英寸、1.8 英寸、1.3 英寸、

1.0 英寸和 0.85 英寸。2.5 英寸与 1.8 英寸硬盘常用于笔记本电脑，1.3 英寸以下则多运用于移动硬盘、数码相机、MP3 等设备，目前台式机中使用最为广泛的是 3.5 英寸的硬盘。

2. 按接口类型进行分类

按硬盘与微机之间的数据接口，可以分为以下 5 类。

（1）IDE 接口硬盘

IDE（Integrated Drive Electronics）接口硬盘目前已逐渐被 SATA 接口硬盘所取代。IDE 的本意是指把控制器与盘体集成在一起的硬盘驱动器。ATA（Advanced Technology Attachment）是最早的 IDE 标准的正式名称，IDE 接口的硬盘由早期的 ATA、ATA-2、ATA-3 发展到今天的 Ultra ATA133 和 Ultra DMA133，数据传输速率也由 3.3MB/s 发展到 133MB/s。IDE 硬盘的背部接口如图 4-8 所示。

跳线是用来对硬盘的状态进行设置的。IDE 接口的硬盘分为主盘（MASTER）和从盘（SLAVE）两种状态，一条数据线上能同时接一主一从两个设备，必须通过跳线进行正确的设置，否则这条数据线上的两个设备都不能正常工作。

（2）SCSI 接口硬盘

SCSI 的英文全称为 "Small Computer System Interface"（小型计算机系统接口），是同 IDE（ATA）完全不同的接口，IDE 接口是普通 PC 的标准接口，而 SCSI 并不是专门为硬盘设计的接口，是一种广泛应用于小型机上的高速数据传输技术。SCSI 接口具有应用范围广、多任务、带宽大、CPU 占用率低、热插拔等优点，但较高的价格使得它很难如 IDE 硬盘般普及，因此 SCSI 硬盘主要应用于中、高端服务器和高档工作站中。

（3）光纤通道硬盘

光纤通道的英文拼写是 Fibre Channel，和 SCSI 接口一样光纤通道最初也不是为硬盘设计开发的接口技术，是专门为网络系统设计的，但随着存储系统对速度的需求，才逐渐应用到硬盘系统中。光纤通道硬盘是为提高多硬盘存储系统的速度和灵活性才开发的，它的出现大大提高了多硬盘系统的通信速度。光纤通道的主要特性有：热插拔性、高速带宽、远程连接、连接设备数量大等。

光纤通道是为在像服务器这样的多硬盘系统环境而设计，能满足高端工作站、服务器、海量存储子网络、外设间通过集线器、交换机和点对点连接进行双向、串行数据通信等系统对高数据传输率的要求。

（4）SAS 接口硬盘

SAS（Serial Attached SCSI）即串行连接 SCSI，是新一代的 SCSI 技术，采用串行技术以获得更高的传输速度，并通过缩短连接线改善内部空间等。SAS 是并行 SCSI 接口之后开发出的全新接口。此接口的设计是为了改善存储系统的效能、可用性和扩充性，并且提供与 SATA 硬盘的兼容性。

SAS 系统的背板（Backplane）既可以连接具有双端口、高性能的 SAS 驱动器，也可以连接高容量、低成本的 SATA 驱动器。所以 SAS 驱动器和 SATA 驱动器可以同时存在于一个存储系统之中。但需要注意的是，SATA 系统并不兼容 SAS，所以 SAS 驱动器不能连接到 SATA 背板上。SAS 系统的兼容性，使用户能够运用不同接口的硬盘来满足各类应用在容量上或效能上的需求，因此在扩充存储系统时拥有更多的弹性，让存储设备发挥最大的投资效益。

在系统中，每一个 SAS 端口可以最多可以连接 16256 个外部设备，并且 SAS 采取直接的点到点的串行传输方式，传输的速率高达 3Gbit/s，估计以后会有 6Gbit/s 乃至 12Gbit/s 的高速接口出现。SAS 的接口也做了较大的改进，它同时提供了 3.5 英寸和 2.5 英寸的接口，因此能够适合不同服务器环境的需求。SAS 依靠 SAS 扩展器来连接更多的设备，扩展器以 12 端口居多，不过根据板卡厂商产品研发计划显示，未来会有 28、36 端口的扩展器引入，来连接 SAS 设备、主机设备或者其他的 SAS 扩展器。

和传统并行 SCSI 接口比较起来，SAS 不仅在接口速度上得到显著提升（主流 Ultra 320 SCSI 速度为 320MB/sec，而 SAS 才刚起步速率就达到 300MB/s，未来会达到 600MB/s 甚至更高），而且由于采用了串行线缆，不仅可以实现更长的连接距离，还能够提高抗干扰能力，并且这种细细的线缆还可以显著改善机箱内部的散热情况。

（5）SATA 接口硬盘

SATA（即 Serial ATA）接口硬盘即串行 ATA，它是一种完全不同于并行 ATA 的新型硬盘，是目前市场中的主流产品。SATA 硬盘的背部接口如图 4-9 所示。

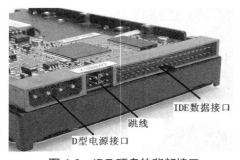 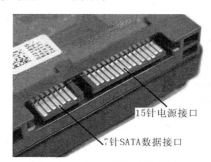

图 4-8　IDE 硬盘的背部接口　　　　图 4-9　SATA 硬盘的背部接口

SATA 以连续串行的方式传送数据，一次只会传送一位数据。这样能减少 ATA 接口的针脚数目，线缆少而细，如图 4-10 所示，并且传输距离远，可延伸至 1m。SATA 仅用 4 支针脚就能完成所有的工作，分别用于连接电缆、连接地线、发送数据和接收数据，同时这样的架构还能降低系统能耗和减小系统复杂性。SATA 的起点高、发展潜力大，SATA 1.0 定义的数据传输率可达 150MB/s，这比并行 ATA133 所能达到 133MB/s 的最高数据传输率还高，而 SATA 2.0 的数据传输率为 300MB/s。SATA 3.0 是最新的 SATA 标准，数据传输率为 600MB/s，SATA 3.0 进一步改良传输信号技术，亦大幅减低了传输时所需功耗。

SATA 的拓展性强，由于 SATA 采用点对点的传输协议，所以不存在主从问题，这样每个驱动器不仅能独享带宽，而且使拓展 SATA 设备更加便利。如果安装了多块 SATA 硬盘，BIOS 会按照 0、1、2、3 的顺序将硬盘编号，这取决于硬盘的 SATA 线插在主板上相应 SATA 接口的编号，如图 4-11 所示。有些 SATA 接口硬盘的所谓的跳线是将接口在 SATA 1.0、SATA 2.0 和 SATA 3.0 之间切换。SATA 硬盘也没有使用传统的 4 针的"D 型"电源接口，而采用了更易于插拔的 15 针扁平接口，使用的电压为 0.5V。

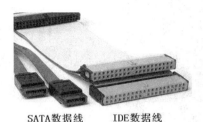

SATA数据线   IDE数据线

图 4-10   SATA 数据线和 IDE 数据线

图 4-11   主板 SATA 接口编号

4.2.2   传统硬盘的结构和工作原理

1. 传统硬盘的结构

（1）外部结构

① 固定面板。

硬盘的固定面板即硬盘的封装外壳，固定面板和硬盘的底板合成一个密封的整体，防止灰尘及外力对硬盘的损伤，确保硬盘盘片和机构的稳定运行。在固定面板上面标注产品的生产商、产地、转速、容量和设置数据。固定面板上还设有安装孔，以方便安装。硬盘正面如图 4-12 所示。

图 4-12   硬盘正面

② 控制电路板。

大多数的控制电路板都安装在硬盘反面，采用贴片式焊接，如图 4-13 所示。控制电路板上主要包括了许多集成电路芯片，比如读写电路、主控电路、缓存芯片等。硬盘主控芯片主要负责硬盘数据读写指令和数据传输等工作，主要包括地址选择、数据传输、DMA 请求、中断请求等功能。

③ 电源接口。

与主机电源相连，为硬盘正常工作提供电力保证。IDE 硬盘采用 4 针 D 型接口，形状呈梯形，可以防止插反，其工作电压为 1.2V。SATA 硬盘采用 15 针扁平接口，易插拔，电压为 0.5V。

图 4-13　硬盘反面

④ 数据接口。

数据接口是硬盘数据与主板控制芯片之间进行数据传输交换的通道，使用时是用一根数据电缆将其与主板 IDE 接口或 SATA 接口相连接。目前中低端主板上会保留一到两个 IDE接口，高端主板已经不再支持 IDE 接口。SATA 接口是目前主流的硬盘接口，几乎所有主板都支持 SATA 2.0 接口，高端主板还支持 SATA 3.0 接口。

（2）内部结构

硬盘内部结构（见图 4-14）由控制电路板、盘头组件、接口及其他附件组成，其中盘头组件是构成硬盘的核心，它封装在硬盘的净化腔体内。盘头组件（Hard Disk Assembly，HDA）是硬盘的核心部分，直接负责数据的最终存取。盘头组件包括盘片、主轴驱动机构、浮动磁头组件、磁头驱动器、前置读写控制电路等，它们全部密封在硬盘的净化腔体内。

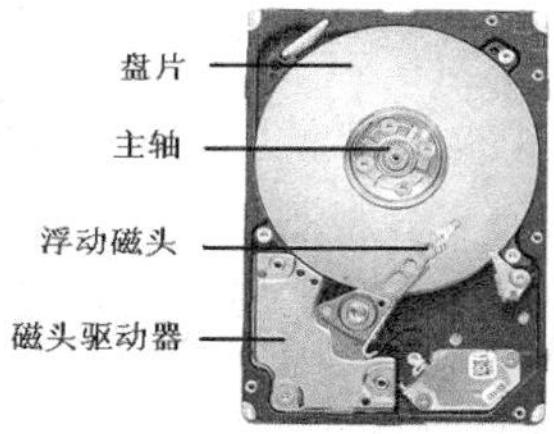

① 盘片和主轴组件。

图 4-14　硬盘的内部结构

盘片和主轴组件是两个紧密相连的部分。盘片是硬盘存储数据的载体，它是一个圆形的薄片，上面涂了一层磁性材料以记录数据。大多数硬盘都是采用金属盘片，这种金属薄膜较软盘的不连续颗粒载体具有更高的存储密度、高剩磁及高矫顽力等优点。另外，IBM还有一种被称为"玻璃盘片"的材料作为盘片基质，玻璃盘片比普通盘片在运行时具有更好的稳定性。各大硬盘生产厂家都致力于使用新技术来提高盘片上数据记录的密度，使磁头在盘片上移动相同的距离时能读取更多的数据。

一个硬盘内通常放有几张盘片，共同连接在主轴上，图 4-15 所示的硬盘共有 4 张盘片。主轴由主轴电机驱动，带动盘片高速旋转。旋转速度越快，磁头在相同时间内相对盘片移动的距离越多，相应地也就能读取到更多的信息。但是，随着转速的提高，传统滚珠轴承电机磨损加剧、发热过高、噪声加大等种种弊病暴露无疑，各大硬盘厂商纷纷改用以油膜代替滚珠的液态轴承（Fluid Dynamic Bearing，FDB）电机，采用 FDB 电机不但可以减小发热和噪声，

图 4-15　硬盘的多张盘片

而且增加了主轴组件的抗震能力和硬盘的工作稳定性，延长硬盘的使用寿命。

②　浮动磁头组件。

浮动磁头组件是硬盘中最精密的部位之一。它由读写磁头、传动手臂和传动轴 3 部分组成。一块硬盘存取数据的工作完全依靠磁头来进行。没有磁头，也就没有实际意义上的硬盘。磁头的作用就类似于在硬盘盘体上进行读写的"笔尖"，将信息记录在硬盘内部特殊的介质上。在盘片高速旋转时，传动手臂以传动轴为圆心带动前端的读写磁头在盘片旋转的垂直方向上移动，磁头感应盘片上的磁信号来读取数据或改变磁性涂料的磁性以达到写入信息的目的。读写磁头实际上是由集成的多个磁头组成的，和盘片并没有直接的接触，不过它和盘片之间的距离只有 0.1～0.3μm，一旦受到震荡就会和盘片相撞，所以运转中的硬盘非常脆弱，绝对不能受到任何碰撞。

③　磁头驱动器。

硬盘的寻道是靠移动磁头，而移动磁头则需要磁头驱动器驱动才能实现。磁头驱动器由电机、磁头驱动小车和防震动装置构成，高精度的轻型磁头驱动器能够对磁头进行正确的驱动和定位，并能在很短的时间内精确定位系统指令指定的磁道。

现在的硬盘所使用的磁头驱动器已经淘汰了老式的步进电机和力矩电机，用速度更快、安全性高的电磁线圈电机取而代之，以获得更高的平均无故障时间和更低的寻道时间。

2．工作原理

硬盘驱动器的原理并不复杂，和日常使用的盒式录音机的原理十分相似。磁头负责读取和写入数据。硬盘盘片布满了磁性物质，这些磁性物质可以被磁头改变磁极，利用不同磁性的正反两极来代表计算机里的 0 与 1，起到数据存储的作用。写入数据实际上是通过磁头对硬盘片表面的可磁化单元进行磁化，就像录音机的录音过程，不同的是，录音机是将模拟信号顺序地录制在涂有磁介质的磁带上，而硬盘是将二进制的数字信号以环状同心圆轨迹的形式，一圈一圈地记录在涂有磁介质的高速旋转的盘面上。读取数据时，把磁头移动到相应的位置读取此处的磁化编码状态，将磁粒子的不同极性转换成不同的电脉冲信号，再利用数据转换器将这些原始信号变成计算机可以使用的数据。

硬盘驱动器加电正常工作时，利用控制电路中的单片机初始化模块进行初始化工作，此时磁头置于盘片中心位置，初始化完成后主轴电机将启动并以高速旋转，装载磁头的小车机构移动，将浮动磁头置于盘片表面的 00 道，处于等待指令的启动状态。当接口电路接收到微机系统传来的指令信号，通过前置放大控制电路，驱动音圈电机发出磁信号，根据感应阻值变化的磁头对盘片数据信息进行正确定位，并将接收后的数据信息解码，通过放大控制电路传输到接口电路，反馈给主机系统完成指令操作。结束硬盘操作或断电状态，在反力矩弹簧的作用下浮动磁头驻留到盘面中心。

4.2.3　传统硬盘的主要参数和性能指标

硬盘驱动器是计算机的一个重要部件，在使用硬盘时，要注意其常用参数对硬盘性能的影响。

1．磁道和扇区

当磁盘旋转时，磁头若保持在一个位置上，则每个磁头都会在磁盘表面划出一个圆形轨迹，这些圆形轨迹就叫作磁道。这些磁道用肉眼是看不到的，因为它们仅是盘面上以特殊方式磁化了的一些磁化区，磁盘上的信息便是沿着这样的轨道存放的。相邻磁道之间并不是紧挨着的，这是因为磁化单元相隔太近时相互之间的磁性会产生影响，同时也为磁头的读写带来困难。磁盘上的每个磁道被等分为若干个弧段，这些弧段便是磁盘的扇区，每个扇区可以存放 512B 的信息，磁盘驱动器在向磁盘读取和写入数据时，要以扇区为单位。

2. 磁头数（Heads）

硬盘的磁头数与硬盘体内的盘片数目有关，由于每一盘片均有两个磁面，每面都应有一个磁头，因此，磁头数一般为盘片数的两倍，如图 4-16 所示。

3. 柱面（Cylinders）

硬盘通常由重叠的一组盘片（盘片最多为 14 片，一般均为 1～10 片）构成，每个盘面都被划分为数目相等的磁道，并从外缘的"0"开始编号，具有相同编号的磁道形成一个圆柱，称之为硬盘的柱面。磁盘的柱面数与一个盘面上的磁道数是相等的。

图 4-16　硬盘的磁头

属于同一柱面的全部磁道同时在各自的磁头下通过，这意味着只需指定磁头、柱面和扇区，就能写入或读出数据。

硬盘系统在记录信息时将自动优先使用同一个或者最靠近的柱面，因为这样磁头组件的移动最少，既利于提高读写速度，也可减少运动机构的磨损。

4. 容量

容量是硬盘最主要的参数。格式化后硬盘的容量由 3 个参数决定，硬盘容量=磁头数×柱面数 × 扇区数 × 512B。硬盘的容量以 GB 或 TB 为单位，1TB =1 024GB。硬盘厂商在标称硬盘容量时通常取 1TB =1 000GB，因此在 BIOS 中或在格式化硬盘时看到的容量会比厂家的标称值要小。大容量硬盘是装机的首选。硬盘容量越大，单位字节的价格就越便宜，所以大容量硬盘性价比更高。

5. 单碟容量

单碟容量就是硬盘盘体内每张磁碟的最大容量。每块硬盘内部有若干张盘片，所有盘片的容量之和就是硬盘的总容量。单碟容量越大，实现大容量硬盘也就越容易，寻找数据所需的时间也相对少一点。同时，单碟容量越大，硬盘的档次越高，性能越好，其故障率也越低，当然价格也越贵。

6. 交错因子

假设扇区是围绕着磁道依次编号的，磁头读取扇区上的数据分为两个阶段：读出数据和读后处理（即传送至硬盘缓冲区的过程）。当磁盘高速旋转，磁盘控制器读出 1 号扇区后准备转向 2 号扇区读数时，2 号扇区的扇区头很有可能已经通过了磁头，使磁头停留在 2 号扇区的中部，甚至更远的地方。在这种情况下，磁盘控制器必须等待磁盘再次旋转一周，等 2 号扇区到达时才能读取上面的数据，从而造成磁头大部分时间都在等待，数据传输率极低。解决的办法是扇区不要顺序连续编号，使原来的 3 号扇区编号为 2，依此类推。相邻两号扇区之间间隔的扇区数就是"交错因子"或称为"间隔系数"，交错因子是在硬盘低级格式化时，由用户设置的，其设置值应符合厂商提供的说明。在某些低级格式化程序中提供了自动设置交错因子的功能，用户也可选择该功能由系统自动选择设置。现在的硬盘出厂时已经由生产厂家进行了低级格式化的工作，交错因子的设置也由厂家设为了最佳值，所以用不着再进行低级格式化了。

7. 转速

转速是指硬盘盘片每分钟转动的圈数，单位是转/分（r/min）。转速是决定硬盘内部传输率的决定因素之一，它的快慢在很大程度上决定了硬盘的速度，同时也是区别硬盘档次的重要标志。硬盘的转速多为 5 400r/min、7 200r/min、10 000r/min 和 15 000r/min。从目前的情况来看，7 200r/min 的硬盘已经取代 5 400r/min 的硬盘成为主流，至于 10 000r/min 及以上的硬盘多是面对高档用户的。

8. 平均访问时间

平均访问时间（Average Access Time）是指磁头从起始位置到达目标磁道位置，并且从目标磁道上找到要读写的数据扇区所需的时间。平均访问时间体现了硬盘的读写速度，它包括了硬盘的寻道时间和等待时间，即

$$平均访问时间 = 平均寻道时间 + 平均等待时间$$

硬盘的平均寻道时间（Average Seek Time）是指硬盘的磁头移动到盘面指定磁道所需的时间。这个时间当然越小越好，目前主流硬盘的平均寻道时间通常在 9ms 左右。

硬盘的等待时间，又叫潜伏期（Latency），是指磁头已处于要访问的磁道，等待所要访问的扇区旋转至磁头下方的时间。这个时间当然越小越好。对圆形的硬盘来说，潜伏时间最多是转一圈所需的时间，最少则为 0（不用转），一般来说，平均等待时间多为旋转半圈所需时间。目前的硬盘转速多为 7 200r/min，故平均等待时间约等于（1/7 200）× 60 × 1 000 ÷2≈4.2（ms），依此类推，转速 10 000r/min 的硬盘，平均等待时间为 3.0ms。

平均访问时间通常为 11～18ms。

9. 传输速率

传输速率（Data Transfer Rate）是指硬盘读写数据的速率，单位为兆字节/秒（MB/s）。硬盘数据传输速率包括了内部数据传输率和外部数据传输率。

内部传输率（Internal Transfer Rate）也称为持续传输率（Sustained Transfer Rate），指磁头至硬盘缓存间的最大数据传输率，一般取决于硬盘的盘片转速和盘片数据线性密度（指同一磁道上的数据间隔度）。这项指标中常常使用 Mbit/s 为单位，这是兆位/秒的意思。一般情况下如果需要转换成 MB/s（兆字节/秒），就必须将 Mbit/s 数值除以 8。但在硬盘的数据传输率上二者就不能用一般的 MB 和 Mbit 的换算关系（1B = 8bit）来进行换算。比如某款产品官方标称的内部数据传输率为 683Mbit/s，683 ÷ 8 = 85.375，此时不能简单地认为 85MB/s 是该硬盘的内部数据传输率。因为在 683Mbit 中还包含有许多 bit 的辅助信息，不完全是硬盘传输的数据，简单地用 8 来换算，将无法得到真实的内部数据传输率数值。目

前主流的家用级硬盘，内部数据传输率在 100～200MB/s，而且在连续工作时，这个数据会降到更低。因此硬盘的内部数据传输率就成了整个系统瓶颈中的瓶颈，只有硬盘的内部数据传输率提高了，再提高硬盘的接口速度才有实在的意义。

外部传输率（External Transfer Rate），也称为突发数据传输率（Burst Data Transfer Rate）或接口传输率，它代表的是系统总线与硬盘缓冲区之间的数据传输率，外部数据传输率与硬盘接口类型和硬盘缓存的大小有关。目前采用 SATA 2.0 技术的硬盘，外部数据传输率可达 300MB/s。这只是硬盘理论上最大的外部数据传输率，在实际的日常工作中是无法达到这个数值的，而是更多地取决于内部数据传输率。

由于内部数据传输率才是系统真正的瓶颈，因此在购买硬盘时要分清这两个概念。一般来讲，硬盘的转速相同时，单碟容量大的内部传输率高；在单碟容量相同时，转速高的硬盘的内部传输率高。应该清楚的是只有内部传输率向外部传输率接近靠拢，有效地提高硬盘的内部传输率才能对磁盘子系统的性能有最直接、最明显的提升。目前各硬盘生产厂家努力提高硬盘的内部传输率，除了改进信号处理技术、提高转速以外，最主要的就是不断地提高单碟容量以提高线性密度。由于单碟容量越大的硬盘线性密度越高，磁头的寻道频率与移动距离可以相应减少，从而减少了平均寻道时间，内部传输速率也就提高了。

10. 缓存

缓存（Cache）的大小也是影响硬盘性能的一个重要指标。当硬盘接收到 CPU 指令控制开始读取数据时，硬盘上的控制芯片会控制磁头把正在读取的簇的下一个或者数个簇中的数据读到缓存中（因为硬盘上数据存储时是比较连续的，所以读取的命中率是很高的），当 CPU 指令需要读取下一个或者几个簇中的数据的时候，磁头就不需要再次去读取数据，而是直接把缓存中的数据传输过去就行了，由于缓存的速度远远高于磁头的速度，所以能够达到明显改善性能的目的。显然缓存容量越大，硬盘性能越好。目前，主流硬盘的缓存一般是 8MB、16MB、32MB 和 64MB。

11. 盘表面温度

盘表面温度指硬盘工作时产生的温度使硬盘密封壳温度上升的情况。这项指标厂家并不提供，一般只能在各种媒体的测试数据中看到。硬盘工作时产生的温度过高将影响磁头的数据读取灵敏度，因此硬盘工作表面温度较低的硬盘有更稳定的数据读写性能。

12. MTBF（平均故障间隔时间）

MTBF 指硬盘从开始运行到出现故障的最长时间，单位是小时（h）。一般硬盘的 MTBF 至少在 30 000h 以上。这项指标在一般的产品广告或常见的技术特性表中并不提供，需要时可专门上网到具体生产该款硬盘的公司网址中查询。

13. Ultra DSP（超级数字信号处理器）

应用 Ultra DSP 处理数学运算，其速度较一般 CPU 快 10～50 倍，Maxtor 在硬盘厂商中率先引入了此项技术，用于缩短硬盘的平均寻道时间，采用 Ultra DSP 技术，单个的 DSP 芯片可以同时提供处理器及驱动接口的双重功能，以减少其他电子元件的使用，可大幅度提高硬盘的速度可靠性。

14．新型磁头技术

MR（Magneto Resistive Head，磁阻磁头）技术可以实际记录更高的密度、数据，从而增加硬盘容量，提高数据吞吐率。目前的 MR 技术已有几代产品。Maxtor 的钻石三代/四代等均采用了最新的 MR 技术。MR 的工作原理是基于磁阻效应来工作的，其核心是一小片金属材料，其电阻随磁场变化而变化，虽然其变化率不足 2%，但因为磁阻元件连着一个非常灵敏的放大器，所以可测出该电阻微小的变化。MR 技术可使硬盘容量提高 40% 以上。

GMR（Giant Magneto Resistive，巨磁阻磁头）与 MR 一样，是利用特殊材料的电阻值随磁场变化的原理来读取盘片上的数据，但是 GMR 使用了磁阻效应更好的材料和多层薄膜结构，比 MR 更为敏感，相同的磁场变化能引起更大的电阻值变化，从而可以实现更高的存储密度。

15．数据保护新技术

S.M.A.R.T 即自动监测分析报告技术。这项技术使得硬盘可以监测和分析自己的工作状态和性能，并将其显示出来。用户可以随时了解硬盘的运行状况，遇到紧急情况时，可以采取适当措施，确保硬盘中的数据不受损失。采用这种技术以后，硬盘的可靠性得到了很大的提高。

Data Lifeguard（数据卫士）技术，西部数据用于硬盘数据保护与自动监测的技术，它利用硬盘空闲的时间对硬盘的数据进行安全性检查，并转移濒危数据。同时，可以通过外部专用工具软件对硬盘进行检测和诊断。数据卫士可以通过检测、隔离和修复硬盘上的故障区域，并可以主动的保护数据从而免遭丢失。数据卫士分两个部分的功能，一个是 Data Lifeguard，另一个则是 Data Lifeguard Tools。其中 Data Lifeguard 主要依靠硬盘控制芯片来对硬盘的错误进行检测和修复，并且会自动检测、隔离和修复长期使用硬盘所可能积累的故障区域。当然 Data Lifeguard 同硬盘的 S.M.A.R.T.密不可分，可以更有效的监控硬盘操作，以在发生数据丢失前予以预报。另外，Data Lifeguard 技术还具备保护性磁头着陆的功能，这就使得硬盘即使在系统掉电的情况下也可以自动让磁头归位到启动区。Data Lifeguard Tools 则是一系列的控制软件，主要用来给硬盘分区和格式化，并且可以突破 BIOS 的硬盘容量限制。

16．NCQ 技术

SATA 规范支持许多新的功能，其中之一就是 NCQ（Native Command Queuing，全速命令排队）技术。它可以使硬盘内部优化工作负荷执行顺序，通过对内部队列中的命令进行重新排序实现智能数据管理，改善硬盘因机械部件而受到的各种性能制约。NCQ 技术是 SATA 2.0 规范中的重要组成部分，也是唯一一与硬盘性能相关的技术。

大多数情况下数据存入硬盘并非是顺序存入，而是随机存入，甚至有可能一个文件被分配在不同盘片上。对于不支持 NCQ 的硬盘来说，大量的数据读写需要反复重复"访问磁碟→访问磁道→访问簇→访问扇区→读写数据"的步骤，而对于不同位置的数据存取，磁头需要更多的操作，降低了存取效率。支持 NCQ 技术的硬盘对接收到的指令按照它们访问的地址的距离进行了重排列，这样对硬盘机械动作的执行过程实施智能化的内部管理，大大地提高整个工作流程的效率，即取出队列中的命令，然后重新排序，在硬盘执行某一命令的同时，队列中可以加入新的命令并排在等待执行的作业中。显然，指令排列后减少了磁头臂来回移动的时间，使数据读取更有效。

目前大部分硬盘厂商已经在 SATA 接口硬盘中应用了 NCQ 技术。不过，要充分享受 NCQ 技术，光有硬盘支持是不行的，还要有对应的硬盘控制器（如南桥芯片中的磁盘控制器）支持才行。例如 Intel 公司从 ICH7R 南桥芯片开始支持 NCQ 技术。

4.2.4　传统硬盘的选购

从上面提到的硬盘的技术指标来看，在不考虑资金的前提下，当然要挑选转速快、缓存大、寻道时间短、数据传输率高的硬盘。如果从性价比较高的角度考虑，则应该找到这 4 个指标的最佳结合点。首先，在选购硬盘时不要刻意追求转速，实际上，转速的提高并不一定意味着数据传输率的提高，因为数据传输实际上还与磁头技术和单碟容量等因素有关。在磁头技术相同的前提下，可以更多地留意并比较转速和单碟容量。硬盘速度上的瓶颈和内部传输率有很大的关系。其次，购买硬盘还应该注意下面提到的这些问题。

1．按需选购硬盘

作为普通办公、家用，主要考虑性价比和稳定性，可选择 7 200r/min 的主流产品。对于图像处理、动画制作应用，在硬盘的选择上主要考虑高速度、大容量和高安全性，因而选择性能较好的 10 000r/min 的产品。

2．发热及噪声问题

若硬盘散发的热量不能及时地传导出去，硬盘就会急剧升温，一方面会使硬盘的电路工作处在不稳定的状态，另一方面硬盘的盘片与磁头长时间在高温下工作也很容易使盘片出现读写错误和坏道，而且对硬盘使用寿命也会有一定影响。好在随着技术的发展，如今市场上大多数硬盘的发热量都越来越小，这一点现在不必过于担心。噪声对单个硬盘而言没有大的影响。

3．超频问题

要稳定超频，除 CPU 外，其他设备也是决定能否稳定超频的因素，硬盘就是其中之一。在很多情况下不能超频，往往是由硬盘造成的。尤其在非标准外频下，硬盘的数据传输率也会随之上升，硬盘自身承受不了，就有可能出现不正常现象，如不能进入 Windows 等，更严重的还会搞得数据丢失、系统被破坏。如果打算超频，选购时一定要选择有较强超频能力的硬盘。

4．保修问题

硬盘这类产品标准的保修期都应该是 3 年，低于 3 年质保的硬盘产品是不应购买的。有些商家是从非正规渠道进的货，如水货等，提供的质保期限很短，但是价格与正规渠道进的相同产品相比要便宜一些，千万不要贪图几十元的便宜去购买那些没有保障的产品。从产品来讲，当然还是尽量去购买希捷、西部数据等名牌大厂的产品，购买它们的产品就意味着能享受到更好的售后服务。

5．保养问题

（1）读写忌断电

硬盘的转速大都是 5400r/min 和 7200r/min，SCSI 硬盘更在 10000～15000r/min，在进行读写时，整个盘片处于高速旋转状态中，如果忽然切断电源，将使得磁头与盘片猛烈摩擦，从而导致硬盘出现坏道甚至损坏，也经常会造成数据流丢失。在关机时，一定要注意机箱面板上的硬盘指示灯是否没有闪烁，即硬盘已经完成读写操作之后才可以按照正常的程序关闭电脑。硬盘指示灯闪烁时，一定不可切断电源。如果是移动硬盘，最好要先执行硬件安全删除，成功后方可拔掉。

（2）保持良好的环境

硬盘对环境的要求比较高，有时候严重积尘或是空气湿度过大，都会造成电子元件短路或是接口氧化，从而引起硬盘性能的不稳定甚至损坏。

（3）防止受震动

硬盘是十分精密的存储设备，进行读写操作时，磁头在盘片表面的浮动高度只有几微米；即使在不工作的时候，磁头与盘片也是接触的。硬盘在工作时，一旦发生较大的震动，就容易造成磁头与资料区相撞击，导致盘片资料区损坏或刮伤磁头，丢失硬盘内所储存的文件数据。因此，在工作时或关机后主轴电机尚未停顿之前，千万不要搬动电脑或移动硬盘，以免磁头与盘片产生撞击而擦伤盘片表面的磁层。此外，在硬盘的安装、拆卸过程中也要加倍小心，防止过分摇晃或与机箱铁板剧烈碰撞。

（4）减少频繁操作

如果长时间运行一个程序（如大型软件或玩游戏），或是长期使用 BT 等下载软件就要注意了，这样磁头会长时间频繁读写同一个硬盘位置（即程序所在的扇区），而使硬盘产生坏道。另外，如果长时间使用一个操作系统，也会使系统文件所在的硬盘扇区（不可移动）处于长期读取状态，从而加快该扇区的损坏速度。当然，最好是安装有两个或以上的操作系统交替使用，以避免对硬盘某个扇区做长期的读写操作。

（5）恰当的使用时间

在一天中，特别是夏天高温环境下。最好不要让硬盘的工作时间超过 10 小时，而且不要连续工作超过 8 小时，应该在使用一段时间之后就关闭电脑，让硬盘有足够的休息时间。

（6）定期整理碎片

硬盘工作时会频繁地进行读写操作，同时程序的增加、删除也会产生大量的不连续的磁盘空间与磁盘碎片。当不连续磁盘空间与磁盘碎片数量不断增多时，就会影响到硬盘的读取效能。如果数据的增删操作较为频繁或经常更换软件，则应该每隔一定的时间（如一个月）就运行 Windows 系统自带的磁盘碎片整理工具，进行磁盘碎片和不连续空间的重组工作，将硬盘的性能发挥至最佳。

对于 Linux 系统用户（Ext 文件系统）或 MAC OS 用户，基本不需要清理（因为 Linux 的文件写入方式与 Windows 不同）。

（7）稳定的电源供电

一定要使用性能稳定的电源，如果电源的供电不纯或功率不足，很容易就会造成资料丢失甚至硬盘损坏。

（8）不要强制关机

强制关机会使硬盘与指针产生强烈的摩擦，长期这样的话，硬盘会丢失信息，所以，一定要正确关机。

4.3 固态硬盘

固态硬盘（Solid State Disk，SSD）是由控制单元和存储单元组成的，简单地说就是用固态电子存储芯片阵列而制成的硬盘，虽然固态硬盘中已经没有可以旋转的盘状结构，但是依照人们的命名习惯，这类存储器仍然被称为"硬盘"。固态硬盘的接口规范和定义、功能及使用方法上与传统硬盘的相同，在产品外形和尺寸上也与传统硬盘一致。其芯片的工作温度范围很宽（−40℃～85℃）。目前广泛应用于军事、车载、工控、视频监控、网络监控、网络终端、电力、医疗、航空、导航设备等领域。相比传统的机械硬盘，固态硬盘主要优势是高性能、低功耗、轻便，主要不足是价格昂贵与容量小。

4.3.1 固态硬盘的分类

目前固态硬盘可按存储介质、尺寸和接口类型进行分类。

1. 按存储介质分类

固态硬盘的存储介质分为两种，一种是采用闪存（FLASH芯片）作为存储介质，另一种是采用DRAM作为存储介质。

（1）基于闪存的固态硬盘

基于闪存的固态硬盘（Flash Disk）采用FLASH芯片作为存储介质，这也是我们通常所说的SSD。它的外观可以被制作成多种模样，如笔记本硬盘、存储卡和U盘等样式。这种SSD固态硬盘最大的优点就是可以移动，而且数据保护不受电源控制，能适应于各种环境，但是使用年限不高，适合于个人用户使用。在基于闪存的固态硬盘中，存储单元又分为两类：SLC（Single Layer Cell 单层单元）和MLC（Multi-Level Cell 多层单元）。SLC的特点是成本高、容量小，但是速度快，而MLC的特点是容量大、成本低，但是速度慢。MLC的每个单元是2bit的，相对SLC来说整整多了一倍。不过，由于每个MLC存储单元中存放的资料较多，结构相对复杂，出错的概率会增加，必须进行错误修正，这个动作导致其性能大幅落后于结构简单的SLC。SLC的优点是复写次数高达100 000次，比MLC高10倍。此外，为了保证MLC的寿命，控制芯片都采用校验和智能磨损平衡技术算法，使得每个存储单元的写入次数可以平均分摊，达到100万小时平均故障间隔时间（MTBF）。基于闪存的固态硬盘，其内部结构如图4-17所示。

（2）基于DRAM的固态硬盘

基于DRAM的固态硬盘：采用DRAM作为存储介质，目前应用范围较窄。它仿效传统硬盘的设计，可被绝大部分操作系统的文件系统工具进行卷设置和管理，并提供工业标准的PCI和FC接口用于连接主机或者服务器。应用方式可分为SSD硬盘和SSD硬盘阵列两种。它是一种高性能的存储器，而且使用寿命很长，美中不足的是需要独立电源来保护数据安全。基于DRAM的固态硬盘，其内部结构如图4-18所示。

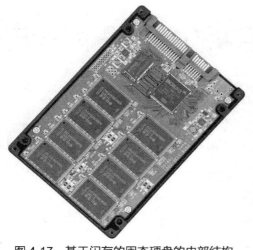

图 4-17 基于闪存的固态硬盘的内部结构

图 4-18 基于 DRAM 的固态硬盘的内部结构

2. 按尺寸分类

基于闪存的固态硬盘产品按尺寸分为 3.5 英寸，2.5 英寸和 1.8 英寸，产品数量上以 2.5 英寸和 1.8 英寸居多，常用于笔记本电脑中。2.5 英寸固态硬盘的外观如图 4-19 所示。

图 4-19 2.5 英寸固态硬盘的外观

3. 按接口类型进行分类

基于闪存的固态硬盘主流接口类型有：SATA 2.0、SATA 3.0、IDE、MSATA、NGFF 和 PCI-E。

4.3.2 固态硬盘的优缺点

表 4-1 是对固态硬盘和传统硬盘特性的一个比较。可以看到，固态硬盘的优点和缺点都非常明显。

表 4-1 固态硬盘和传统硬盘特性的比较

	固态硬盘	传统硬盘
容量	较小	大
价格	高	低

	固态硬盘	传统硬盘
随机存取	极快	一般
写入次数	SLC：10万次 MLC：1万次	无限制
盘内阵列	可	极难
工作噪声	无	有
工作温度	极低	较明显
防震	很好	较差
数据恢复	难	可以
重量	轻	重

1．固态硬盘的优点

（1）存取速度方面

SSD固态硬盘采用闪存作为存储介质，启动时没有电机加速旋转的过程，运行时没有磁头，快速随机读取，读延迟极小，寻道时间几乎为0，读取速度相对机械硬盘要快很多。因此，固态硬盘在作为系统盘时候，可以明显加快操作系统启动速度和软件启动速度。基于DRAM的固态硬盘写入速度也极快。此外，由于寻址时间与数据存储位置无关，因此磁盘碎片不会影响读取时间。

（2）抗震性能方面

SSD固态硬盘由于完全没有机械结构，所以不用担心因为震动造成无可避免的数据损失。即使在高速移动甚至伴随翻转倾斜的情况下也不会影响到正常使用，而且在笔记本电脑发生意外掉落或与硬物碰撞时能够将数据丢失的可能性降到最小。

（3）发热功耗方面

SSD固态硬盘不同于传统硬盘，不存在盘片的高速旋转，所以发热也明显低于机械硬盘，而且闪存芯片的功耗极低，这对于笔记本电脑用户来说，意味着电池续航时间的增加，但高端或大容量产品能耗会较高。

（4）使用噪声方面

SSD固态硬盘没有盘体机构，不存在磁头臂寻道的声音和高速旋转时候的噪声，所以SSD工作时候完全不会产生噪声。某些高端或大容量产品装有风扇，因此仍会产生噪声。

（5）工作温度方面

传统硬盘只能在5℃到55℃范围内工作，而大多数固态硬盘可在-10℃～70℃工作，一些工业级的固态硬盘还可在-40℃～85℃工作，而军工级产品工作温度可以达到-55℃～135℃。

2．固态硬盘的缺点

（1）性价比问题

目前固态硬盘的价格还比较昂贵，每单位容量价格是传统硬盘的5～10倍（基于闪存的固态硬盘），甚至 200～300 倍（基于 DRAM 的固态硬盘），并不是普通消费者能够承受的。

（2）容量问题

目前固态硬盘最大容量远低于传统硬盘。虽然市场上已有 2TB 的固态硬盘产品，但传统硬盘的容量仍在迅速增长，已推出 3TB 产品，据称 IBM 已测试过 4TB 的传统硬盘。此外，虽然低容量的固态硬盘比同容量传统硬盘体积小、重量轻。但这一优势随容量增大而逐渐减弱。当硬盘容量达到 256GB 以上时，这一优势就会消失。

（3）使用寿命问题

闪存芯片是有寿命的，其平均工作寿命要远远低于传统机械硬盘，这给固态硬盘作为存储介质带来了一定的风险。基于闪存的固态硬盘一般写入寿命为 1 万到 10 万次，特制的可达 100 万到 500 万次，然而计算机寿命期内文件系统的某些部分（如文件分配表）的写入次数仍将超过这一极限。

（4）数据恢复问题

固态硬盘中的数据损坏后难以恢复。硬件发生损坏时，传统硬盘通过数据恢复也许还能挽救一部分数据。但是对于固态硬盘来说，一旦芯片发生损坏，要想在碎成几瓣或者被电流击穿的芯片中找回数据那几乎就是不可能的。当然这种不足也是可以牺牲存储空间来弥补的，如使用 RAID 技术来进行备份。但是由于固态硬盘成本较高，这种方式的备份价格不菲。

（5）其他问题

由于不像传统硬盘那样屏蔽于法拉第笼中，固态硬盘更易受到某些外界因素的不良影响，如断电（基于 DRAM 的固态硬盘尤甚）、磁场干扰、静电等。基于 DRAM 的固态硬盘在任何时候的能耗都高于传统硬盘，尤其是关闭时仍需供电，否则数据丢失。

3．Windows 10 系统对固态硬盘的技术优化

虽然固态硬盘现在还有诸多缺点，但是随着固态硬盘技术研发上的不断改进，加上对固态硬盘有更强优化处理的微软最新操作系统 Windows 10 的推出，固态硬盘的一些劣势也有了不错的解决方案。

从 Windows 8 开始，微软系统已经对 SSD 固态硬盘采取了自动优化。Windows 10 系统对固态硬盘性能和寿命方面的技术进行了更好的改善。无需用户的任何设置，系统会自动辨识存储设备是机械硬盘还是固态硬盘，若为固态硬盘，就会关掉磁盘整理功能，避免固态硬盘不断执行重复读写工作，大大降低固态硬盘在日常使用中的损耗，增加使用寿命。要知道，以目前的固态硬盘产品来说，主流的 MLC 固态硬盘的写入寿命仅 1 万次，而昂贵的 SLC 固态硬盘也只是 10 万次。此外，Trim 指令可以有效地防止固态硬盘在长期使用后速度下滑，并延长闪存使用寿命。

4.4　光驱与光盘

4.4.1　光驱的外观

光驱也称光盘驱动器，光驱已成为大部分电脑不可缺少的组成部分。光驱有很多种，CD 只读光驱、CD 刻录机、DVD 只读光驱、DVD 康宝、DVD 刻录机、BD（Blu-ray Disc，

蓝光光盘）只读光驱、BD康宝和BD刻录机等，这几种产品从外形上看是一样的。随着近几年DVD光驱和DVD刻录机价格的下降，CD光驱和CD刻录机已经被市场所淘汰。新型的BD光驱由于目前价格还较高，正在DIY市场得到一定程度的普及。

康宝是英文combo的音译，原意为结合物或联合体。DVD康宝是指这样一种光驱，它既具有DVD光驱读取DVD的功能，又具有CD刻录机读取和刻录CD的功能，因此取名为DVD康宝。现在由于DVD刻录机价格已经很低，很少有人会买DVD康宝了。最新的BD康宝可以读取BD，读取以及刻录DVD和CD等。

1. 光驱的正面

光驱的正面如图4-20所示，一般包含下列部件。

① 防尘门。

② 打开按钮：控制光盘进出光驱。

③ 读盘指示灯：显示光驱的运行状态。

④ 手动退盘孔：当光盘由于断电或其他原因不能退出时，可以用小硬棒插入此孔把光盘退出。注意，部分光驱无此功能。

2. 光驱的背面

光驱的背面如图4-21所示，它由以下几部分组成。

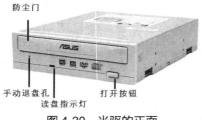

图4-20　光驱的正面

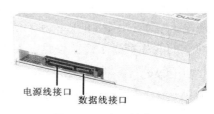

图4-21　光驱的背面

① 电源线接口：用于光驱与电源连接的插座。

② 数据线接口：目前绝大部分的光驱使用SATA数据线。

4.4.2　光驱的结构和工作原理

1. 光盘驱动器的结构

光驱的内部主要由机芯及启动机构组成，整个机芯包括以下部分。

① 激光头组件：包括激光头、聚焦透镜等组成部分，配合齿轮机构和导轨等机械部分，在通电状态下根据系统信号确定并读取光盘数据，然后将数据传输到系统。

② 主轴马达：光盘运行的驱动力，在光盘读取过程的高速运行中提供数据定位功能。

③ 光盘托架：光驱在开启和关闭状态下的光盘承载体。

④ 启动机构：控制光盘托架的进出和主轴马达的启动，加电运行时使包括主轴马达和激光头组件的伺服机构都处于半加载状态中。

2. 只读光驱的工作原理

激光头是光驱的中心部件，光驱就是通过它来读取数据的。光驱在读取信息时，激光头会向光盘发出激光束，当激光束照射到光盘的凹面或平面时，反射光束的强弱会发生变化，光驱就根据反射光束的强弱，把光盘上的信息还原成为数字信息，即"0"或"1"，再通过相应的控制系统，把数据传给电脑。

在无光盘状态下，光驱加电后，激光头组件启动，光驱面板指示灯亮。激光头组件移动到主轴马达附近，并由内向外顺着导轨步进移动，最后回到主轴马达附近。激光头的聚焦透镜将向上移动 4 次搜索光盘，同时主轴马达也顺时针启动 4 次。然后激光头组件复位，主轴马达停止运行，面板指示灯熄灭。

放入光盘后，激光头聚焦透镜重复搜索动作，找到光盘后主轴马达将加速运转。此时若读取光盘，面板指示灯将不停地闪动。步进电机带动激光头组件移动到光盘数据处，聚焦透镜将数据反射到接收的光电管，再由数据带传送到系统。若停止读取光盘，激光头组件和马达仍将处于加载状态中，面板指示灯熄灭。

3. 刻录机的工作原理

只读光驱只能将光盘中的数据读出，而光盘上的内容无法被修改。随着新技术的发展，出现了能够向光盘写入数据的光驱，即刻录机。由于光盘具有大容量、成本极低（一张 DVD 的价格为 1～2 元）、兼容性好和记录可靠（理论上光盘可保存 100 年以上）等明显的优点，刻录机越来越得到广泛的应用。刻录机的主要功能是用来数据备份，通过把数据写入光盘可以保存资料、制作电影、备份硬盘等。

目前 CD 刻录机已逐渐被淘汰，而康宝只是一个过渡性产品，只有 DVD 刻录机才是光驱市场的主流产品，而 BD 刻录机将是未来市场的主流。

刻录机在进行刻录时，首先将数据读入自带的缓存中，然后再从缓存中把数据写入光盘，这样可以尽量保证刻录的连续性。需要特别注意的是刻录机读入数据、写入光盘这一过程是一个连续工作的过程。如果刻录机缓存数据被用完或其他原因（如运行其他应用程序）造成硬盘向刻录机传输数据中断，刻录过程将被迫中断。中断后一般不能继续进行刻录，这就会导致光盘报废。

光盘的表面有一层薄膜。刻录时，刻录机将大功率的激光照射在这层薄膜上，薄膜上会形成相应的平面和凹面。而光驱在读取的时候，会将这些平面和凹面信息转化为 0 和 1 数字信息。对于不可擦写的光盘，这种薄膜的物理变化是一次性的，写入之后，就不能修改。而对于可擦写的光盘，其盘片上的薄膜材质多为银、硒或碲的结晶体。这种薄膜能够呈现出结晶体和非结晶体两种状态。在激光束的照射下，材料可以在两种状态之间转换，所以光盘可以重复写入。

4.4.3　光驱的主要性能指标

1. 波长

CD 光驱采用的是波长为 780mm 的激光。DVD 光驱采用的是波长为 650mm 的红激光。BD 光驱利用波长较短的 405nm 蓝色激光读取和写入数据，并因此而得名。通常来说波长越短的激光，能够在单位面积上记录或读取更多的信息。因此，蓝光极大地提高了光盘的存储容量，对于光存储产品来说，蓝光提供了一个跳跃式发展的机会。

2. 数据传输速率

数据传输速率（Data Transfer Rate）即通常所说的倍速，是光驱最基本的性能指标，是指光驱在 1s 内所能读取的最大数据量。早期的 CD 只读光驱数据传输率并不高，传输速率为 150KB/s，即单速光驱。我们平时说的多少倍速，就是以此为基准。例如，四倍速的 CD 只读光驱传输率为 600KB/s。DVD 只读光驱速度的计算方法和 CD 只读光驱不同。DVD 只读光驱的单倍速传输速率为 1.35MB/s，相当于 CD 只读光驱的 9 倍，而 BD 只读光驱的单倍速传输速率为 4.5MB/s，相当于 DVD 只读光驱的 3.3 倍。

刻录机也有倍速，并且分为 3 种：刻录速度、擦写速度和读取速度。一般而言，读取速度最快，刻录速度稍慢。刻录倍速并不是越高越好，因为刻录过程中有一个对光盘记录层的激光烧结操作，刻录速度过高会造成光盘记录层烧结不完全，影响读取时的激光反射，造成数据难以读出甚至盘片作废，所以需要选择与刻录机速度相当的光盘来进行刻录。在缓存较小的情况下，为保证盘片的刻录质量，刻录速度也应该适当降低。此外，刻录机对于不同的光盘，其读取和刻录速度也不同。例如，BD 刻录机对于 CD、DVD 和 BD 的读写和刻录速度都是不一样的。另外对于可以擦写的刻录光盘而言还有一个擦写速度，通常比刻录速度稍低。目前市场中的 DVD 刻录机能达到最高刻录速度 16 倍速，如果采用 16 倍速刻录一张 4.7GB 的 DVD，只需要 3～4min。

3. 平均寻道时间

平均寻道时间（Average Access Time），是指光驱的激光头从原来的位置移到指定的数据扇区，并把该扇区上的第一块数据读入高速缓存所花费的平均时间。显然，平均寻道时间越短，光驱的性能就越好。

4. CPU 占用时间

CPU 占用时间（CPU Loading），是指光驱在保持一定的转速和数据传输率时所占用 CPU 的时间。这是衡量光驱性能的一个重要指标，光驱的 CPU 占用时间越少，系统整体性能的发挥就越好。

5. 内部缓存

内部缓存（Buffer），主要用于存放读出的数据。内部缓存的工作原理和作用于主板上的 Cache 相似，它可以有效地减少读取盘片的次数，提高数据传输速率。但在实际应用中光驱进行读取操作时，读取重复信息的机会是很少的，大部分的光盘更多的时候是一次读取数量较多的文件内容，因此在只读 CD 光驱和 DVD 光驱上，缓存的重要性得不到体现，大多产品采用较小的缓存容量，一般有 198KB、256KB、512KB 几种，只有个别的外置式光驱采用了较大容量的缓存。而 BD 光驱由于读取速度快，每次读取的数据量较大，因为缓存一般在 1MB 以上。

对于刻录机来说，缓存是十分重要的。缓存的大小是衡量刻录机性能的重要技术指标之一。上面讲到，需要刻录的数据必须先写入缓存，刻录软件再从缓存区调用要刻录的数据，在刻录的同时后续的数据再写入缓存中，以保持要写入数据的良好组织和连续传输。如果后续数据没有及时写入缓冲区，传输的中断则将导致刻录失败。因而缓存的容量越大，刻录的成功率就越高。刻录机的缓存容量一般在 2MB～8MB。

6. 兼容性

任何光驱的性能指标中都没有标出兼容性的参数，但这却是一个实在的光驱评判标准。对于只读光驱来说，在高倍速光驱设计中，高速旋转的马达使激光头在读取数据的准确定位性上相对于低倍速光驱要逊色许多，同时劣质的光盘更加剧对光驱兼容性的需求，因而许多厂家都加强对兼容性的设计。一些小厂家只是单纯地加大激光头的发射功率，初期使用时读盘兼容性非常好，但在两三个月之后，其兼容性明显下降。而名牌大厂通常以提高光驱的整体性能为出发点，采用先进的机芯电路设计，改善数据读取过程中的准确性和稳定性，或者根据光盘数据类型自动调整读取速度，以达到提高兼容性的目的。

对刻录机来说主要是盘片的兼容性。刻录机能否兼容各种盘片的刻录格式是决定其生存的关键。当激光照射到某种刻录格式的光盘上以后，刻录机通过来自光盘的反射光读取数据，如果反射率太低的话，该盘片就会被认为是"不符合规格"的光盘。刻录机能够识别的盘片类型越多，则兼容性越好。

7. 接口方式

从接口类型来看，内置光驱的有 IDE 和 SATA 接口，外置光驱是 USB 接口。IDE 接口的光驱价格便宜，以前 SATA 接口的光驱价格较高，IDE 接口的光驱具有很大的价格优势。

但是，随着 SATA 接口的光驱价格逐渐下降，以及 SATA 接口的逐渐普及，目前市场上的 IDE 光驱数量已经很少，许多产品已经停产。另外，IDE 光驱的数据传输速度也比较慢，作为刻录机的接口时，刻录质量稍差，并且需要较大的缓存容量。SATA 接口的光驱是目前市场的主流，价格便宜，且传输速度比 IDE 接口光驱快很多，刻录质量也很好。外置刻录机一般使用 USB 接口，一般为 USB 2.0 标准，高档产品会支持 USB 3.0 标准。外置刻录机的价格比相同性能的内置刻录机要稍贵一些。外置 BD 刻录机如图 4-22 所示。

图 4-22 外置 BD 刻录机

4.4.4 光盘

光盘是一种载体，用来存储光信息数据。由于软盘的容量太小，光盘凭借大容量存储优势得以广泛使用。目前市场上的光盘都是高密度光盘，这是一种近代发展起来不同于软盘和硬盘等磁性载体的光学存储介质，用聚焦的氢离子激光束来存储和处理信息，因此又称为激光光盘。

光盘只是一个统称，它可以分为很多种。根据读写方式不同，光盘可以分为两类：一类是只读光盘，这类光盘中的内容是预先写好的，用户只能通过光驱读取光盘中的内容，不能改变光盘上的内容，无法再写入数据；另一类是刻录光盘，这类光盘中是没有任何内容的，需要用户使用刻录机将内容写入。刻录光盘又分为一次性记录光盘和可擦写光盘。只读光盘和记录光盘在结构上是没有区别的，它们主要的区别在于材料的应用和某些制造工序的不同。根据光盘所使用的激光波长不同，光盘可以分为 CD、DVD、BD3 类，它们的主要结构也是一致的。

1. 光盘的结构

我们常见的光盘都非常薄，只有1.2mm厚，但却包括了很多内容。光盘的结构如图4-23所示，主要分为5层，包括塑料衬盘、信号坑、反射层、保护层和标签层。

（1）塑料衬盘

塑料衬盘是光盘最底部的部分，它各功能性结构（如信号坑等）的载体，其使用的材料是聚碳酸酯（PC），冲击韧性极好、使用温度范围大、尺寸稳定性好、耐候性、无毒性。一般来说，塑料衬盘是无色透明的，是整个光盘的物理外壳。塑料衬盘的厚度为1.2mm、直径为120mm，中间有孔，呈圆形，它是光盘的外形体现。光盘之所以能够随意取放，主要归功于塑料衬盘的硬度。在塑料衬盘方面，各种光盘之间是没有区别的。

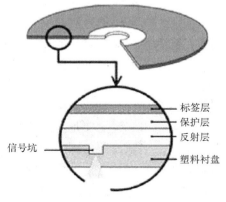

图 4-23　光盘的结构

（2）信号坑

信号坑也称为染料层，是刻录信号的地方，其主要原理是在塑料衬盘上涂抹专用的有机染料，以供激光记录信息。由于刻录前后的反射率不同，经由激光读取不同长度的信号时，通过反射率的变化形成0与1信号，借以读取信息。目前市场上存在三大类有机染料：花菁（Cyanine）、酞菁（Phthalocyanine）及偶氮（AZO）。

目前，一次性记录的光盘主要采用有机染料。当此光盘在进行刻录时，激光会对在塑料衬盘上的有机染料进行刻录，直接刻录成一个一个的"坑"，这样有"坑"和没有"坑"的状态就形成了凹面和平面，即"0"和"1"的信号，这些"坑"是不能擦掉的，也就是说，当刻录成"坑"之后，将永久性保持现状，意味着此类光盘不能重复擦写。

对于可擦写的光盘而言，所涂抹的就不是有机染料了，而是某种碳性物质。当激光在刻录时，并不是烧成一个一个的"坑"，而是改变碳性物质的极性，以此形成特定的"0"和"1"代码序列。这种碳性物质的极性是可以重复改变的，因此这类光盘可以重复擦写。

（3）反射层

反射层是可以反射光驱发射出来的激光光束，以此来读取光盘中的资料。反射层的材料为纯度99.99%的纯银金属。因此，反射层就如同我们日常用的镜子一样，此层就像是镜子的银反射层，光线到达此层，就会反射回去。光盘的一面可以当作镜子用，就是因为这个缘故。

（4）保护层

保护层用来保护光盘中的反射层信号坑，防止数据被破坏。保护层的材料为光固化丙烯酸类物质。

（5）标签层

标签层是盘片最外层粘贴光盘品牌、种类、容量或宣传图片等相关资讯标签的地方。标签不仅可以标明信息，还可以在一定程度上起到保护光盘的作用。

2. 光盘的种类

根据光盘所使用的激光波长不同，光盘可以分为 CD、DVD、BD 3 类，这 3 类都有一次性记录光盘产品和可擦写光盘产品。上面讲到，CD 光盘采用 780nm 波长的激光，DVD 光盘采用 650nm 波长的激光，BD 采用 405nm 波长的激光。激光波长的差异直接决定了光盘的制作工艺和容量大小。

从光盘的容量上看，CD 的最大容量大约是 700MB。单面单层 DVD 是最常见的 DVD，其容量为 4.7GB。单面双层 DVD 面是指在一面 DVD 中包含两个信息层，两层的容量合计约 8.5GB，这种 DVD 的好处是可以用一张光盘存储一部 120min 的高质量电影，而不需要中途手动换盘。双面单层 DVD 是将两片单面单层 DVD 背对背的粘在一起，实现了 9.4GB 的容量，不过这种 DVD 的缺点就是需要手动换面，目前还没有任何一种播放器支持自动换面。双面双层 DVD 与双面单层 DVD 的结构类似，是将两片单面双层的 DVD 背对背地粘在一起，最高容量为 17GB 左右，是目前最大的 DVD，市面上极为少见。除了上面讲到的普通 DVD 外，还有一种直径为 80mm（普通 DVD 直径为 120mm）的小型 DVD，单面单层的容量为 1.4GB，单面双面为 2.8GB。BD 的容量比较大，其中单层为 25GB，双层为 50GB。

市场上常见的光盘有以下几种。

（1）CD-R/RW

CD-R 是一种一次写入、永久读取的光盘。光盘写入数据后，就不能再刻写了。CD-R 采用不同的有机染料，从染料颜色上可以分为金盘、白盘、蓝盘和绿盘。不同的染料在抗光性、耐用性方面是有区别的。通常情况下，金盘和白盘的刻录质量是最好的，不仅兼容性最好，而且保存时间最长。前者采用黄金作为染料，后者采用的是白银。两者除了成本上有轻微的差别之外，性能、质量上没有任何差别，目前主流盘片通常采用银作为反射层，也就是通常讲的白盘。

CD-RW 是一种可擦写的光盘。这样的光盘可以视作 U 盘，可以进行文件的复制、删除等操作，方便灵活。一般擦写次数为几百次。CD-RW 的写入速度要低于 CD-R，这是因为在写入数据时，激光需要更多的时间对光盘进行操作。与 CD-R 有机染料层不同，CD-RW 的染料由银、铟、锑、碲合金构成。合金具有多晶结构，其反射率约为 20%。刻录机的激光头有两种波长设置，分别为写入和擦除。刻录时激光头采用高能量的写入状态，把合金物质加热，使其液化。在这种状态下，多晶结构被改变，呈现一种非晶态结构，这时候的反射率只有 5%，这些反射率低的地方就相当于光盘上的"面"。同理，要擦除数据就必须让合金物质恢复到多晶结构，这时激光头会采用低能量的擦除状态，合金物质不会液化，只会软化。在合金物质慢慢冷却后，其分子结构就会从 5%反射率的非晶态结构转化为 20%反射率的多晶结构，即恢复到了 CD-RW 的初始状态。在实际工作中，刻录机并不是把所有数据内容擦除之后再进行数据刻录，而是采用直接重写的方法，把要写入数据的地方直接重写就是了。换句话说，就是刻录数据时，激光头随时在写入和擦除状态转换，根据需要进行调整。

（2）DVD-R/RW

DVD-R 全称为 DVD-Recordable，即可记录 DVD，DVD-RW 全称为 DVD-ReWritable，即可擦写 DVD。

DVD-R/RW 是日本先锋公司主推的 DVD 刻录格式，并得到了东芝、日立、NEC、三星等公司的支持，以及 DVD 论坛（DVD FORUM）的认证。DVD-R/RW 兼容性较好，即便是早期的 DVD 光驱也能够识别其中的数据，同时 DVD-R/RW 还能够兼容大部分家用 DVD 刻录机。因此，DVD-R/RW 的市场占有率很高。普通的 DVD-R 价格在 2 元左右，而 DVD-RW 的价格在 10 元左右。

DVD-RW 刻录原理和 CD-RW 类似，也采用晶体结构的变化的进行写入和擦除。虽然 DVD-RW 兼容较好，而且能够以 DVD 视频格式来保存数据，并在影碟机上进行播放。但是，它有一个很大的缺点就是格式化需要花费一个半小时的时间。

（3）DVD+R/RW

DVD+R/RW 是由索尼、飞利浦、惠普公司共同创建的 DVD+RW Alliance 组织（区别于上文提到的 DVD 论坛，是与之相抗衡的另一 DVD 标准制定组织）研发的。DVD+R/RW 跟 DVD-R/RW 仅仅是格式上不同，因此售价也相差不多。

DVD+R/RW 与 DVD-R/RW 之间由于是不同的标准组织所制定的标准，所以相互之间并不兼容。DVD+R/RW 借助于出色的物理设计，再配合强大的逻辑功能，其各方面性能已经在 DVD- R/RW 之上。也就是说 DVD-能做到的，DVD+都可以，但反过来却不一样。在速度的进步上 DVD+一直领先于 DVD-。DVD+比 DVD-的兼容性好，它更注重盘片刻录速度以及刻录稳定性，适合家庭或办公用户购买，DVD+R 的整体刻录质量好于 DVD-R。对于普通用户来说，选择 DVD-或 DVD+都是没有问题的，DVD+的优势在消费电子领域里才会更加明显，对于日常的数据存储与影片的保存，二者都可以胜任。

虽然 DVD+RW 的格式化时间需要 1 小时左右，但是由于从中途开始可以在后台进行格式化，因此 1 分钟以后就可以开始刻录数据，实际速度很快。

（4）DVD-/+R DL

普通的 4.7GB 容量 DVD 是单面单层结构的，而 DVD+/-R DL（DVD+/-Recordable Double layer）是单面双层结构，具有两个存储层，容量扩充到了 8.5GB。不过由于技术问题，生产这类盘片的厂商不是很多。最便宜的 DVD-/+R DL 价格也在 10 元以上。

（5）DVD-RAM

DVD-RAM 的全称为 DVD- Random Access Memory，即 DVD 随机存储器，是由松下、日立与东芝三家公司联合开发的一种刻录标准。

在 CD 和 DVD 上都有已经设置好的存储轨道，这个轨道是特意制作的沟槽，但 DVD-RAM 却采用了一种比较特别的设计。在数据区中，DVD-RAM 不仅在沟槽处记录数据，也在岸台记录数据，因此 DVD-RAM 的基本存储方式被称为"岸/沟"式存储。DVD-RAM 为每一个存储扇区都设立了一个唯一的标识（ID），这是它能实现随机存储的重要保证。

CD-RW 的理论可擦写次数为 1 500 次，质量好一些的 CD-RW 能达到 2 000 次到 3 000 次。DVD-/+RW 的擦写次数和 CD-RW 差不多。虽然 DVD-/+RW 在应用上非常广泛，但其实际擦写次数对于专业领域来说显得太少。由于 DVD-RAM 在数据存储方式上与硬盘极为相似，因此 DVD-RAM 的理论可擦写次数可以达到 10 万次，实际应用中也大大超过 DVD-/+RW。但是它和老式光驱兼容性不佳，同时写入速度也受到一定的制约。尽管如此，DVD-RAM 依然是非常理想的数据存储与备份手段。大多数普通用户可能没有使用过 DVD-RAM，但是现在专业的光信息存储市场几乎被 DVD-RAM 所独占，这一市场的空间十分巨大，利润也是民用市场无法比拟的。此外，DVD-RAM 还有很多优势，它的格式化时间很短，不足 1min，格式化好的光盘不需特殊的软件就可进行写入和擦写，但用户的光驱必须支持 DVD-RAM 格式。长远看来，DVD-RAM 有着非常好的发展前景。

（6）BD-R/RE

BD 的全称为 Blu-ray Disc，即蓝光光盘，是由 SONY 等企业组成的"蓝光光盘联盟"策划并推动的光盘规格。BD 的命名是来自其采用的波长为 405nm，刚好是光谱之中的蓝光。BD 是 DVD 之后的下一代光盘格式，也是目前最先进的光盘格式。一个单层的蓝光光碟的容量为 25GB，足够烧录一个长达 4h 的高解析影片。双层可达到 50GB，足够烧录一个长达 8h 的高解析影片。目前 TDK 已经宣布研发出 4 层容量为 100GB 的 BD。BD 巨大容量为高清电影、游戏和大容量数据存储带来了可能和方便，将在很大程度上促进高清娱乐的发展。

BD 允许 1 到 6 倍速的刻录速度，一倍速为 4.5MB/s。由于光盘容量较大，即使采用最高的 6 倍速的速度刻录满一张 25GB 的 BD，依然需要 15min。BD 拥有一个异常坚固的表面，可以保护光盘里面重要的记录层。因此，它可以经受住频繁的使用、指纹、抓痕和污垢，从而保证产品的存储质量和数据安全。

BD-R 的全称为 BD Recordable，即可记录 BD，表示这种 BD 是一次性写入的。BD-RE 的全称为 BD Re-Erasable，即可擦写 BD，是可以重读擦写的。

3. 光盘的保养

随着刻录机的广泛使用，许多人习惯于将重要的资料刻录成光盘，作为备份。这种数据备份光盘中存放的多是个人数据，不像影音娱乐光盘可以大量复制并随意购买，因此这类光盘一旦损坏，会给用户造成极大的损失。从这个角度来看，用户应该掌握一些光盘保养的基本知识。

光盘的基本保养注意事项如下。

① 光盘放置应尽量避免落上灰尘并远离磁场。取用时以手捏光盘的边缘和中心为宜。

② 光盘表面如发现污渍，可用干净棉布蘸上专用清洁剂由光盘的中心向外边缘轻揉，切勿使用汽油、酒精等含化成分的溶剂，以免腐蚀光盘内部的精度。

③ 严禁用利器接触光盘，以免划伤。若光盘被划伤会造成激光束与光盘信息输出不协调及信息失落现象，如果有轻微划痕，则可用专用工具打磨恢复原样。

④ 光盘因厚度较薄、强度较低，在叠放时以 10 张之内为宜，超过则容易使光盘变形影响播放质量。光盘若出现变形，可将其放在纸袋内，上下各夹玻璃板，在玻璃板上方放置 5kg 的重物，36h 后可恢复光盘的平整度。

⑤ 对于需要长期保存的重要光盘，适宜的温度尤为重要。温度过高过低都会直接影响光盘的寿命，保存光盘的最佳温度是 20℃左右。

4.4.5 光驱和光盘的选购

1. 光驱的选购

购买光驱主要考虑以下几点。

① 接口类型。光驱常见接口有 IDE、SATA 和 USB 接口。如果主板较老，没有 SATA

接口，那么只能选择老式的 IDE 接口光驱了；SATA 接口光驱价格便宜，传输速率高，是目前市场的主流；USB 接口光驱一般是外置光驱。

② 数据传输速率的高低。光驱的数据传输速率越高越好。高速刻录机的价格相对普通刻录机要高一些。

③ 缓存的大小。大容量缓存既有利于刻录机的稳定工作，同时也有利于降低 CPU 的占用率。只读 CD 和 DVD 光驱缓存通常为 198KB、256KB 或 512KB，建议缓存不少于 198KB。而 BD 只读光驱和刻录机一般需要较大的缓存，建议缓存不少于 1MB。尤其对于 IDE 接口的刻录机，缓存容量很重要，建议选择缓存容量较大的产品。

④ 兼容性的好坏。由于产地不同，各种光驱的兼容性差别很大，有些光驱在读取一些质量不太好的光盘时很容易出错，所以，一定要选兼容性好的光驱。刻录机的技术指标中会标明所能识别的盘片类型，类型范围越广，则兼容性越好。理论上讲，BD 刻录机系统可以兼容此前出现的各种光盘产品。

⑤ 常见品牌。在选购光驱时品牌也是个很重要的因素，一个好的品牌就意味着良好的质量、完善的售后服务及技术支持。大品牌如先锋、华硕、三星、索尼等，其 DVD 刻录机价格都在一二百元。

2．光盘的选购

购买光盘主要考虑以下几点。

① 光盘的格式。已购买刻录盘的消费者，最好先弄清楚自己的刻录机支持哪种格式的光盘，再购买相应的光盘。尽管已经出现了全兼容刻录机，但有的时候，还是存在着对不同规格盘片支持上的问题。

② 光盘的倍速。光盘本身是区分速度的。目前 DVD-/+R 已经达到了这个格式支持的极限速度，16 倍速。DVD＋RW 也已经达到了 8 倍速，DVD-RW 则为 6 倍速。DVD＋R DL 最高为 8 倍速，DVD-R DL 最高为 6 倍速。我们在光盘上看到的标有 4×、8×、16×等字样就是光盘的刻录速度。一般来说，光盘刻录速度越高，价格也就越贵。不过，如果倍速低的 DVD 强行以高速刻录，则往往会影响刻录质量，拿到普通光驱上往往不能顺利读出。现在大多数刻录机的固件都能自动识别盘片等级，并采用与之相应的刻录速度，无需干涉。要想最大限度地发挥刻录机的潜力，必须使用相应的盘片，如 16 倍速的 DVD 刻录机，最好使用 16 倍速的 DVD。

③ 常见品牌。在选购光盘时品牌也是个很重要的因素。大品牌如索尼、威宝、紫光、明基等，主流的 DVD 都已经十分便宜，尤其是普通 50 片桶装的 DVD，每片 DVD 平均价格只有 1 元。

4.5 其他存储设备

4.5.1　U 盘

U 盘是 Flash Memory 的意译，具备快速读/写、掉电后仍能保留信息的特性。U 盘拥有容量超大、存取快捷、轻巧便捷、即插即用、安全稳定等许多传统移动存储设备无法替代的优点。我们也把 U 盘称之为"电子软盘""闪盘"或"闪存",因为绝大多数人都把其作为软盘的替代品了,所以习惯用"盘"来称呼它,虽然从原理上说 U 盘并非光磁存储设备。U 盘如图 4-24 所示。

1. U 盘的优点

① 无需驱动器,无需外接电源。

② 容量大,最高已达 1TB。主要存储容量为
1GB、2GB、4GB、8GB、16GB 和 32GB。

图 4-24 U 盘

③ 体积小、重量轻,重量仅仅 20g 左右。

④ USB 接口,使用简便,兼容性好,即插即用,可带电插拔。

⑤ 存取速度快,多数采用 USB 2.0 或 3.0 标准。

⑥ 可靠性好,可反复擦写 100 万次,数据至少可保存 10 年。

⑦ 抗震,防潮,耐高低温,携带方便。

⑧ 带写保护功能,防止文件被意外抹掉或受病毒感染。

⑨ 无需安装驱动程序（Windows XP 及以上的操作系统）。

2. U 盘的内部结构

U 盘由硬件和软件两部分组成。硬件主要有 Flash 存储芯片、控制芯片、USB 接口、PCB 板等。软件包括嵌入式软件和应用软件。嵌入式软件嵌入在控制芯片中,是 U 盘核心技术所在,它直接决定了 U 盘是否支持 USB 2.0 标准等,因此 U 盘的品质首先取决于控制芯片中嵌入式软件的功能。

U 盘的正面如图 4-25 所示,主要有一块 USB 接口控制芯片和提供基准频率的晶振。U 盘的读/写速度、功能（如启动、加密）全由这块 USB 接口控制芯片决定,它相当于整个 U 盘的神经中枢。U 盘的背面如图 4-26 所示,有两块 Flash 存储芯片及绿色 PCB 板。Flash 存储芯片相当于 U 盘的大脑,专门用来存储数据。

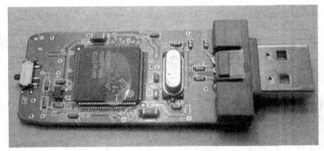

图 4-25 闪存的正面

图 4-26 闪存的背面

4.5.2 移动硬盘

移动硬盘存储产品具备显著优点:大容量、高速度、轻巧便捷、安全易用。容量从 160GB 到 4TB 不等,方便了计算机之间交换大容量数据。移动硬盘如图 4-27 所示。

移动硬盘的尺寸分为 1.8 英寸、2.5 英寸和 3.5 英寸 3 种。市场上绝大多数的移动硬盘都是 2.5 英寸的,它是以笔记本电脑的标准硬盘为基础的,因此移动硬盘在数据的读/写模式与标准上与普通硬盘是相同的。2.5 英寸移动硬盘一般没有外置电源。1.8 英寸移动硬盘是基于微型硬盘的，也没有外置电源。而 3.5 英寸移动硬盘基于台式机硬盘，体积较大，便携性相对较差，一般都自带外置电源和散热风扇。

图 4-27　移动硬盘

移动硬盘多采用 USB 2.0、USB 3.0、IEEE 1394 和 eSATA 等传输速度较快的接口，以较高的速度与系统进行数据传输。

以前，移动硬盘价格非常昂贵，很多消费者选择了"DIY 移动硬盘"，即利用移动硬盘盒和硬盘自行组装，当时多数是基于 3.5 英寸的台式机硬盘。而现在，依然有很多消费者在"DIY 移动硬盘"，不同的是，他们将淘汰下来的 2.5 英寸笔记本电脑硬盘套上移动硬盘盒，当作移动硬盘来使用。经过多年的验证，DIY 移动硬盘的弱点也充分暴露出来，首当其冲的就是数据的安全性无从保障。出其不意的外部震动、主控芯片异常带来的数据读/写错误，以及电流不稳定，都可能给硬盘数据带来致命的打击，严重的甚至会毁坏硬盘。而用户在市场上购买的移动硬盘盒，绝大部分都只是由转接芯片和外壳两部分组成的，不但没有额外的减震技术来抵御外部震动，就连主控芯片的稳定性都难以保障。这样的移动硬盘在使用时包含了太多的不确定性，一旦数据丢失，用户的损失会难以估量，其商用价值也大打折扣。

4.5.3　闪存卡

闪存卡（Flash Card）是利用闪存技术存储电子信息的存储器，一般应用在数码相机、掌上电脑、MP3 和手机等小型化产品中，样子小巧，有如一张卡片，所以被称为闪存卡。目前，由于应用领域范围广泛，闪存卡迅猛发展，主流产品容量从 1GB 到 64GB 不等。由于其生产厂家、设备类别、用途不同，主流闪存卡分为两大类：SD 卡和记忆棒。

1．SD 卡

SD 卡（Secure Digital Memory Card）是一种基于半导体快闪记忆器的新一代记忆设备，由日本松下、东芝及美国 SanDisk 公司于 1999 年共同开发研制。大小犹如一张邮票的 SD 卡，重量只有 2g，但却拥有高记忆容量、快速数据传输率、极大的移动灵活性及很好的安全性。SD 是目前市场上使用最广泛的闪存卡，按照规格和使用特点可以分为 SD 卡、Micro SD 卡、SDHC 卡和 SDXC 卡。

SD 卡在 24mm × 32mm × 2.1mm 的体积内结合了 SanDisk 记忆卡控制与 MLC（Multilevel Cell）技术和东芝 0.16 μm 及 0.13 μm 的 NAND 技术，通过 9 针的接口界面与专门的驱动器相连接，不需要额外的电源来保持其上记忆的信息，而且它是一体化固体介质，没有任何移动部分，所以不用担心机械运动的损坏。

Micro SD 卡也称为 TF 卡，只有指甲般大小，但是却拥有与 SD 卡一样的读/写效能与大容量，并与 SD 卡完全兼容，通过附赠的适配器就可以将 Micro SD 当作一般 SD 卡使用。现在很多手机上就使用了这种存储卡。Micro SD 是目前全球较小的存储卡。Micro SD 卡和适配器如图 4-28 所示。

SDHC 是"SD High Capacity"的缩写，即"高容量 SD 存储卡"。作为 SD 卡的继任者，SDHC 卡的主要特征在于文件格式从以前的 FAT16 提升到了 FAT32，这是因为之前在 SD 卡中使用的 FAT16 文件系统所支持的最大容量为 2GB，并不能满足 SDHC 的要求。SDHC 卡的最大容量为 32GB，外形尺寸与目前的 SD 卡一样，著作权保护机能等也和以前相同。SDHC 卡如图 4-29 所示。

图 4-28　Micro SD 卡和适配器

图 4-29　SDHC 卡

SDXC 是"SD eXtended Capacity"的缩写，即 SDXC 卡不但拥有超高的容量，而且其数据传输速度非常快，最大的数据传输速率能够达到 300MB/s。SDXC 存储卡的目前最大容量可达 64GB，理论上最高容量能达到 2TB。SanDisk 公司发布的新款快速存储卡——Extreme SDXC 卡，速度极快是该存储卡的主要特点，其读/写速度高达 45MB/s，利于更快的影像抓取和快速传输。

2. 记忆棒

记忆棒（Memory Stick）又称 MS 卡，最早由索尼公司制造，并于 1998 年 10 月推出市场，这种口香糖型的存储设备几乎可以在所有的索尼影音产品上通用，如图 4-30 所示。记忆棒家族非常庞大，种类也很多，一般来说分为这样几种：蓝色的记忆棒俗称"蓝条"，是使用得最多的记忆棒，多用于数码相机和数码摄像机；白色的记忆棒俗称"白条"，具备版权保护功能，多用于索尼公司的数码随身听；"Memory Stick Pro"是新发布的一种记忆棒规格，它不但和白条一样具备版权保护功能，而且速度非常快；"Memory Stick DUO"是目前记忆棒家族中体积最小巧的，可以通过适配器与记忆棒接口兼容；也

图 4-30　记忆棒

分蓝色和白色两种，具备版权保护的功能，容量也更大。近年来，SanDisk 公司针对索尼影音娱乐设备，也推出了部分记忆棒产品。

4.5.4　读卡器

读卡器是一种专用设备，如图 4-31 所示，有插槽可以插入闪存卡，有端口可以连接到计算机。把适合的闪存卡插入插槽，端口与计算机相连并安装所需的驱动程序之后，计算机就把闪存卡当作一个可移动存储器，从而可以通过读卡器读/写闪存卡。单插槽的读卡器按所兼容闪存卡的种类分可以分为 SD 卡读卡器和记忆棒读卡器等，还有多槽读卡器可以

计算机组装与维护（第4版）

同时使用两种或两种以上的卡。读卡器的体积一般都不大，分内置和外置两种。外置的便于携带，一般使用 USB 接口。

图 4-31　读卡器

 练习题

一、选择题

1. 按工作原理分类，计算机的内存分为随机存储器 RAM 和_____。
   A．DDR　　　　B．ROM　　　　C．DRAM　　　　D．SRAM
2. SRAM 在实际生产时，一个存储单元需要_____晶体管和_____电阻组成。
   A．8个　　　　B．4个　　　　C．2个　　　　D．1个
3. 内存条是由_____存储芯片组成的，而高速缓存是由_____存储芯片组成的。
   A．DRAM　　　B．ROM　　　　C．SRAM　　　　D．EEPROM
4. 关机后存储数据会丢失的存储器是_____和_____。
   A．BIOS　　　　B．硬盘　　　　C．高速缓存　　　D．内存
5. 目前市场上的主流内存是_____。
   A．DDR4　　　B．DDR2　　　　C．DDR3　　　　D．RDRAM
6. DDR3 内存为_____线。
   A．168　　　　B．184　　　　C．240　　　　D．280
7. 磁头数一般为盘片数的_____倍。
   A．1　　　　　B．2　　　　　C．4　　　　　D．8
8. 当磁盘旋转时，磁头若保持在一个位置上，则每个磁头都会在磁盘表面画出一个圆形轨迹，这些圆形轨迹就叫作_____。
   A．磁道　　　　B．扇区　　　　C．柱面　　　　D．交错因子
9. 关于 BD 康宝的说法，哪个是错的。_____
   A．可以读取 DVD　　　　　　　B．可以刻录 DVD
   C．可以读取 BD　　　　　　　D．可以刻录 BD

二、填空题

1. 从技术指标上看，DDR3 的最低频率是_____ MHz。
2. 硬盘从尺寸上可以分为 5.25 英寸，3.5 英寸，2.5 英寸和 1.8 英寸 4 种，目前台式机

中使用最为广泛的是_____英寸的硬盘。

3．市场上主流的硬盘和光驱均采用_____接口。

4．大多数硬盘都采用_____材质的盘片，_____的作用就类似于在硬盘盘片上进行读/写的"笔尖"，将信息记录在硬盘内部特殊的介质上。

5．固态硬盘的存储介质分为两种，一种采用_____作为存储介质，另外一种采用_____作为存储介质，前者的使用年限不高，适合个人用户使用。

6．_____刻录机已经被市场所淘汰，_____刻录机是目前刻录机市场的主流产品，而新型的_____刻录机由于目前价格还较高，只能在 DIY 市场得到一定程度的普及。

7．CD 的容量大约是_____MB。单面单层 DVD 是最常见的 DVD，其容量为_____GB。BD 的容量比较大，其中单层为_____GB。

三、简答题

1．为什么内存需要刷新？
2．简述硬盘的工作原理。
3．简述固态硬盘的优点。
4．简述刻录机的工作原理。

第 5 章 输入设备

5.1 键盘

键盘（Key Board）是向计算机发布命令和输入数据的重要输入设备，在 DOS 时代，键盘几乎可以完成全部的操作。键盘如图 5-1 所示。

图 5-1 键盘

键盘的内部有一块微处理器，它控制着键盘的全部工作，比如主机加电时键盘的自检、扫描、扫描码的缓冲及与主机的通信等。当一个键被按下时，微处理器便根据其位置，将字符信号转换成二进制码，传给主机。如果操作人员的输入速度很快或 CPU 正在进行其他的工作，就先将输入的内容送往缓冲区，等 CPU 空闲时再从缓冲区中取出暂存的指令分析并执行。

5.1.1 键盘的分类

从工作原理上看，可分为机械式和电触式两大类。机械式键盘早期出现过，采用类似金属接触式开关，工作原理是使触点导通或断开，触电导通会使电路闭合，产生信号，具有工艺简单、易维护的特点。其缺点是敲击时需要较大的力度，使用者的手指容易疲劳，且键盘磨损较快。因此，目前键盘几乎都是电触式的。电触式键盘采用电子方式来实现信号接通与断开的传输，可以分为 3 类：塑料薄膜式键盘、导电橡胶式键盘、电容式键盘。塑料薄膜式键盘实现了无机械磨损，其特点是低价格、低噪声和低成本，并具有防水功能，已占领市场绝大部分份额。

从接口上看，目前市场键盘均使用 PS/2 接口或 USB 接口。这两种接口的键盘在使用方面差不多，但是 USB 接口支持热插拔，因此 USB 接口键盘在使用中更方便一些。但是计算机底层硬件对 PS/2 接口支持得更完善一些，因此如果电脑遇到某些故障，使用 PS/2 接口的键盘兼容性更好一些。各种键盘接口

图 5-2 USB 转 PS/2 转接头

之间也能通过特定的转接头或转接线实现转换，如 USB 转 PS/2 转接头，如图 5-2 所示。

从外形上看，键盘可以分为标准矩形键盘和人体工学造型键盘。人体工学键盘是在标准键盘上将指法规定的左手键区和右手键区这两大板块左右分开，并形成一定角度，使操作者不必有意识地夹紧双臂，保持一种比较自然的形态，对于习惯盲打的用户可以有效地降低左右手键区的误击率。有的人体工程学键盘还有意加大常用键如空格键和 Enter 键的面积，在键盘的下部增加护手托板，给悬空的手腕以支持点，减少手腕疲劳。这些都可以视为人性化的设计。但由于键盘的顺序发生改变，常需要几天时间适应。微软的人体工学键盘如图 5-3（一）所示，Kinesis 的人体工学键盘如图 5-3（二）所示。

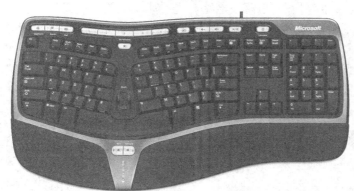

图 5-3　人体工学键盘（一）

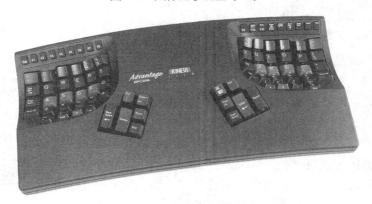

图 5-3　人体工学键盘（二）

从按键数上看，早期的键盘主要以 83 键为主，并且延续了相当长一段时间，但目前只有笔记本电脑使用 83 键的键盘，台式机多使用 104 键和 107 键的键盘，当然其间也曾出现过 101 键、102 键、103 键的键盘，但都只是昙花一现。104 键的键盘是新兴多媒体键盘，它在传统的键盘基础上又增加了不少常用快捷键或音量调节装置，使计算机操作进一步简化，对于收发电子邮件、打开浏览器软件、启动多媒体播放器等都只需要按一个特殊按键即可，同时在外形上也做了重大改善，着重体现了键盘的个性化。各种游戏键盘的按键数五花八门，有 112 键、118 键和 122 键等很多种。

当然，现在市场上还有许多其他种类的键盘，如无线键盘（红外线或无线电波来连接键盘与主板，有效距离可达几米）、竞技游戏键盘、平板键盘（平板电脑专用外接键盘）、带触摸板的键盘等。

5.1.2　键盘的内部结构和工作原理

1.　塑料薄膜式键盘

塑料薄膜式键盘，简称薄膜键盘，以成本低、工艺简单和手感好等优势占有着绝大部分市场，日常生活中所使用的键盘基本都是薄膜键盘。

薄膜键盘的结构非常简单，都是"按键+薄膜"的基本结构，拆开键盘的上盖后，可以看到按键下方的凸起的硅胶帽，如图5-4所示。这些硅胶可做防水处理，水洒在键盘上不易造成键盘损坏。硅胶帽下方是薄膜电路。查看薄膜电路，可以发现它是由上、中、下3层组成的，如图5-5所示。上层为正极电路，下层为负极电路，均使用导电涂料印制出电路，在按键的下方都设有相应的触点；而中间层为不导电的塑料隔离层，在按键部分同样设有圆形触点。当手指按下按键时，上层和下层的薄膜就会接触通电，实现电路的连通，产生出相应的信号。

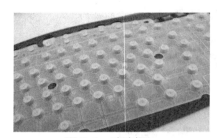

图5-4　硅胶帽

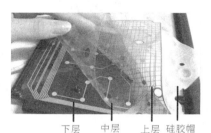

下层　中层　上层 硅胶帽

图5-5　3层薄膜电路

薄膜键盘的按键可以分为火山口、剪刀脚（X架构）和宫柱这3种结构，其中火山口结构是台式机键盘中最常用的设计，它是将按键插入键盘上的接口后，底部直接与硅胶帽接触，在手感上受到键柱长度和硅胶帽弹力的影响，如图5-6所示。火山口结构成本低廉，工艺简单，有一定的防水性能。但是由于支撑点为中间的硅胶帽，所以按键手感会因为按键部位不同而不同。一般的火山口结构的按键都采用高键帽，长键程设计，手感较好，而不足之处在于键盘要做得较厚，因此只能应用在普通的键盘上，对于超薄

图5-6　火山口结构

的笔记本电脑键盘，火山口结构就显得力不从心了。而且由于火山口结构简单，键帽与键座之间易发生磨损及硅胶帽老化较快，故长时间使用容易出现按键变硬和卡键等问题。此外，长时间使用长键程键盘比较容易疲劳。

剪刀脚结构有着按键低矮、占用空间小、受力均匀、手感好等优点。与火山口结构不同的是，它运用类似剪刀形状的两组平行四连杆机构，从四个边角处对按键进行支撑，如图5-7所示。剪刀脚结构的按触按键中心或者4个角落让使用者都能享受到顺畅一致的手感。和剪刀脚结构相比，使用火山口结构的键盘时，手指落在按键的4个角落与按键的正中间，所耗费的力道是完全不同的，手感也不一致。剪刀脚结构的键帽和动程结构是分离的，虽说提高了使用寿命，但是装配要复杂很多，消费者很难自行维护和清洁。

宫柱结构有着外型美观、手感舒适、容易维护、生产成本适中等优点。宫柱结构如图

5-8 所示，属于短键程，受力均匀，按键操作几乎是 0dB，稳定的集合特性保证了平稳的操作。由于采用键帽和宫柱（动程结构）分离设计方式，使得键帽和宫柱可以针对不同场合采用不同材质。核心宫柱采用手感舒适、强韧耐磨的赛钢材料，保证了键盘的使用寿命。键帽厚度仅为 3mm，保证了超薄键盘的美观特性，建模和上盖基本处于同一水平面，方便消费者自行清理维护。另外，宫柱结构的成本比剪刀脚结构的要低。

图 5-7　剪刀脚结构　　　　　图 5-8　宫柱结构

2. 机械键盘的回归

机械键盘作为一个新兴势力，在 2011 年键盘市场上异军突起。在键盘出现的早期，机械键盘曾经经历过一段繁荣时期，随后很快被物美价廉的薄膜键盘所替代，几乎退出了历史舞台。但是机械键盘本身的特性是无法被淹没的，机械键盘并没有从市场上完全消失，它一直作为高端产品的代表发展到今天。如今用户对使用计算机的舒适度、手感、品质提出了更高的要求，机械键盘也不再只是发烧友的最爱，而是开始被越来越多的追求品质和手感的用户所认可。

机械键盘和平时我们用的薄膜键盘在结构上是有本质的区别的。机械键盘的特色在于它的每一个按键都是一个单独的开关，也叫做机械轴，如图 5-9 所示，用户的每一次敲击都是按动了一个开关。由于机械轴的存在，机械键盘一般都非常厚重。机械式键盘的底部有电路板，如图 5-10 所示，上面有 100 多个独立的开关来控制信号触发的动作。而薄膜键盘的开关是由 3 层薄膜所组成的，与机械式键盘的结构是完全不同的。所以虽然和薄膜键盘的效果是一样的，但是从触发的原理上讲是有本质的区别的。当然结构不同会直接的导致一些基本属性的不同，尤其是在手感方面，机械键盘有着薄膜键盘难以比拟的优势。在结构方面，机械键盘可分为黑轴、青轴、茶轴、黄轴和红轴等，不同的结构适用于不同的需求，如办公、打字、游戏等。Cherry 的机械键盘如图 5-11 所示。

　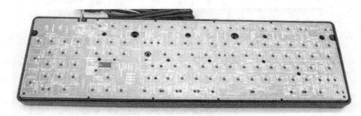

图 5-9　机械轴　　　　　图 5-10　机械键盘底部电路板

机械键盘首屈一指的是德国的 Cherry 公司，Cherry 公司以生产机械轴闻名，几乎所有的机械键盘制造商都绕不过 Cherry 独自生产机械轴。它的产品有着稳定可靠的性能，生产实现了自动化，保证了产品的高合格率。

图 5-11　Cherry 的机械键盘

　　1983 年，第一款 Cherry MX 开关于 11 月 7 日推出，被称为"卓越成功的模型"和"键盘届的里程碑"。MX 开关主要分为黑轴、青轴、茶轴、红轴等，其对应的命名编号分别为 1、E、G、L 等。

　　不同的开关特点不同。黑轴是 Cherry 最原生的机械键盘开关作品，段落感最不明显，声音最小，直上直下，下压 2.0mm 即可触发，打字、游戏均适合。青轴段落感最强、Click 声音最大，机械感最强，是机械键盘的代表轴，需下压 2.4mm 才可触发，打字节奏感十足，但是声音较大，比较吵。茶轴是 Cherry 新开发出的键盘开关，比起青轴，段落感要弱很多，而对比黑轴，也不是直上直下的感觉，2mm 即可触发，属于比较"奢侈"的机械轴。红轴是 2009 年 Cherry 最新推出的一款新型轴，无段落感，手感位于茶轴和黑轴之间。

　　1992 年，Cherry ML 开关得到实质性发展。ML 轴是 Cherry 生产的超薄机械开关，外观类似笔记本键盘，但其凭借明显的段落感、优秀的输入手感和超长的使用寿命获得了使用者的一致好评。

5.1.3　键盘的选购

　　键盘是计算机最主要的输入设备之一，其可靠性比较高，价格也比较便宜，由于要经常通过它进行大量的数据输入，所以一定要挑选一个击键手感和质量较好的键盘。

　　① 键盘的手感。作为日常接触最多的输入设备，手感毫无疑问是最重要的。判断一款键盘的手感如何，要从按键弹力是否适中、按键受力是否均匀，按键的键帽是否是松动或摇晃及键程是否合适这几方面来测试。虽然不同用户对按键的弹力和键程有不同的要求，但一款高质量的键盘在这几方面应该都能符合绝大多数用户的使用习惯。而按键受力均匀和键帽牢固是必须保证的，否则就可能导致卡键或者让用户感觉疲劳。

　　② 键盘的做工。键盘的成本较低，但并不代表可以马虎应付。好键盘的表面及棱角做工精致细腻，键帽上的字母和符号通常采用激光刻入，手摸上去有凹凸的感觉。选购的时候应认真检查键帽上的字迹，应该是刻上去的，而不是直接用油墨印上去的，因为印上去的字迹用不了多久就会脱落。

　　③ 键盘键位的布局。键盘的键位分布虽然有标准，但是在这个标准上各个厂商还是有回旋余地的。一流厂商可以利用自己的经验把键位排列成最人性化的格局，小厂商就只能

沿用最基本的标准。

④ 键盘的噪声。相信所有用户都很讨厌敲击键盘所产生的噪声，尤其是那些深夜还在工作、游戏的用户，因此，一款好的键盘必须保证在高速敲击时也只产生较小的噪声，不影响到别人休息。很多用户有这样的误解，认为打起字来声音会很大的键盘就是机械式键盘，而薄膜键盘打字是没有声音的。键盘的噪声并不只是由触发结构决定的。事实是，机械键盘产生噪声的可能性较大，而薄膜键盘产生噪声的可能性较小而已。

⑤ 键盘的外观。外观包括键盘的颜色和形状。目前市场上比较受欢迎的键盘外观有孤岛式和巧克力式等。

5.2 鼠标

另一种最常用的输入设备就是鼠标（Mouse）。鼠标能方便地将光标准确定位在指定的屏幕位置、方便地完成各种操作。鼠标如图 5-12 所示。

5.2.1 鼠标的分类

鼠标的分类方法很多，通常按照接口形式、大小、连接方式或工作方式进行分类。

图 5-12　鼠标

1. 按接口形式分类

按照接口形式，鼠标可以分为 PS/2 和 USB 两类。鼠标的 PS/2 接口与键盘的 PS/2 接口非常相似，使用时要注意区分；USB 鼠标通过一个 USB 接口，直接插在计算机的 USB 口上。USB 接口可以通过特定的转接头转换为 PS/2 接口。

2. 按大小分类

按照大小尺寸，鼠标可以分为小鼠标和大鼠标两类。长度小于 100mm 的才算是小鼠标，适合女士或者经常携带鼠标外出的人士使用；长度大于 100mm 的则属于大鼠标，比较适合男士使用。

3. 按连接方式分类

按连接方式，鼠标可以分为有线鼠标和无线鼠标两类。

无线鼠标是指没有连接线直接连接到主机的鼠标，一般采用 2.4GHz 无线网络或蓝牙技术实现与主机之间的无线通信。2.4GHz 无线网络技术使用的频率在 2.4GHz～2.485GHz 的无线频段，该频段在全球大多数国家均属于免授权免费使用，这为产品的普及扫清了最大障碍。2.4GHz 无线鼠标需要在计算机的 USB 接口上插一个接收器，用于接收鼠标的无线数据信号。2.4GHz 无线鼠标及接收器如图 5-13 所示。

蓝牙技术使用的频段和 2.4GHz 一致，在大多数国家均

图 5-13　2.4GHz 无线鼠标及接收

属于免授权免费使用，但蓝牙技术在普通 2.4GHz 无线技术上增加了自适应调频技术，实现全双工传输模式。经过多年的发展，蓝牙技术已经由最初的 1.0 标准发展到当前的 5.0 标准。新标准都在原有标准的基础上增强了数据传输速录、降低了功耗、提高了隐私性并向下兼容低版本规范。蓝牙鼠标在办公和家用这种普通环境下，优势十分明显，特别是解决了 2.4GHz 鼠标的一对一模式，可以一个接收端同时支持多个发射端。现在的笔记本都自带蓝牙功能，所以蓝牙鼠标可以节省一个 USB 接口。

虽然现在的市场不断被无线鼠标产品充实，但是有线鼠标凭借连接线直接供电，数据信号传输质量高等优点，在高端游戏鼠标市场依然具有不可撼动的地位。有线鼠标不需要外接电源支持，无线鼠标则需要电池供电，装入电池后，必然会增加鼠标的重量，影响到与鼠标垫的摩擦力和手感。由于无线鼠标接受的是无线信号，所以抗干扰能力差、有延迟，而有线鼠标数据传输稳定，这就是很多电子竞技职业玩家都用有线鼠标的原因。

4. 按工作方式分类

按工作方式，鼠标可以分为机械鼠标、光学鼠标和多点触控鼠标。

（1）机械鼠标

机械鼠标主要由滚球、辊柱和光栅信号传感器组成。当拖动鼠标时，会带动滚球转动，滚球又带动滚柱转动，装在滚柱一端的光栅信号传感器产生的光电脉冲信号反映出鼠标在垂直和水平方向的位移变化，再通过程序处理和转换来控制屏幕上光标箭头的移动。机械鼠标的精度受到桌面光洁度、采样精度等多方面因素的制约，因此并不适合高速移动或者大型游戏中使用。机械鼠标分辨率较低并且是固定的，内部的滚球也很容易脏，导致鼠标丢帧，因此需要经常清理，使用起来比较麻烦。目前市面上的机械鼠标大部分已经被淘汰，很难买到。

（2）光学鼠标

光学鼠标（俗称光电鼠标）是目前最常见的一种鼠标。光学鼠标通过红外线或激光检测鼠标的位移，将位移信号转换为电脉冲信号，再通过程序的处理和转换来控制屏幕上的光标箭头的移动的一种硬件设备。光学鼠标的光电传感器取代了传统的滚球。

根据内部使用的光线种类不同，光学鼠标可以分为红光鼠标、激光鼠标和蓝光鼠标。

红光鼠标内部有一个发光二极管，通过它发出红色的光线，可以照亮鼠标底部表面，底部表面会反射回一部分光线，通过一组光学透镜后，传输到一个光学传感器内成像。这样，当鼠标移动时，其移动轨迹便会被记录为一组高速拍摄的连贯图像，鼠标内部的一块专用图像分析芯片会对这些图像进行分析处理。芯片会对这些图像上特征点位置的变化进行分析，以此来判断鼠标的移动方向和移动距离，从而完成光标的定位。光学鼠标的工作原理如图 5-14 所示。由于在不同颜色表面上的反射率并不一致，这就导致光学鼠标在某些颜色表面上由于光线反射率低，造成不能识别的"色盲"问题。因此，红光鼠标要避免使用红色的鼠标垫，因为红色鼠标是依靠反射红外线定位，而红色表面对红外线的反射能力很弱，光电鼠标会变得不灵敏。由于不同的介质表面都会吸收光线、透射光线和扰乱光线的反射，导致了红光鼠标在衣服上、不平的物体表面或者在透明玻璃上定位不准确，在透明玻璃表面根本无法移动。而激光鼠标的出现，有效解决了这些问题。

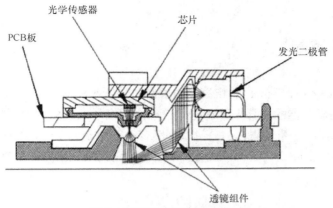

图 5-14 光学鼠标的工作原理

激光鼠标是光学鼠标的一种，只不过是用激光代替了普通光。普通光束是呈散状，光源会随距离的增大而减弱，从而影响光源的反射。而激光二极管发出的激光，绝大部分都在工作表面完成了镜面反射，成像光强度非常高。激光鼠标传感器获得影像的过程是，激光照射在物体表面会产生干涉条纹，进而形成的光斑点，最终反射到传感器上。而普通光电鼠标是通过照射粗糙的表面所产生的阴影来获得影像的。因此激光能对表面的图像产生更大的反差，从而提高鼠标的定位精准性。激光鼠标功耗更低，更加节约电能，这对于电池供电的无线鼠标来说尤其重要。

蓝光鼠标特点是采用使用蓝光二极管，蓝光感应器组成为鼠标最主要的零件。蓝光鼠标利用可见的蓝色光源，看上去更像是使用传统的光学引擎。可是它并非利用普通光电鼠标的漫反射阴影成像原理，而是利用激光鼠标的镜面反射点成像原理。蓝光的波长为470nm，红光为630nm，激光为不可见光850nm。蓝光鼠标是为了提高鼠标工作表面的适应能力而提出的一种高效的解决方案。蓝色光属于可见光，虽然无法同激光相比，但是蓝色光的短波优势让它同样具备了优秀的反射效果，精度远远高于红光。因此，蓝光鼠标可在透明玻璃、黑白磁砖、长毛地毯和桃木纹桌面等一系列材料表面上使用。蓝光鼠标的另外一个优点是工作电流比传统鼠标低 30%，节电能力更强。

（3）多点触控鼠标

触控技术我们并不陌生，手机触摸屏已经深入了人们的生活，早期 IT 产品采用的是电阻式触摸屏，现在多采用电容式触摸屏。但是这些已经存在的触摸屏都是单点触控，只能识别和支持每次一个手指的点击，若同时有两个以上的点被触碰，就不能做出正确反应。而多点触控是一种比较高端的技术，是指一个触摸屏或触控板都能够同时接受来自屏幕上多个点的人机交互操作。

2009 年苹果公司推出了全球首款多点触控鼠标，如图 5-15 所示，它没有任何机械按键，因为整个鼠标表面就是一块多点触摸传感器。多点触控技术作为一项新技术，近几年的发展势头非常的迅猛，但由于存在操作延迟、工作效率低、成本高等根本问题，短期内还不能够起到替代传统键鼠的作用，但是多点触控类产品将来一定会成为计算

图 5-15 多点触控鼠

机外设的主流产品。

5.2.2　鼠标的技术指标

（1）分辨率

分辨率即 dpi（Dots Per Inch），指鼠标内的解码装置每英寸长度内所能辨认的点数，分辨率高表示光标在显示器的屏幕上移动定位较准。现在越来越多的图形软件和游戏软件要求鼠标有较高的分辨率。机械鼠标的分辨率一般有 100、200 和 300 几种。光电鼠标的分辨率则以 400 为起点，多数达到 1 000 以上。高档游戏专用激光鼠标的分辨率可以达到 5 000以上。

（2）灵敏度

鼠标的灵敏度是影响鼠标性能强弱非常重要的一个因素，用户选择时要特别注意鼠标的移动是否灵活自如、行程小、用力均匀，并且在各个方向都应呈匀速运动，按键是否灵敏且回弹快。如果满足这些条件，就是一个灵敏度非常好的鼠标。

（3）抗震性

鼠标在日常使用中难免会磕磕碰碰，一摔就坏的鼠标自然是不受欢迎的。鼠标的抗震性主要取决于鼠标外壳的材料和内部元件的质量。要选择外壳材料比较厚实、内部元件质量好的鼠标。

5.2.3　鼠标的选购

选择鼠标时，要考虑以下几个方面。

① 按需购买。在鼠标的选购方面，应该先从自己需要的功能上去选择。对于普通用户，传统的光电鼠标就足够了。如果有特殊要求，比如 CAD 设计、3D 处理及超级游戏玩家，那么最好选择专业鼠标。

② 手感。选购鼠标时需要重视鼠标的手感。如果鼠标有设计缺陷，那么，长时间使用鼠标时就感到手指僵硬、难以自由伸缩，手腕关节经常有疲劳感，长此以往，将对手部关节和肌肉有一定损伤。一般衡量一款鼠标手感的好坏，试用是最好的办法。一款好的鼠标应该是握时感觉舒适、体贴，按键轻松而有弹性，移动流畅。

③ 分辨率。分辨率是衡量鼠标移动精确度的标准，分辨率越高，其精确度就越高。如果购买鼠标只是为了普通家用和商务办公，则不需要太高的分辨率，通常 400dpi 就够了。游戏玩家通常会选择高分辨率的游戏专用鼠标，目前的高档专业游戏鼠标大部分都是激光鼠标，最出名当然是罗技和微软，这类鼠标的分辨率一般为 5 000 以上，当然其价格也远高于普通鼠标。

④ 支持软件。鼠标的支持软件也非常重要，重要性不亚于鼠标的质量。好的鼠标附有足够的辅助软件。在功能上，鼠标厂商所提供的驱动程序要大大优于操作系统所附带的。现在操作系统虽然附带了鼠标的驱动程序，使它即插即用，然而厂商提供的软件却能完整发挥鼠标功能，特别是有特殊功能的多键鼠标，它可以让用户重新定义每一键的用途，这样可以充分发挥鼠标的作用。

⑤ 无线鼠标。对普通使用来讲，无线鼠标和有线鼠标的差别不大。但是对于一些特殊

群体而言，无线鼠标具有很多优势。无线鼠标适合笔记本电脑用户携带，比较方便。而且，如果你是一个家庭影院电脑用户，有线鼠标根本没办法满足使用需求。无线鼠标目前都能支持 15M 或者更远的距离，而有线鼠标一般范围在 1M 左右。另外，目前一些无线鼠标支持充电，更加便利。

⑥ 品牌。如果资金允许，尽量购买名牌产品，目前比较有名气的鼠标厂家有罗技、雷柏、双飞燕和微软等。一些知名品牌的鼠标在设计上是充分地考虑了人体工学方面的因素，用起来会更加舒服。微软鼠标的人体工学向来居世界领先位置，喜欢人体工程学鼠标的用户可以尝试微软的鼠标。

5.3　扫描仪

扫描仪诞生在 20 世纪 80 年代初，改变了电脑只有键盘和鼠标两种输入设备的历史。

扫描仪是一种捕获图像的设备，并将之转换为计算机可以识别、显示、编辑、储存和输出的数字格式。这里所说的图像是指照片、文字页、图形和插画等。在计算机外设中，除了打印机外，扫描仪也逐渐进入办公及家庭中，成为用户不可缺少的计算机外部设备。扫描仪还广泛应用于各类图形图像处理、出版、印刷、广告制作、多媒体等领域。

5.3.1　扫描仪的种类

扫描仪按其操作方式的不同可以分为便携式、馈纸式和平板式 3 种。

1．便携式扫描仪

早期的便携式扫描仪外形很像超市收款员拿在手上使用的条码扫描仪，光学分辨率较低，有黑白、灰度、彩色多种类型。以前平板式扫描仪价格非常昂贵，而便携式扫描仪由于价格低廉而获得了广泛的应用。后来，随着平板扫描仪价格的整体下降，便携式扫描仪扫描幅面太窄，扫描效果差等缺点也逐渐暴露出来。目前便携式扫描仪已经退出了主流办公市场，只有少量产品以扫描笔和名片扫描仪的形式存在。

2．馈纸式扫描仪

这是便携式扫描仪和平板式扫描仪的中间产品，光学分辨率不高，有彩色和灰度两种。馈纸式的设计是将扫描仪的镜头固定，而移动要扫描的物体，在物体通过镜头时进行扫描，运作时就像打印机那样，要扫描的物体必须穿过机器，因此，被扫描的物体不可以太厚。这种扫描仪最大的好处就是体积很小，但是使用起来有多种局限，如只能扫描薄薄的纸张，范围还不能超过扫描仪的大小。

3．平板式扫描仪

目前在市面上大部分的扫描仪都属于平板式扫描仪。这类扫描仪光学分辨率较高，色彩位数从 16bit 到 96bit 不等，扫描幅面一般为 A4 或者 A3 纸大小。平板式的好处在于，扫描仪的使用很方便，就像使用复印机一样，只要把扫描仪的上盖打开，不管是书本、报纸，还是照片都可以放上去扫描，相当方便，而且扫描出的效果也是所有常见类型扫描仪中最好的。平板式扫描仪如图 5-16 所示。

图 5-16　平板式扫描仪

5.3.2　扫描仪的工作原理

扫描仪整体为塑料外壳，由顶盖、玻璃平台和底座构成。玻璃平台用于放置被扫描图稿，塑料上盖内侧有一黑色（或白色）的胶垫，其作用是在顶盖放下时压紧被扫描文件，当前大多数扫描仪采用了浮动顶盖，以适应扫描不同厚度的对象。

透过扫描仪的玻璃平台，能看到安装在底座上的机械传动机构、扫描头及电路系统（电路板）。机械传动机构的功能是带动扫描头沿扫描仪纵向移动，扫描头的功能是将光信号转换为电信号，电路系统的功能是处理和传输图像。

当被扫描图稿正面向下放置在玻璃平台上开始扫描时，机械传动机构带动扫描头沿扫描仪纵向移动，扫描头上光源发出的光线射向图稿，经图稿反射的光线（光信号）进入光电转换器被转换为电信号后，然后经电路系统处理后送入计算机。

扫描仪对原稿进行光学扫描，然后把光学图像传送到光电转换器中变为模拟电信号，又将模拟电信号变换为数字电信号，最后把数字信号通过计算机接口送至计算机中。

因此在扫描仪获取图像的过程中，有两个元件起到关键作用。一个是光电转换元件，它将光信号转换为电信号；另一个是 A/D 变换器，它将模拟电信号变为数字电信号。这两个元件的性能直接影响扫描仪的整体性能，同时也关系到用户使用扫描仪时如何正确理解和处理某些参数及设置。

常见扫描头上使用的光电转换器件有 CCD（Charge Coupled Device，电荷耦合器件）、CIS（Contact Image Sensor，接触式图像传感器）和 CMOS（Complementary Metal Oxide Semiconductor，互补金属氧化物半导体）。

5.3.3　扫描仪的技术指标

1．光学分辨率

光学分辨率是指扫描仪光学元件的物理分辨率，是衡量扫描仪的性能指标之一，它直接决定了扫描仪扫描图像时的清晰程度。分辨率的单位是 dpi，dpi 意思是每英寸的像素点数。常见扫描仪的光学分辨率有 1 200×2 400dpi、2 400×4 800dpi、4 800×4 800dpi、4 800×9 600dpi 或者更高。1 200×2 400dpi、2 400×4 800dpi 和 4 800×4 800dpi 的扫描仪是主流，适合一般家庭或办公用户。4 800×9 600dpi 以上级别是属于专业级的，适用于广告设计行业。

2．色彩位数

色彩位数指扫描仪的色彩深度值，是表示扫描仪分辨彩色或灰度细腻程度的指标，它的单位是 bit（位）。1bit 只能表示黑白像素，因为计算机中的数字使用二进制，1bit 只能表示两个值（$2^1=2$）即 0 和 1，它们分别代表黑与白；8bit 可以表示 256 个灰度级（$2^8=256$），它们代表从黑到白的不同灰度等级；24bit 可以表示 16 777 216 种色彩（$2^{24}=16\ 777\ 216$），一般称 24bit 以上的色彩为真彩色，色彩位数越多，颜色就越逼真。

色彩深度值一般有 16bit、24bit、48bit 和 96bit 等几种，拥有较高的色彩深度位数可以保证扫描仪反映的图像色彩与事物的真实色彩更接近一些。

3．感光元件

感光元件是扫描仪中的关键元件，用来拾取图像，其质量对扫描精度等方面有很大影响。目前扫描仪所使用的感光器件主要有 CCD、CIS 和 CMOS。CCD 扫描仪失真度小、聚焦较长、景深好，即扫描效果好，但是耗电量大，结构复杂，维护不易；CIS 扫描仪结构简单、图像不易失真、耗电量小，但焦距小，景深短；CMOS 扫描仪的优点是结构简单，制造成本比 CCD 要低。

4．接口

扫描仪的接口对扫描速度的影响很大，目前绝大多数扫描仪都使用 USB 接口。USB 接口具有速度快、支持热插拔等优点。

5．扫描范围

扫描仪所能扫描的范围大小也很重要。扫描仪的扫描范围通常分为 A8、A5、A4、A3 和 B0 等几种。对于一般的家庭及办公用户可以选择 A4 或 A3 的扫描仪，这也是市面上最常见的两种扫描范围。例如，最大扫描范围为 216mm×297mm 指的是可扫描的最大宽度为 216mm，最大长度为 297mm，即 A4 纸大小。

5.3.4　扫描仪的选购

在选购扫描仪时，首先需要确定购买的目的，然后再从其性能、质量、知名度和售后服务等方面考虑。不同的人有不同的要求。总体可分为两类：一类是普通用途使用，如家庭扫描照片、个人扫描图形文字等；另一类是专用，主要针对一些对图形图像有特殊要求的用户。一般来说，作为普通用途，选光学分辨率为 1 200×2 400 或 2 400×4 800，色彩位数为 24bit，价格相对便宜的扫描仪。而作为专业用途的扫描仪，如商用、广告及图像设计等，一般扫描仪分辨率需要在 4 800×9 600 以上，色彩位数达到 48bit 或更高。其次要观察扫描仪的外表的坚固程度，扫描仪的驱动软件是否配套。品牌也是选购扫描仪时不得不考虑的。品牌扫描仪往往代表着优良的产品质量、完善的售后服务。现在市面上常见的扫描仪厂商有：佳能、爱普生、惠普、汉王和紫光等。

另外一些附加因素，比如随机赠送的软件，公司开展的优惠活动等也都要考虑进去。附送的软件一定要实用，如图像编辑器可用作相片扫描，辨认能力强的光学字符识别软件 OCR（Optical Character Recognition），可通过扫描仪等光学输入设备读取印刷品上的文字图像信息，利用模式识别的算法，分析文字的形态特征从而判别不同的汉字。中文 OCR 一一般只适合于识别印刷体汉字。使用扫描仪加 OCR 可以部分地代替键盘输入汉字的功能，是省力快捷的文字输入方法。常见的 OCR 有清华紫光、尚书、蒙恬等。

5.4 摄像头

5.4.1 摄像头简介

摄像头是一种视频输入设备，被广泛地运用于视频会议，远程医疗及实时监控等方面。摄像头如图 5-17 所示，其优点是安装使用简单，一般都通过 USB 接口和计算机连接。目前很多品牌台式电脑和笔记本都有内置摄像头。

图 5-17　数字摄像头

目前市场上出现了一种无驱摄像头，它的好处是使用方便，不需要安装驱动程序，这给经常安装系统的用户省去了不少麻烦。但是需要明确的是，任何无驱摄像头都不能够实现在所有操作系统下的即插即用。一般来说，完全版的操作系统能达到即插即用，而简化版的操作系统可能需要安装操作系统补丁才能做到即插即用。

5.4.2 摄像头的选购

选购摄像头时，应注意以下几方面。

① 镜头。镜头是组成摄像头的重要组成部分。目前绝大多数摄像头使用 CMOS 元件，它的优点是制造成本较低，功耗也很低，因此摄像头可以采用 USB 接口，且无需外接电源。其缺点是灵敏度较低、对光源要求高。

② 像素。像素是摄像头的一个重要指标，一些产品都会在包装盒标着 1 200 万像素或 1 600 万像素，一般来说，像素越高的产品其图像的品质越好，现在多数摄像头都能达到 1 000 万像素以上，低像素的产品尽量不要选择。但另一方面也并不是像素越高越好，对于同一个画面，像素越高的产品，解析图像的能力越强，为了获得高分辨率的图像或画面，它记录的数据量也必然大得多，对于存储设备及网络传输速度的要求也高得多，因而在选择时宜采用当前的主流产品。

③ 视频捕获速度。摄像头的视频捕获能力是用户最为关心的功能之一，大部分产品都能达到 30 帧/秒的视频捕获能力。目前摄像头的视频捕获都是通过软件来实现的，因而对电脑的要求非常高，即 CPU 的处理能力要足够的快，其次对画面的要求不同，捕获能力也不同。现在数字摄像头捕获画面的最大分辨率为 1 600×1 200，在这种分辨率下摄像头很难达到 30 帧/秒的捕获效果，因而画面会产生跳动现象。在 640 × 480 分辨率下达到达到 30 帧/秒的捕获效果。

④ 附加功能。很多摄像头拥有一些比较有特色的附加功能，用户可以按照自己的实际需求选购，如夜视功能、快拍按钮、内置麦克风、自动美颜等。

5.5 触摸屏

触摸屏（Touch panel）又称为触控屏或触控面板，是个可接收触头等输入信号的感应式液晶显示装置，当接触了屏幕上的图形按钮时，屏幕上的触觉反馈系统可根据预先编程的程式驱动各种连结装置，可用以取代机械式的按钮面板，并借由液晶显示画面制造出生动的影音效果。利用这种技术，我们用户只要用手指轻轻地碰计算机显示屏上的图符或文字就能实现对主机操作，从而使人机交互更为直截了当，这种技术大大方便了那些不懂电脑操作的用户。触摸屏如图 5-18 所示。

图 5-18　触摸屏

5.5.1　触摸屏的工作原理和分类

触摸屏工作时，我们必须首先用手指或其他物体触摸安装在显示器前端的触摸屏，然后系统根据手指触摸的图标或菜单位置来定位选择信息输入。触摸屏由触摸检测部件和触摸屏控制器组成；触摸检测部件安装在显示器屏幕前面，用于检测用户触摸位置，接受后送触摸屏控制器；而触摸屏控制器的主要作用是从触摸点检测装置上接收触摸信息，并将它转换成触点坐标，再送给 CPU，它同时能接收 CPU 发来的命令并加以执行。

从技术原理来区别触摸屏，可分为 3 类：电阻屏、电容屏和多点触控屏。

1．电阻屏

电阻式触摸屏是一种传感器，简称电阻屏。它将矩形区域中触摸点（X，Y）的物理位置转换为代表 X 坐标和 Y 坐标的电压。电阻屏的优点是屏幕构造和控制系统都比较便宜，反应灵敏度也很好。电阻屏是一种对外界完全隔离的工作环境，不怕灰尘和水汽，能适应各种恶劣的环境，可以用任何物体来触摸，稳定性能较好。电阻屏的缺点是屏幕外层薄膜容易被划伤导致触摸屏损坏，手持设备通常需要加大背光源来弥补透光性不好的问题，这将导致增加电池的消耗。在 2010 年的时候，除苹果 iPad 采用电容屏之外，很多平板电脑厂家为了节省成本，都采用的电阻屏。从 2011 年开始，许多厂家已经开始采用性能更好的电容屏。

2．电容屏

电容式触摸屏简称电容屏，是在玻璃表面贴上一层透明的特殊金属导电物质。当手指触摸在金属层上时，触点的电容就会发生变化，使与之相连的振荡器频率发生变化，通过测量频率变化可以确定触摸位置。电容屏的采用双层玻璃设计，不但能保护导体及感应器，更有效防止外在环境因素对触摸屏造成影响，就算屏幕沾有尘埃或油渍，电容屏依然能准确感应到触摸位置。虽然电容屏拥有诸多优点，但是因为其材料特殊、工艺精湛，其造价较高。当然这也根据厂商的不同而不同，一般来说电容屏的价格会比电阻屏贵 15% 到 40%。目前电容屏的价格已经下降到普通消费者可以接受的范围内，因此市场上的多数平板电脑都采用了电容屏。

3. 多点触控屏

早期的触摸屏都是单点触控，也可以说是电阻式触控。它的缺点主要是只能识别和支持每次一个手指的触控或点击。多点触控技术是一场触控技术方面的革命，最大特点是可以多个手指，多只手，甚至多个人，同时操作屏幕的内容，更加方便与人性化。一个手指可能只能做点击的动作，可是五个手指衍生出的动作将是很多很丰富的。多点触控技术并不容易实现，它是从硬件到软件的一个有机的整体，可以说是一个系统工程。与电阻屏相比，电容屏比较容易实现多点触控技术，目前多点触控技术已在电容屏上实现，甚至有些中低端的平板电脑都使用了多点触控技术。从客观的角度来说，电容屏在用户体验方面更胜一筹。电容屏已经成为一个趋势，平板电脑也在向多点触控技术方面发展。iPad 热销最关键的原因就是它的多点触控屏技术，如可以同时用两个手指操作，用来缩放画面。

长久以来，人们一直只习惯用鼠标来操控电脑画面，这导致多点触控技术无法在科技产品中获得完整的运用。在理论上，利用手指直接在屏幕上进行操作远比使用鼠标更为精确。虽然使用者需要耗费更多的动作及体力，却能够在操控过程中获得更多的乐趣。因此，多点触控技术有望取代目前所使用的键盘和鼠标，成为未来人性化操控技术的一种选择。

5.5.2 触摸屏的应用

触摸屏在我国的应用范围非常广阔，包括公共信息查询、工业控制、军事指挥、电子游戏、点歌点菜和多媒体教学等。目前，触摸屏已经走入家庭，在手机和 mp3 等小型通信娱乐设备上得到了广泛的应用。触摸屏用手指代替了键盘、鼠标，既显示出了最大的人性化，又在特定的场合减少了鼠标、键盘占用的空间。

触摸屏在计算机领域最成功的应用是平板电脑。平板电脑（Tablet Personal Computer，简称 Tablet PC、Flat PC、Tablet、Slates），是一种小型、方便携带的个人电脑，以触摸屏作为基本的输入设备，如图 5-19 所示。触摸屏允许用户通过触控笔或手指来进行作业，而不是传统的键盘或鼠标。

图 5-19　平板电脑

平板电脑是计算机家族新增加的一名成员，其外观和笔记本电脑相似，但不是单纯的笔记本电脑，它更像是笔记本电脑的浓缩版。平板电脑的外形大小介于笔记本和掌上电脑之间，但其处理能力强于掌上电脑。较之笔记本电脑，它除了拥有其所有功能外，主要特点是屏幕可以随意旋转，一般采用小于 10.4 英寸的液晶屏幕，并且都带有触摸识别功能，可以用触控笔手写输入，移动性和便携性更胜一筹，集移动商务、移动通信和移动娱乐为一体，具有无线网络通信功能，被称为笔记本电脑的终结者。

平板电脑作为一种时尚的新产品，充满了神秘感，很多人对它还不是十分了解。消费者应根据自己的需要，在以下几方面做出适当抉择。

① 品牌。平板电脑可以分为国际品牌和自主品牌，而国际品牌一般较贵。平板电脑价格并不能直接反应平板电脑品质好坏。很多消费者往往沉湎于名牌和高价"难以自拔"。平板电脑作为一种介于笔记本电脑与智能手机之间的移动智能终端，大部分消费者并不打算为平板电脑付出超过主流笔记本电脑的价格。因此，预算有限的消费者可以考虑相对便宜的自主品牌。

② 外观。平板电脑是一款时尚的产品，因此产品的外观、工艺应具备时尚的元素，在选择时，平板电脑的外观是否时尚、有质感、有品位，工艺是否精细都是很重要的。

③ 屏幕尺寸。目前平板电脑的屏幕尺寸有 7 英寸到 13.3 英寸不等，其中又以 7 英寸到 10.1 英寸最为常见。联想、三星、纽曼和华硕等厂商都推出了 7 英寸和 10.1 英寸的产品，苹果推出了 12.9 英寸的 iPad Pro。屏幕小的产品的确十分轻便，但是小屏幕会影响游戏和电影的播放效果。

④ 存储容量。按照存储容量，平板电脑可以分为 8GB 及以下、16GB、32GB、64GB 和 128GB 及以上。主流产品多为 16GB 以下，这足以支持日常上网、游戏和娱乐需求，容量超过 32GB 的产品目前价格还比较贵，对于普通家庭娱乐用户来说，性价比不高。

⑤ 电阻屏和电容屏。电阻屏和电容屏在触摸操作上的感觉是完全不同的，在购买平板电脑时，应考虑多点触控电容屏。另外屏幕分辨率必须支持 1 024 × 600 或更高，而且支持高清电影和 AVI、MPEG 等基础电影格式类别。

⑥ 硬件配置及性能。产品的 CPU 主频不应低于 1GHz，因为运行 QQ 都需要 800MHz 以上。这样的产品才适合长期使用，而且基本上不会过时。内存容量应在 512M 以上，游戏和程序都要占用内存。此外，一定要重视产品的试用，重点关注这样几个方面：触摸屏操作的舒适度，3D 游戏及重力感应的流畅度、灵敏度，色彩清晰度，音质效果等。

 练习题

一、选择题

1. 现在市场上常见的键盘接口是_____和_____。
   A. eSATA 接口　　B. PS/2 接口　　　C. USB 接口　　　　D. 并口
2. 目前在键盘市场上占有绝大部分份额的是_____。
   A. 机械式键盘　　　　　　　　　B. 塑料薄膜式键盘
   C. 导电橡胶式键盘　　　　　　　D. 电容式键盘

3．无线鼠标是指没有连接线直接连接到主机的鼠标，采用_____技术的鼠标无需在 USB 接口上插一个接收器，从而可以节省一个 USB 接口。

    A．27MHz   B．2.4GHz   C．蓝牙   D．轨迹球

二、填空题

1．薄膜键盘的按键可以分为_____、_____和_____这 3 种结构。

2．目前市场上的机械键盘，其核心组件是_____，薄膜键盘是没有的。

3．光电鼠标家族中，与普通红光鼠标相比，_____和_____的定位更加精准。

4．扫描仪按其操作方式的不同可以分为便携式、馈纸式和_____3 种。

三、简答题

1．简述塑料薄膜式键盘的内部结构和工作原理。

2．简述光电鼠标的工作原理。

3．简述平板电脑的选购技巧。

第 6 章 输出设备

6.1 显卡

显示适配器简称显示卡或显卡，它是显示器与主机通信的控制电路和接口。显卡的主要作用是在程序运行时，根据 CPU 提供的指令和有关数据，将程序运行的过程和结果进行相应的处理，转换成显示器能够接受的文字和图形显示信号，并通过屏幕显示出来，也就是说显示器必须依靠显卡提供的信号才能显示出各种字符和图像。目前显卡已经成为仅次于 CPU、发展变化最快的计算机部件。

6.1.1 显卡的分类

显卡主要可以分为集成显卡和独立显卡。

1. 集成显卡

集成显卡是将显示芯片及其相关电路都集成在主板上，与主板融为一体。也有一些集成显卡会将显示芯片集成在主板的北桥芯片中。部分集成显卡还在主板上安装了独立的显存，但容量一般较小。集成显卡的显示效果与处理性能相对较弱，不能进行硬件升级，但可以通过 CMOS 调节频率或刷入新 BIOS 文件实现软件升级，挖掘显示芯片的潜能。集成显卡功耗低、发热量小、成本低，部分产品的性能已经可以媲美入门级的独立显卡。

核心显卡采用的是一种比较特殊的集成方式。CPU 生产商凭借其在处理器上的先进工艺及新的架构设计，将图形核心与处理核心整合在同一块基板上，构成一颗完整的处理器。这种设计上的整合大大缩减了处理核心、图形核心、内存及内存控制器之间的数据周转时间，把传统集成显卡中的"处理器＋南桥＋北桥（图形核心＋内存控制＋显示输出）"三芯片解决方案精简为"处理器（处理核心＋图形核心＋内存控制）＋北桥芯片（显示输出）"的双芯片模式，有效提升处理效能，并大幅降低了主板芯片的整体功耗，缩小了核心组件的尺寸，为笔记本、一体机等产品的发展提供了更广阔的空间。

2. 独立显卡

独立显卡是将显示芯片及其相关电路单独做在一块电路板上，自成一体，作为一块独立的板卡存在，它需要占用主板的扩展插槽。独立显卡有自己独立的显存，一般不占用系统内存，在技术上也较集成显卡先进得多，拥有较好的显示效果和性能，容易进行硬件升级。但是独立显卡需要花费额外的资金去购买，并且功耗和热量都比较大。

6.1.2　显卡的结构

　　显卡通常由显示芯片、显示内存、显示 BIOS 芯片、总线接口和 I/O 接口构成。显卡如图 6-1 所示。对于高端的显卡，主板所提供的电能往往不足，所以显卡还需要有独立的电源接口。

图 6-1　显卡

1．显示芯片

　　显示芯片，被称为 GPU，全称是 Graphic Processing Unit，即"图形处理器"。GPU 是相对于 CPU 的一个概念，GPU 相当于专用于图像处理的 CPU，有些高档 GPU 的晶体管数目甚至超过了普通 CPU，但它是专为复杂的数学和几何计算而设计的，不能代替 CPU。GPU 决定了显卡的档次和大部分性能，同时也是 2D 显卡和 3D 显卡的主要区别。2D 显示芯片在处理 3D 图像和特效时主要依赖 CPU 的处理能力，称为"软加速"。3D 显示芯片是将三维图像和特效处理功能集中在显示芯片内，即所谓的"硬加速"。每一块显卡上都会有一个大散热片或一个散热风扇，它的下面就是显示芯片。

　　显卡的核心频率是指显示芯片的工作频率，在一定程度上可以反映出显示核心的性能，但显卡的性能是由核心频率、流处理器单元、显存频率、显存位宽等多方面因素所决定的，因此在显示核心不同的情况下，核心频率高并不代表此显卡性能强劲。

　　显示芯片的制造工艺是指在生产 GPU 过程中，连接各个元器件的导线宽度，以 nm（纳米）为单位，数值越小，制造工艺越先进，导线越细，在单位面积上可以集成的电子元件就越多，芯片的集成度就越高，芯片的性能就越出色。目前主流显示芯片的制造工艺尺寸为 28nm。

2．显示内存

　　显示内存，简称显存，也是显卡的重要组成部分。它的主要功能是暂时存储显示芯片将要处理的数据和已经处理好的数据。显示芯片的档次越高，分辨率越高，在屏幕上显示的像素点也就越多，所需的显存容量也就越大。显存的类型有 GDDR2、GDDR3、GDDR4 和 GDDR5，目前主流的是 GDDR5。

　　显卡中衡量显示内存性能指标的有工作频率、显存位宽、显存带宽和显存容量等。

　　（1）工作频率

　　显存的工作频率直接影响显存的速度。显存的工作频率以 MHz（兆赫兹）为单位，工作频率的高低和显存类型有非常大的关系。GDDR5 的工作频率最高已经达到 4 800MHz，而且提高的潜力还很大。目前厂商多以显卡超频为卖点，即厂商设定的显存工作频率不一定等于显存最大频率，如显存最大能工作在 4 000MHz，而出厂时显卡工作频率被设定为 3 800MHz，此时显存就存在一定的超频空间。

（2）显存位宽

显存位宽是显存在一个时钟周期内所能传送数据的位数，位数越大则相同频率下所能传输的数据量越大。目前大部分显卡的显存位宽是 128bit、192bit、256bit 和 384bit，部分高档显卡的显存位宽可达到 512bit 和 768bit。

（3）显存带宽

显示芯片与显示内存之间的数据交换速度就是显存带宽。在显存工作频率相同的情况下，显存位宽将决定显存带宽的大小。显卡的显存是由一块块的显存芯片构成的，显存总位宽同样也是由所有显存颗粒的位宽组成。显存位宽=显存颗粒位宽×显存颗粒数。显存颗粒上都带有相关厂家的内存编号，可以去网上查找其编号，就能了解其位宽，再乘以显存颗粒数，就能得到显卡的总位宽。在其他规格相同的情况下，位宽越大性能越好。

（4）显存容量

显存容量指的是显卡上本地显存的容量大小，显存容量决定着显存临时存储数据的能力，直接影响显卡的性能。目前主流的显存容量为 1GB，而高档显卡的显存容量为 2GB、4GB、6GB、8GB 和 12GB。一款显卡应该配备多大的显存容量是由其所采用的显示芯片所决定的，显示芯片性能越高，处理能力越强，所配备的显存容量相应也就越大，而低性能的显示芯片配备大容量显存对其性能提升是没有任何帮助的。

3. 显示 BIOS 芯片

显示 BIOS 芯片主要用于存放显示芯片的控制程序，还有显示卡的型号、规格、生产厂家及出厂时间等信息。打开计算机时，显示 BIOS 芯片通过内部的控制程序，将这些信息显示在屏幕上。早期的显示 BIOS 固化在芯片中，不可以修改，而现在多数显示卡都采用了大容量的 EPROM，即所谓的 Flash BIOS，可以通过专用的程序进行改写或升级。

4. 总线接口

显卡需要与主板进行数据交换才能正常工作，所以就必须有与之对应的总线接口。早期的显卡总线接口为 AGP，而目前最流行的显卡总线接口是 PCI Express 3.0 16X、PCI Express 2.1 16X 和 PCI Express 2.0 16X。

5. I/O 接口

计算机所处理的信息最终都要输出到显示器上才能被人们看见。显卡的 I/O 接口就是显示器与显卡之间的桥梁，它负责向显示器输出图像信号。目前主要的显卡 I/O 接口有 VGA 接口、DVI 接口、HDMI 接口和 Display Port 接口，如图 6-2 所示。

（1）VGA 接口

VGA（Video Graphics Array，视频图形阵列）是 IBM 在 1987 年推出的一种使用模拟信号的视频传输标准，具有分辨率高、显示速率快、颜色丰富等优点，在彩色显示器领域得到了广泛的应用。这个标准对于现在的个人电脑市场已经十分过时。即使如此，VGA 仍然是很多制造商所共同支持的一个最低标准。

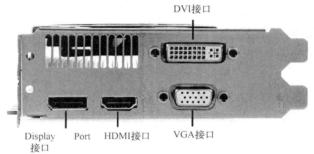

图 6-2　显卡 I/O 接口

（2）DVI 接口

DVI（Digital Visual Interface，数字视频接口）是 1999 年由 Silicon Image、Intel、Compaq、IBM、HP、NEC、Fujitsu 等公司共同组成 DDWG（Digital Display Working Group，数字显示工作组）推出的数字接口标准。DVI 接口主要有两种：一种是 DVI-D 接口，只能接收数字信号，不兼容模拟信号；另一种是 DVI-I 接口，可同时兼容模拟和数字信号。兼容模拟信号并不意味着 VGA 接口可以连接在 DVI-I 接口上，必须通过一个转换接头才能使用，一般采用这种接口的显卡都会带有相关的转换接头。

（3）HDMI 接口

HDMI（High Definition Multimedia Interface，高分数字多媒体接口）是 2002 年由日立、松下、飞利浦、Silicon Image、索尼、汤姆逊、东芝等 7 家公司共同组建的 HDMI Founders（HDMI 论坛）推出的全新数字化视频/音频接口。HDMI 是适合影像传输的专用型数字化接口，可同时传送视频和音频信号。HDMI 可以支持所有的 ATSC HDTV 标准，不仅能够满足目前最高画质 1 080p 的分辨率，还可以支持 DVD Audio 等最先进的数字音频格式，支持八声道 96kHz 或立体声 192kHz 数码音频传递。HDMI 可搭配宽带数字内容保护（HDCP），以防止具有著作权的影音内容遭到未经授权的复制。与 DVI 相比 HDMI 接口的体积更小，DVI 线缆的长度不能超过 8 米，否则将影响画面质量，而 HDMI 最远可传输 15 米。一条 HDMI 缆线最多可以取代 13 条模拟传输线，能有效解决家庭娱乐系统背后连线杂乱的问题。

（4）Display Port 接口

Display Port 是 2006 年由 VESA（视频电子标准组织）推出的一种针对所有显示设备的开放数字标准。和 HDMI 一样，Display Port 也允许音频与视频信号共用一条线缆传输，支持多种高质量数字音频。但比 HDMI 更先进的是，Display Port 在一条线缆上还可实现更多的功能，如可用于无延迟的游戏控制等，可见，Display Port 可以实现对周边设备最大程度的整合和控制。Display Port 问世之初，就能够提供高达 10.8Gbit/s 的带宽。相比之下，HDMI 1.2a 的带宽仅为 4.95Gbit/s，即便最新发布的 HDMI 1.3 所提供的带宽（10.2Gbit/s）也稍逊于 Display Port。

6.1.3　显卡的工作原理

计算机中显示的图形实际上分为 2D（二维）和 3D（三维）两种，其中 2D 图形只涉及所显示景物的表面形态和其平面（水平和垂直）方向运行情况。如果将物体上任何一点引入直角坐标系，那么只需要 X，Y 两个参数就能表示其在水平和上下的具体方位。3D 图像景物的描述与 2D 相比增加了"纵深"或"远近"的描述。如果同样引入直角坐标系来描述景物上某一点在空间的位置，就必须使用 X，Y，Z 3 个参数来表示，其中 Z 就代表该点与图像观察者之间的"距离"或"远近"。

由于早期受显示芯片性能的限制，计算机显示 2D/3D 图形所需处理的数据全部由 CPU 承担，所以对 CPU 性能要求较高，图形显示速度也很慢。随着显示芯片技术的逐步发展，在 1997 年出现了 3D 图形加速卡，它可以通过显示芯片完成所有 3D 显示数据处理，因此大大减轻了 CPU 的负担，自然也提高了图形显示速度。现在市场上所有显卡所使用的显示芯片全部都是 3D 芯片，因此显示芯片被冠以 GPU（Graphic Processor Unites，图形处理器）的称号。

显卡的功能是将 CPU 送来的影像资料处理成显示器可以理解的格式，再送到屏幕上形成影像。我们在显示器上看到的图像是由很多像素点组成的，是一种模拟信号，而计算机处理的都是 0 和 1 这样的数字信号。为此，图形显示过程需要一位"翻译"。二进制数据离开 CPU 后，通过总线进入显卡的显示芯片进行处理，处理完的数据被送入显存暂存起来。

如果使用阴极射线显示器，则属于模拟显示方式。显示过程如下，将显存中的处理好的数字信号进行 D/A（数字/模拟）转换，生成模拟信号，传输到显示器，驱动电子枪，显示到荧光屏上，整个过程是模拟的。

如果使用液晶显示器，则属于数字显示方式。由于液晶显示器上的接口有模拟接口（VGA 接口）和数字接口（DVI、HDMI 和 Display Port 接口）两种，因此，显示过程也有所差别。如果液晶显示器使用模拟接口，则显存中的处理好的数字信号需要经过 D/A 转换，生成模拟信号，通过模拟接口传输到显示器，在显示器内部还要经过 A/D（模拟/数字）处理，转换为数字信号（液晶显示器的工作原理是数字信号的输出），随后数字信号再次转换成模拟信号图像显示到屏幕上。图像信号经历了数字→模拟→数字→模拟的转换过程，信号损失较大，并且会存在诸如拖尾、模糊、重影等传输问题。很多时候这种图像质量的损失肉眼并不会发觉，但理论上这种接口方式的确会降低显像质量。如果液晶显示器使用数字接口，则显存中的处理好的数字信号不需要经过任何转换，直接通过数字接口传输到显示器，随后将数字信号转换变成模拟信号图像显示到屏幕上。图像信号经历了数字→模拟的转换过程，速度更快，信号没有衰减，色彩更纯净，更逼真。

6.1.4 显卡的技术指标

1. 刷新频率

刷新频率是显示器每秒刷新屏幕的次数，单位为 Hz。刷新频率的范围为 56～120Hz。过低的刷新频率会使用户感到屏幕闪烁，容易导致眼睛疲劳。刷新频率越高，屏幕的闪烁就越小，图像也就越稳定，即使长时间使用也不容易感觉眼睛疲劳（建议使用 85Hz 以上的刷新频率）。

2. 最大分辨率

最大分辨率是显卡在显示器上所能描绘的像素点的数量，分为水平行像素点数和垂直行像素点数。比方说，如果分辨率为 1 024 像素 × 768 像素，那就是说这幅图像由 1 024 个水平像素点和 768 个垂直像素点相乘组成。现在流行的显卡的最大分辨率都能达到 4 096 × 2 160。

3. 色深

色深也叫颜色数，是指显卡在一定分辨率下可以显示的色彩数量。一般以多少色或多少 bit 来表示，比如标准 VGA 显卡在 640 像素 × 480 像素分辨率下的颜色数为 16 色或 4bit。通常色深可以设定为 16bit 和 24bit，为 24bit 时，称为真彩色，此时可以显示出 16 777 216 种颜色。现在流行的显卡的色深大多数已达到 32bit。色深的位数越高，所能显示的颜色数就越多，相应的屏幕上所显示的图像质量就越好。色深增加会导致显卡所要处理的数据量剧增，相应地影响显示速度或导致屏幕刷新频率的降低。

4. 像素填充率和三角形生成速度

屏幕上的三维物体是由计算机运算生成的。当屏幕上的三维物体运动时，需要及时显示原来被遮的部分，抹去现在被遮的部分，还要针对光线角度的不同来应用不同的色彩填充多边形。人的眼睛具有一种"视觉暂留"特性，当一副图像很快地被多幅连续的只有微小差别的图像代替时，给人的感觉并不是多副图像的替换，而是一个连续的动作，所以当三维图像进行快速的生成、消失和填充像素时，给人的感觉就是三维物体在运动了。像素填充率就是显卡在一个时钟周期内所能渲染的图形像素的数量，它直接影响显卡的显示速度，是衡量 3D 显卡性能的主要指标之一。

三角形（多边形）生成速度是指显卡在一秒钟内所生成的三角形（多边形）数量。电脑显示 3D 图形的过程，首先是用多边形（三角形是最简单的多边形）建立三维模型，然后再进行着色等其他处理，物体模型中三角形数量的多少将直接影响重现后物体外观的真实性。在保障图形显示速度的前提下，显卡在一秒钟内生成的三角形数量越多，物体建模就能使用更多的三角形，以提高 3D 模型的分辨率。

5. 流处理器单元

在 DirectX 10 显卡出现之前，并没有"流处理器"这个说法。显示芯片内部由"管线"构成，分为顶点管线和像素管线，顶点管线负责 3D 建模，像素管线负责 3D 渲染。由于两种管线的数量是固定的，容易出现一些问题。例如，当某个游戏场景需要大量的 3D 建模而不需要太多的像素处理时，就会造成顶点管线资源紧张而像素管线大量闲置，当然也有截然相反的另一种情况。基于以上原因，人们在 DirectX 10 时代首次提出了"统一渲染架构"，取消了传统的像素管线和顶点管线，统一改为流处理器单元，它既可以进行顶点运算也可以进行像素运算，这样在不同的场景中，显卡就可以动态分配进行顶点运算和像素运算的流处理器数量，达到资源的充分利用。现在，流处理器数量的多少已经成为决定显卡性能高低的一个重要指标。

6. 3D API

API 是 Application Programming Interface 的缩写，即应用程序接口，而 3D API 则是指显卡与应用程序的直接接口。3D API 能让编程人员所设计的 3D 软件通过 API 自动和显卡的驱动程序进行沟通，启动显示芯片内强大的 3D 图形处理功能。如果没有 3D API，在开发程序时，程序员必须要了解显卡的全部特性，才能编写出与显卡完全匹配的程序，发挥显卡的全部性能。而有了 3D API 这个显卡与软件的直接接口，程序员只需要编写符合接口的程序代码，不必再去了解显卡的具体性能和参数，这样就大大提高了程序开发的效率。3D API 可以实现不同厂家硬件和软件最大范围的兼容。例如，游戏开发人员在进行设计时，不必考虑具体某款显卡的特性，只需要按照 3D API 的接口标准来开发游戏，当游戏运行时，直接通过 3D API 来调用显卡的硬件资源。个人电脑中主要的 3D API 有 DirectX 和 OpenGL。

6.1.5　主流显示芯片

显示芯片与 CPU 一样，其技术含量相当高，目前市场上主要有 Intel、NVIDIA 和 AMD 3 家厂商。这 3 家公司只设计、生产显示芯片，并不生产显卡，它们将显示芯片卖给第三方厂商，并告诉这些厂商如何去组装、生产，也就是提供一个"样板"给别人，这种"样板"就是常说的"公版设计"，显卡厂商在买回显示芯片后，只要按照"公版设计"模型，即可进行显卡生产。目前大部分显卡厂商都是基于这种公版来生产显卡的，但也有一些厂商会在"公版设计"的基础上进行修改，生产出富有个性的显卡，这种显卡就是"非公版显卡"。

1. Intel 公司的显示芯片

Intel 不但是世界上最大的 CPU 生产商，也是世界最大的集成显卡显示芯片生产商。目前 Intel 的显示芯片全部用于集成显卡，与装载了 Intel 芯片组的主板搭配使用。如果只按发售数量计算，Intel 随其主板芯片组发售的显示芯片占据整个集成显卡显示芯片市场的 60%以上。

2. NVIDIA 公司的显示芯片

NVIDIA 公司创建于 1993 年，是现在最大的独立显卡显示芯片生产销售商，最出名的产品是为游戏而设计的 GeForce 系列和为专业工作站而设计的 Quadro 系列显示芯片。

Geforce 是一个英文产品商标，其含义是 Geometry+Force=Geforce，即几何很强。GeForce 系列显示芯片共经历了 15 代产品的变迁，目前主流产品是 GeForce 第十五代，GeForce GT 900 系列。

GeForce 从第十代产品开始，采用 "GeForce+定位+型号" 的命名方式。例如，GeForce GTX 580、GeForce GTS 450、GeForce GT 520 等。定位名称从高到低排列如下。

- Ultra：旗舰级产品，为本系列中最强者。
- GTX：其性能介于 GTS 和 Ultra 之间，一般为首发高端产品。
- GTS：第三强产品，性能处于 GTX 之下，与 GT 相比有些模糊。
- GT：频率提升版本，频率和管线较 LE 和 GS 都有较大的提升。
- GS：相比 GT，管线或显存位宽有所缩减，频率一般在 GT 之下，并且由于规格限制，性能也在 GT 之下。
- LE：Limit Edition 的缩写，即限制版本，为本系列中的入门级产品，频率和规格与标准版本相比均有一定的下降。

我们根据定位名称就能分辨出产品性能的优劣。例如，GTX 系列产品与 GT 系列产品相比，档次更高，GTX 560 比 GT 440 的性能好。同一定位名称的产品中，型号数值越大的产品性能越好，如虽然同属于 GTX 系列产品，但 GTX 580 比 GTX 560 的性能好。GT 440、GTX 560 和 GTX 580 的性能比较见表 6-1。

表 6-1　3 个显示芯片性能比较

型号	GeForce GT 440	GeForce GTX 560	GeForce GTX 580
制造工艺（nm）	40	40	40
核心晶体管数目（亿个）	5.85	19.5	30
核心频率（MHz）	810	810	772
显存类型	GDDR5	GDDR5	GDDR5
显存容量（MB）	512	1 024	1 536
显存频率（MHz）	3 200	4 008	4 008
显存位宽（bit）	128	256	384
流处理器数量（个）	96	336	512

Quadro 是 NVIDIA 的专业显示芯片，定位于工作站领域。Quadro 这个单词是西班牙语正方形的意思，表示 4 的倍数，即为 4 倍的效能。Quadro 专业图形处理解决方案已经通过所有专业应用的全面认证，可以给用户带来最快的速度和最优的品质。此外，Quadro 解决方案在性能、可编程性和精确度方面实现了前所未有的处理能力，将计算机辅助设计（CAD）、数字内容创建（DCC）和可视化应用的交互操作提升至新的层次。

3．AMD 公司的显示芯片

ATI（Array Technology Industry）公司创立于 1985 年，是世界上第二大的独立显卡显示芯片生产商，2006 年 7 月被 AMD 公司收购。收购后 AMD 一直保留 ATI 品牌，作为旗下显卡业务的子品牌。直到 2010 年 8 月，AMD 宣布将放弃 ATI 品牌。AMD 公司最出名的显示芯片产品是为游戏而设计的 Radeon 系列和为专业工作站而设计的 FireGL 系列。

Radeon 是一个英文产品商标，中文名称为镭。Radeon 系列显示芯片共经历了 Radeon HD 2000 系列、3000 系列、4000 系列、5000 系列、6000 系列和 7000 系列。目前主流显示芯片是 R9/R7 200 系列和 R9/R7 300 系列。

Radeon 系列显示芯片从 2015 年开始采用了新的命名方式，具体型号是由 R9、R7 或 R5 加 3 位数构成，其中 R9 代表高端，R7 代表中端，R5 代表入门级；后面 3 位数中第一位代表代数，第二位代表级别，最后一位一般为 0 或 5。有的型号带有尾缀 "X"，代表性能加强版。

6.1.6　显卡的选购

选购显卡除了考虑技术指标外，还要注意以下问题。

1．品牌

显卡市场的竞争一直很激烈。各类品牌名目繁多，以下是一些常见的牌子，供大家参考：蓝宝石、华硕、迪兰恒进、丽台、索泰、讯景、微星、映泰、影驰、铭瑄、七彩虹、双敏、昂达等。其中蓝宝石和华硕是在自主研发方面做的不错的品牌，相对于七彩虹这类的通路品牌来说，拥有自主研发的厂商在做工方面和特色技术上会更出色一些，而通路显卡的价格则要便宜一些。每个厂商都有自己的品牌特色，像华硕的"为游戏而生"、七彩虹的"游戏显卡专家"都是大家耳熟能详的。

2．外观

判定显卡做工精良的标准是显卡 PCB 上的元件应排列整齐，焊点干净均匀，电解电容双脚都能插到底，而不会东倒西歪，金手指镀得厚，不易剥落。如果显卡的边缘光滑则表明其生产厂家的制造工艺是优秀的，所做的显卡也不会很差。现在的板子绝大多数都是 4 层板或 6 层板，当然层数越多就越结实。

3．显示内存

对于显卡而言，显示芯片一般都是由 NVIDIA、AMD 等厂商所提供的，因此比较透明，但是显示内存是由生产显卡的厂商自由选择的，存在一定的不透明性。因此，在购买显卡时，一定要注意显存类型、工作频率、显存位宽、显存带宽和显存容量，以免上当。

4．显卡风扇

由于显卡性能不断攀升，其发热量也在迅速提升，优秀的散热方式是选择显卡的必选项目。显卡的散热方式分为主动式散热和被动式散热。工作频率较低的显卡散热量并不大，一般采用被动式散热，这种散热方式是在显示芯片上安装一个散热片即可，并不需要散热风扇。这样在保障显卡稳定工作的同时，不仅可以降低成本，还能减少使用中的噪声。主动式散热除了在显示芯片上安装散热片之外，还安装了散热风扇，工作频率较高的显卡一般都采用这种散热方式。因为较高的工作频率会带来更高的热量，仅安装一个散热片很难满足散热的需要。

按照热功学原理我们可以把主动散热方式分为轴流式散热和风道导流式散热。其中轴流式散热是最常见的散热方式，这种散热方式主要靠大面积散热片和散热风扇，散热风扇将空气吹到散热片上，从而达到高效率散热的目的。不过，这种方式散发出的热量最终还是要排放到机箱内，对机箱自身的散热系统提出了较高的要求，当机箱散热效果不佳的时候，显卡散热效率也将会大打折扣。导流式散热则是一种非常好的设计，很多高档游戏显卡都采用了这种散热方式。这种方式下，散热片收集的热量可以通过显卡自身专用的导流风道直接排到机箱的外部，既保证了显卡的散热效果，又不为机箱增加额外的热负荷。

6.2　显示器

显示器又叫监视器（Monitor），是计算机的必备设备，也是用户和计算机交互信息的平台。显示器可以分为阴极射线（CRT）显示器和液晶显示器（LCD）。液晶显示器从 1998 年开始进入台式机应用领域，并逐渐普及。在这之前，由于液晶显示器技术不成熟，价格较贵等因素，显示器市场一直是阴极射线显示器的天下。与阴极射线显示器相比，液晶显示器不但体积小、厚度薄、重量轻、耗能少、工作电压低、无辐射、无闪烁，并能直接与 CMOS 集成电路匹配。作为新兴产品，液晶显示器已经全面取代笨重的阴极射线显示器成为主流的显示设备。

6.2.1 液晶显示器的工作原理

液晶显示器就是使用了"液晶"（LIQUID CRYSTAL）作为显示材料的显示器。其实，液晶是一种介于固态和液态之间的有机化合物，当被加热时，它会呈现透明的液态，冷却时则会结晶成混浊的固态。从技术上简单地说，液晶面板包含了两片相当精致的无钠玻璃素材，中间夹着一层液晶。当向液晶通电时，液晶体分子排列得井然有序，可以使光线容易通过；而不通电时，液晶分子排列混乱，阻止光线通过。通电与不通电就可以让液晶像闸门般地阻隔或让光线穿过。这种可以控制光线的两种状态是液晶显示器形成图像的前提条件。当然，液晶本身是不发光的，必须借助背光模组来达到显示的功能。背光模组可以供应充足的亮度与分布均匀的光源，使显示器能正常显示影像。

彩色液晶显示器必须具备专门处理彩色显示的色彩过滤层。通常，在彩色 LCD 面板中，每一个像素都是由 3 个液晶单元格构成，其中每一个单元格前面都分别有红色、绿色和蓝色的过滤器。这样，通过不同单元格的光线就可以在屏幕上显示出不同的颜色。

目前大部分液晶显示器均采用 LED 背光技术，LED 技术是一种高级的液晶解决方案，它用 LED 代替了传统的液晶背光模组，具有省电、环保、色彩更真实等优势。LED 技术使液晶显示器具有高亮度，可以在寿命范围内实现稳定的亮度和色彩表现，并且更宽广的色域，实现更艳丽的色彩。实现 LED 功率控制很容易，用户可以把显示的亮度调整到最悦目的状态。在传统液晶显示器的背光模组中，必须用到水银这种对人体有害的物质。而 LED 背光技术是无毒的健康产品，更加环保、节能。LED 背光技术采用了固态发光器件，对环境的适应能力非常强，具有使用温度范围广、低电压、耐冲击等优点。

与传统的阴极射线显示器相比，液晶显示器具有诸多优势。从外形上看，液晶显示器的外观轻巧超薄，与比较笨重的阴极射线显示器相比，液晶显示器只占用前者 1/3 的空间。液晶显示器属于低耗电产品，可以做到完全不发热（主要耗电和发热部分存在于背光灯管或 LED），而阴极射线显示器，因显像技术不可避免产生高温。液晶显示器的辐射远低于阴极射线显示器，这对于整天在电脑前工作的人来说是一个福音。液晶显示器画面不会闪烁，可以减少显示器对眼睛的伤害，眼睛不容易疲劳。随着数字时代的来临，数字技术必将全面取代模拟技术，液晶显示器作为纯数字设备，在智能化操作，数字控制、数码显示等方面具有很大优势。

6.2.2 液晶显示器的技术指标

1. 分辨率

分辨率通常用一个乘积来表示。它标明了水平方向上的像素点数（水平分辨率）与垂直方向上的像素点数（垂直分辨率）。例如，分辨率为 1 280 × 1 024，表示这个画面的构成在水平方向（宽度）有 1 280 个点，在垂直方向（高度）有 1 024 个点。所以，一个完整的画面总共有 1 310 720 个点。分辨率越高，意味着屏幕上可以显示的信息越多，画质也越细致。

2. 屏幕尺寸

液晶显示器的屏幕尺寸是指液晶面板的对角线尺寸，以英寸为单位。目前市场上常见显示器规格有 19 英寸、20 英寸、21.5 英寸、22 英寸、23 英寸、23.6 英寸和 24 英寸等。应当明白的是显示器的屏幕尺寸与实际可视尺寸并不一致。屏幕尺寸减去显示器四边的不可显示区域才是实际的可视区域。

3. 可视角度

液晶显示器发出的光由液晶模块背后的背光灯提供，这必然导致液晶显示器有一个最佳的欣赏角度：正视。当从其他角度观看时，由于背光可以穿透旁边的像素而进入人眼，就会造成颜色的失真。液晶显示器的可视角度就是指能观看到不失真图像的视线与屏幕法线的角度，这是评估液晶显示器的重要指标之一，数值当然是越大越好。液晶显示器的可视角度左右对称，而上下则不一定。一般来说，上下角度要小于或等于左右角度。如果左右可视角度为左右 170°，表示在始于屏幕法线 170°的位置时可以清晰地看见屏幕图像。

4. 响应时间

响应时间指的是液晶显示器对于输入信号的反应速度，也就是液晶由暗转亮或由亮转暗的反应时间，通常是以毫秒（ms）为单位。此值当然是越小越好。标准电影每秒约播放 25 帧图像，即每帧 40ms。当显示器的响应时间大于这个值的时候就会产生比较严重的图像滞后现象。一般的液晶显示器的响应时间在 2～5ms。

5. 色彩度

液晶显示器的面板上每个独立的像素色彩是由红、绿、蓝 3 种基本色来控制。大部分厂商生产出来的液晶显示器，每个基本色都能达到 8 位，即 256 种表现度，那么每个独立的像素就有高达 256 × 256 × 256 = 16 777 216 种色彩了。

6. 屏幕坏点

液晶显示器是靠液晶材料在电信号控制下改变光的折射效应来成像的。如果液晶显示屏中某一个发光单元有问题或者该区域的液晶材料有问题，就会出现总不透光或总透光的现象，这就是所谓的屏幕"坏点"。这种缺陷表现为，无论在任何情况下都只显示为一种颜色的一个小点。按照行业标准，坏点在 3 个以内都是合格的。

7. 亮度

亮度指画面的明亮程度，单位是堪德拉每平米（cd/m^2）或称 nits。目前提高亮度的方法有两种，一种是提高 LCD 面板的光通过率，另一种是增加背景灯光的亮度，即增加灯管数量。

目前液晶显示器亮度最高可达到 500cd/m^2，市面上较好的液晶显示器亮度可达 300cd/m^2。然而，较亮的产品可能会引起眼部疲劳。另外，也要注意亮度的均匀性，这同样是影响视觉效果的一个因素。

6.2.3　液晶显示器的选购

选购显示器除了考虑相应的技术指标外还要注意以下问题。

1. 外观

首先，看一下显示器的外包装是否精致。一般正品显示器的外包装很讲究，也很精致。上面有商标、生产厂家的地址、序列号、生产许可号和一些安全标志等。其次，还要注意生产序列号是否与箱内显示器上的序列号相同，如果不相同，则很有可能被商家调过包。此外，还要注意与显示器配套的附件是否齐全，如合格证、保修单等。

2. 接口和其他特性

在选购中还应该注意液晶显示器是否具备 DVI 或 HDMI 数字接口，在实际使用中，数字接口将会比 VGA 模拟接口的显示效果更出色。此外，有些显示器还支持 USB 接口、内置摄像头或音箱等。

3. 辐射

显示器是通过一系列的电路设计从而产生影像，所以它必定会产生辐射，对人眼的伤害较大。现在有许多关于降低彩色显示器辐射的标准，如 MPR II、TCO 系列等，市场上正规渠道销售的产品大多数符合标准。

4. 人体工学设计

随着人体工学的发展，显示器也出现了更符合人体构造的新型产品。

近年来，曲面显示器占领了部分市场。曲面显示器是指面板带有弧度的显示器。这样的设计不仅更加美观，而且避免两端视距过大、保证眼睛的距离均等，给人更广的视野，从而提升用户的视觉体验。

图 6-3 所示为三星发布的 S34E790C 曲面液晶显示屏。

图 6-3　三星 S34E790C 显示屏

6.3　声卡

声卡（Sound Card）是多媒体计算机的重要部件，有了它计算机就能够发出声音。如果计算机中没有声卡，就无法听歌曲、看电影，进行语音交谈。

声卡可以分为集成声卡和独立声卡。集成声卡最大的优势就是性价比。在早期的电脑主板上并没有集成声卡，电脑要发声必须通过独立声卡来实现。随着主板整合程度的提高及 CPU 性能的日益强大，同时主板厂商出于降低成本的考虑，集成声卡出现在越来越多的主板中，目前集成声卡几乎成为主板的标准配置，没有集成声卡的主板反而比较少了。虽然集成声卡音效已经很不错了，但独立声卡并没有因此而销声匿迹，现在大部分独立声卡都是针对音乐发烧友及其他特殊场合而量身定制的，达到精益求精的程度，再配合出色的回放系统，给人以最好的视听享受。独立声卡按照接口类型，可以分为 PCI 接口、PCI-E 接口及 USB 接口 3 种。目前绝大部分内置声卡都采用 PCI 接口或 PCI-E 接口，而外置式声卡均采用 USB 接口与主机连接，具有使用方便、便于移动等优势。

6.3.1　声卡的结构

1．处理芯片

声卡的数字信号处理芯片（Digital Signal Processor，DSP）是声卡的核心部件。在主芯片上都标有商标、芯片型号、生产日期、编号和生产厂商等重要信息。它负责将模拟信号转换为数字信号（A/D 转换）和将数字信号转换为模拟信号（D/A 转换）。DSP 的功能主要是对声波的取样和回放的控制、处理 MIDI 指令等，有些声卡的 DSP 还具有混响、合声等功能。有些声卡上还带有功率放大芯片、波表合成器芯片、混音处理芯片和音色库芯片等。数字信号处理芯片基本上决定了声卡的性能和档次，通常我们也按照此芯片的型号来称呼该声卡。

2．Line In 接口

Line In 接口是线型输入接口，它将品质较好的声音、音乐信号输入，通过计算机的控制将该信号录制成一个文件。通常该端口用于外接辅助音源。

3．Line Out 接口

Line Out 接口是线型输出接口，它用于外接具有功率扩大功能的音箱。有些声卡有两个线型输出接口，第二个线型输出接口一般用于连接四声道以上的后端音箱。

4．Speaker Out 接口

Speaker Out 接口是扬声器输出接口，有时标记为 "SPK"，它用于插外接音箱的音频线插头。Line Out 与 Speaker Out 虽然都提供音频输出，但是它们也是有区别的，如果声卡输出的声音通过具有功率扩大功能的音箱，使用 Line Out 就可以了；如果音箱没有任何扩大功能而且也没有使用外部的扩音器，那就使用 Speaker Out，这是因为通常声卡会利用内部的功率扩大功能将声音从 Speaker Out 输出。

5．MIC 接口

MIC 接口是话筒输入接口，它用于连接麦克风（话筒）。

6.3.2　声卡的技术指标

1．采样位数和采样频率

音频信号是一种连续的模拟信号，计算机处理的是数字信号，要对音频信号进行处理，必须先进行 A/D 转换。这个转换过程就是对音频信号的采样和量化的过程，即把连续的模拟信号转变为不连续的数字信号。只要在连续量上的等间隔取足够多的"点"，就能够逼真地模拟出原来的连续量。这个取点的过程就称为"采样"。采样精度越高，数字声音越逼真。

采样位数通常也称为采样值（取样值），是指每个采样点所代表音频信号的幅度，位数的单位是 bit，16bit 可以表示 65 536 种状态。对于同一信号而言，使用 16bit 的量化级来描述自然比 8bit 来描述精确得多。位数值越大，模拟自然界声音的能力就越强。由于 16bit 足以表现出自然界的声音，因而对于一般多媒体计算机而言，16bit 声卡已绰绰有余。实际上，人耳对声音采样及重放精度还达不到这样的分辨率。因此，专业声卡也只是提供 24bit

或 32bit 采样值。

采样频率指每秒钟对音频信号的采样次数。单位时间内采样次数越多，即采样频率越高，数字信号就越接近原声。常见的采样频率有 22.05kHz、44.1kHz、48kHz 等。

2．MIDI 接口

MIDI（Musical Instrument Data Interface）即电子乐器数字化接口，是一种用于计算机与电子乐器之间进行数据交换的通信标准。

3．声道

声道（Sound Channel）是指声音在录制或播放时，在不同空间位置采集或回放的相互独立的音频信号，所以声道数也就是声音录制时的音源数量或回放时相应的音箱数量。声卡所支持的声道数是衡量声卡档次的重要指标之一。声道主要分 3 种：单声道、立体声和环绕立体声。

单声道是最原始的声音复制形式，早期的声卡普遍采用这种方式。当通过两个扬声器回放单声道信息时，可以明显感觉到声音是从两个音箱中传出来的。这种缺乏位置感的录制方式用现在的眼光看自然是很落后的，但在声卡刚刚起步时，已经是非常先进的技术了。

后来，人们通过对声像定位原理的研究，发明了最早的也是最简单的双声道立体声系统，即在录制声音时，在不同的位置用两只话筒进行录音，而在重放时则使用两路独立的放大器和两个音箱，从而使听者可以准确判断出录音中不同音源的准确位置，从而达到更好的声音定位效果。因此，立体声技术在被人们认识并接受后，很快就得到了普及与发展。双声道声卡可以轻松实现立体声效果。

尽管双声道立体声的音质和声场效果大大好于单声道，但在家庭影院应用方面，它的局限性也暴露了出来。双声道立体声系统只能再现一个二维平面的空间感，即整个声场是平平地摆在我们面前，并不能让我们有置身其中的现场感。要达到更好的效果，则需要三维音技术。三维音效果是一种虚拟的环绕声音环境，搭建这种环境仅仅依靠两个音箱是远远不够的，所以立体声技术在三维音效面前就显得捉襟见肘了，但多声道环绕音频技术的出现则解决了这一问题。目前具有环绕立体声功能的声卡多为 5.1 和 7.1 声道。其中"5"是五个高音音箱，".1"是一个低音音箱。

6.3.3　声卡的选购

总地来说，在选购声卡时只要够用就行了，不要盲目追求高档的产品。一般用户对声卡的性能要求不高，关心的是它的价格。从性能上讲，集成声卡完全不输给中低端的独立声卡，在性价比上集成声卡又占尽优势。对于中低端市场，追求性价的用户，集成声卡是不错的选择。如果是一些对音效要求十分严格的专业用户，可以购买高档产品，高档产品的声音效果出色。此外，购买时还要注意以下两点。

① 做工。首先，看 PCB 线路板的质量，一般来说，名牌厂家注重质量，多采用优质 4 层板或 6 层板生产，品质稳定，音质清亮。有些厂家采用 4 层板或 2 层板生产，质量稍差。其次，还应重点观察声卡的焊接质量，焊接质量直接决定了生产水平的高低，对焊点要求圆润光滑无毛刺。再次，可以查看一下声卡上所使用的元器件质量，如电容量、电容耐压

等，还有其元器件布局、屏蔽是否良好。此外，还需留意声卡兼容性问题。

　　② 外置声卡。外置软声卡虽然原理和结构和内置声卡很类似，但由于外置声卡没有了电路体积的限制，使得它可以设计更为复杂的模拟电路并采用更好的屏蔽设计，从而大幅度地提升音质。有些专业声卡因为接口太多，必须采用外置的方式。但是外置声卡一般采用 USB 接口，而在计算机系统中，USB 接口的优先级低于 PCI 接口，当系统繁忙时，USB 接口会因争抢不到足够的 CPU 资源而时断时续。

6.4　音箱

　　多媒体音箱是多媒体计算机的必备设备。随着声卡技术的发展，声卡的功能已经很完备，加上多媒体音箱的配合，可以尽显计算机的多媒体功能。

6.4.1　音箱的分类

　　音箱从电子学角度来看，可以分为无源音箱和有源音箱两大类。

1. 无源音箱

　　无源音箱是没有电源和音频放大电路的音箱，只是在塑料压制或木制的音箱中安装了两只扬声器，靠声卡的音频功率放大电路输出直接驱动。这种音箱的音质和音量主要取决于声卡的音频功率放大电路，通常音量不大。无源音箱如图 6-4 所示。

图 6-4　无源音箱

2. 有源音箱

　　有源音箱是在普通的无源音箱中，加上功率放大器。优质的扬声器、良好的功率放大器、漂亮的外壳工艺构成了多媒体有源音箱的基本框架。有源音箱必须使用外接电源，但这个“源”应理解为功放，而不是指电源。有源音箱一般由一个体积较大的“低音炮”和两个体积较小的“卫星音箱”组成，如图 6-5 所示。有源音箱的内部功放电路，通过分频器将声音分成几个频率段，中高频率段的输出到卫星音箱，低频段的输出到低音炮，低音通过低音炮的倒相孔传出，与卫星音箱产生共振，二者产生的微弱低音结合，卫星音箱将重新演绎低音，使得低音效果十分震撼。

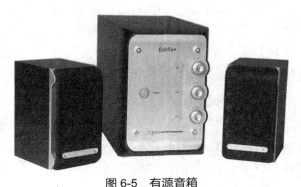

图 6-5　有源音箱

6.4.2 音箱的技术指标

1. 防磁屏蔽功能

扬声器上的磁铁对周围环境有干扰，为避免它对显示器和磁盘上的数据产生干扰，要求音箱具有较强的防磁屏蔽功能。

2. 失真度

失真度指声音在被有源音箱放大前和放大后的差异，用百分比表示，数值越小越好。失真包括谐波失真、相位失真和互调失真等，由于人耳对谐波失真最敏感，故通常以谐波失真的指标说明音箱设备的性能。

3. 额定功率

音箱音质的好坏和额定功率没有直接的关系。额定功率就是音箱能够连续稳定工作的有效功率，也就是能够长期承受这一数值的功率而不致损坏。与之对应，音箱还有一个峰值功率，指的是音箱能瞬间承受的最大功率。

4. 静态噪声

没有接入信号时，将音量开关调到最大位置所发出的噪声。这种噪声是有源音箱中放大电路所产生的，越小越好。

5. 信噪比

一般用信噪比指标说明音箱设备的性能，信噪比就是音箱设备放大后的有用的信号功率与设备自身噪声功率的比值，一般越大越好。

6.4.3 音箱的选购

选购音箱时，注意以下几点。

① 选购时将音箱的声音调至最大或最小，查看音质如何。音量大并不代表音质好。亲手调节各种旋转钮，边调边听，注意重放声音变化，均匀为好，旋转时没有接触不良的噪声。音箱的功率不是越大越好，适用就是最好的，对于普通家庭用户的20平方米左右的房间来说，30W功率是足够的了。

② 尽量选择有源音箱。因为有源音箱在重放的声效等方面起着关键的作用。无源音箱虽然比较便宜，但是没有功率放大电路，即使再好的声卡也得不到好的音响效果。

③ 尽量选择木质音箱。低档塑料音箱因其箱体单薄、无法克服谐振，无音质可言。相比较而言，木制音箱降低了箱体谐振所造成的音染，音质普遍好于塑料音箱。木制的音箱能保证较好的清晰度和较小的失真度，故价格略贵。

6.5 打印机

打印机是将计算机的运行结果或中间结果打印在纸上的常用输出设备，利用打印机可以得到各种文字、图形和图像等信息。打印机如图6-6所示。

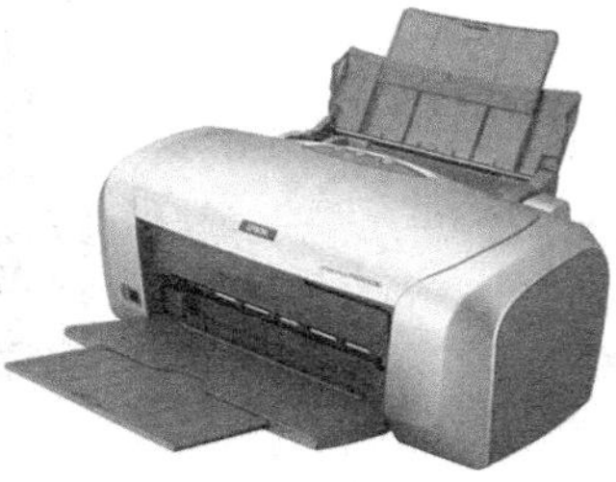

图6-6 打印机

6.5.1　打印机的分类

按打印机所采用的技术不同，可以将打印机分为针式打印机、喷墨打印机和激光打印机3种。激光打印机是目前市场的主流产品。

1. 针式打印机

针式打印机作为典型的击打式打印机，曾经为打印机的发展做出过不可磨灭的贡献。其工作原理是在打印头移动的过程中，色带将字符打印在对应位置的纸张上。其特点是，打印耗材便宜，同时适合有一定厚度的介质打印，比如银行专用存折打印等。当然，它的缺点也是比较明显的，不仅分辨率低，而且打印过程中会产生很大的噪声。如今，针式打印机已经退出了家用打印机的市场。

2. 喷墨打印机

喷墨打印机的工作原理并不复杂，那就是通过将细微的墨水颗粒喷射到打印纸上而形成图形。按照工作方式的不同它可以分为两类：一类是以 Canon 为代表的气泡式（Bubble Jet），另一类是以 EPSON 为代表的微压电式（Micro Piezo）。目前就整个彩色输出打印机市场而言，喷墨打印机依靠出色的性价，依然占据一席之地。

墨盒是喷墨打印机中的核心部件，它用来存储打印墨水。从墨盒的组成结构上来看，可分为一体式墨盒和分体式墨盒。一体式墨盒就是将喷头集成在墨盒上，当墨水用完后，更换一个新的墨盒，也意味着同时更换了一个新的喷头。由于喷头随着墨盒更换，因此不会因为喷头的磨损而使打印质量下降。不过这种墨盒售价较高，增加了打印成本。分体式墨盒是指将喷头和墨盒设计分开的产品。这种结构的出发点主要是为了降低打印成本，因为喷头没有集成在墨盒上，更换墨盒后，原来的喷头还可以继续使用，同时也简化了墨盒的拆装过程。但这种墨盒结构的缺陷是喷头得不到及时更新，随着打印机使用时间的增加，打印机质量逐渐下降，喷头也会逐渐磨损变坏。在分体式墨盒中，根据颜色的情况又可以分为单色墨盒和多色墨盒。单色墨盒是指每一种颜色独立封装，用完哪一种颜色换哪一种即可，不会造成浪费。而多色墨盒则是指将多种颜色封装在一个墨盒内，如果一种颜色用完了，即使其他几种颜色都有，也必须把整个墨盒全部换掉。很显然，单色墨盒要更加经济一些。

3. 激光打印机

激光打印机的工作原理是：当调制激光束在硒鼓上进行横向扫描时，使鼓面感光，从而带上负电荷，当鼓面经过带正电的墨粉时感光部分吸附上墨粉，然后将墨粉印到纸上，纸上的墨粉经加热熔化形成文字或图像。不难看出，它是通过电子成像技术完成打印的。激光打印机分为黑白激光打印机和彩色激光打印机两大类。精美的打印质量、低廉的打印成本、优异的工作效率及极高的打印负荷是黑白激光打印机最为突出的特点，这也决定了它依然是当今办公打印市场的主流。尽管黑白激光打印机的价格相对喷墨打印机要高，功能也比多功能一体机少，可是从单页打印成本和打印速度等方面来看，它具有绝对的优势。随着 Internet 的发展，未来的黑白激光打印机将不再是一种简单的具有打印功能的独立外设产品，而将逐步发展成一种在网络中的智能化、自动化的文件处理输出终端设备。过去的彩色激光打印机由于一直是面对专业领域，整机和耗材的价格都很高，这也是很多用户最终舍弃彩色激光打印机而求彩色喷墨打印机的主要原因。但彩色激光打印机拥有打印色彩逼真、安全稳定、打印速度快、寿命长、总体成本较低等特点，相信随着彩色激光打印机技术的发展和价格的下降，会有更多的企业用户选择彩色激光打印机。

6.5.2 打印机的技术指标

1．打印速度

打印速度是衡量打印机性能的重要指标之一。打印速度的单位用 PPM（Papers Per Minute）表示，即页/分钟。以 A4 纸为例，最便宜的喷墨打印机打印黑白字符的速度能达到 20PPM，打印彩色画面的速度为 15PPM。最便宜的黑白激光打印机打印速度可以达到 16PPM，而一些高端的黑白激光打印机打印速度可以达到 60PPM。

2．首页打印时间

首页打印时间英文称为 First Print Out，简称为 FPOT。首页打印指的是在打印机接受执行打印命令后，多长时间可以打印输出第一页内容。打印的页数越少，首页打印时间在整个打印完成时间中所占的比重就越大。

3．分辨率

分辨率是打印机的另一个重要性能指标，单位是 dpi（Dots Per Inch），即点/英寸，表示每英寸所打印的点数。分辨率越大，打印精确度越高。当前普通喷墨打印机的分辨率都在 4 800 × 1 200 以上。目前普通激光打印机的分辨率均在 600 × 600 以上。

4．缓存容量

打印机在打印时，先将要打印的信息存储到缓存中，然后再进行后台打印，又称脱机打印。如果缓存的容量大，存储的数据就多，所以缓存对打印的速度影响很大。

5．墨盒数量

墨盒数量的多少意味着打印机颜色精确度的高低。现在彩色喷墨打印机的墨盒数量有四色、五色、六色和八色等，四色墨水的颜色为品红、黑色、蓝色、黄色，五色墨水的颜色为黑色、蓝色、黄色、品红、黑色相片，四色墨盒和五色墨盒都是现在的主流墨盒。当然，墨盒数量越多，打印效果越好，但是价钱也越贵。

6．硒鼓寿命和月打印负荷

硒鼓寿命指的是激光打印机硒鼓可以打印的纸张数量。可打印的纸张量越大，硒鼓的使用寿命越长。激光打印机的打印能力指的是打印机所能负担的最高打印限度，一般设定为每月最多打印多少页，即月打印负荷。如果经常超过最大打印数量，打印机的使用寿命会大大缩短。一般激光打印机的硒鼓寿命都能达到 1 500 页以上，月打印负荷能达到 5 000 页以上。

6.5.3 打印机的选购

在购买打印机时，需要从以下几方面考虑。

（1）按需购买。用户应根据自己的用途选择打印机。如所需要的打印幅面的大小和色彩能力等。如果是家庭使用，打印的数量又不太多，可以购买便宜的喷墨打印机。最便宜的喷墨打印机只需要 200 元左右，而最便宜的激光打印机也在 700 元左右。此外，其耗材及维护费用也是应考虑的因素。如果是打印任务相对艰巨的中小型办公用户，应舍得为较高的月打印负荷量（10 000 页以上）和长寿命硒鼓（20 000 页以上）付出更多购买成本，因为这两项指标较高的机型其可靠性也较高，否则经常卡纸，频繁更换硒鼓将会大大降低打印效率，增加维护及整体打印成本。

（2）品牌：打印机的品牌很重要，知名品牌的打印机质量有保证，售后服务好，一般保修时间为 1 年，全国联保，维修网点多，而且耗材容易购买。

（3）性能指标：购买时，应仔细对照说明书，查看其各项指标。价格相同的不同品牌的产品，有可能性能指标有很大的差别。

 练习题

一、选择题

1．GPU 是指_____。
　　A．中央处理器　　　B．显卡　　　　　C．显示内存　　　　D．显示芯片
2．目前主要的 4 种显卡接口中，只有_____是模拟接口。
　　A．VGA　　　　　　B．DVI　　　　　C．HDMI　　　　　D．Display Port
3．NVIDIA 公司最出名的显示芯片产品是为游戏而设计的 GeForce 系列，目前主流的是 GeForce 第_____代。
　　A．九　　　　　　B．十　　　　　　C．十一　　　　　D．十二

二、填空题

1．显卡主要可以分为_____显卡和_____显卡。前者是将显示芯片、显存及其相关电路都做在主板上，与主板融为一体。后者是将显示芯片、显存及其相关电路单独做在一块电路板上，作为一块独立的板卡存在。

2．目前在显卡市场上主要有_____、_____和_____3 家厂商。

3．音箱从电子学角度来看，可以分为_____音箱和_____音箱两大类。

4．随着显示器尺寸的缩小，电脑厂商开始把主机集成到显示器中，从而形成_____。

5．显示器可以分为阴极射线（CRT）显示器和_____（LCD）。

6．独立声卡按照接口类型，可以分为_____接口、_____接口及_____接口 3种。大部分内置声卡都采用前两种接口，而外置式声卡均采用第三种接口与主机连接。

7．尽管_____打印机的价格相对喷墨打印机价格要高，可是从单页打印成本及打印速度等方面来看，它具有绝对的优势。

三、简答题

1．简述集成显卡和独立显卡的优缺点。
2．简述 GeForce 第十代产品的命名规则。

第 7 章 其他设备

7.1 机箱

机箱是计算机主要配件的载体,其主要功能有 3 项:一是固定和保护计算机配件,将零散的计算机配件组成一个有机的整体;二是防尘和散热;三是屏蔽计算机内部元器件产生的电磁波辐射,防止其对室内其他电器设备的干扰,并保护人的身体健康。

7.1.1 机箱的分类

从外形上看,机箱可分为卧式、立式和立卧两用式 3 种;从结构上看,机箱可分为 ATX型、Micro ATX 型和 ITX 型。

1. 卧式机箱

卧式机箱是早期比较流行的机箱,显示器可以放在机箱上面,以节省空间。它的缺点是内部空间较小,不利于散热,可扩充性差。

2. 立式机箱

随着 ATX 主板的普及,曾经盛行一时的卧式机箱渐渐被用户所遗忘,立式机箱已经成为主流。立式机箱可以放在显示器的左右两旁,也有人摆在地面上。这种机箱没有高度限制,可以提供更多的扩展槽。立式机箱内部空间相对较大,而且由于热空气上升冷空气下降的原理,立式机箱的电源在上方,其散热性能比卧式机箱要好。

3. 立卧两用式机箱

立卧两用的设计,在小机箱中尤为突出。这种产品一般外观漂亮、造型时尚,在使用中能够体验到更多的新鲜感,但是一般扩充升级能力较差。立卧两用式机箱如图 7-1 所示。

图 7-1 立卧两用式机箱

4. ATX 型机箱

ATX 是 Advanced Technology Extended 的缩写。由于 AT 主板结构过于陈旧，Intel 在 1995 年公布了 AT 主板的扩展结构，即 ATX（AT Extended）主板标准。这一标准得到世界主要主板厂商支持，是目前市场上最常见的主板结构。ATX 主板的尺寸为 305mm×244mm，是家用电脑中最大的主板。ATX 型机箱是标准机箱，在市场上最为常见，它可以装配较大的 ATX 主板、较小 Micro ATX 主板和最小的 ITX 主板。

5. Micro ATX 型机箱

Micro ATX 又称 Mini ATX，是 ATX 结构的简化版，就是常说的"小板"。Micro ATX 规格推出的最主要目的是为了降低个人电脑系统的总体成本与减少电脑系统对电量的需求。Micro ATX 主板的尺寸为 244mm×244mm，是家用电脑中较小的主板。Micro ATX 型机箱大多造型小巧美观，它可以装配 Micro ATX 主板和 ITX 主板，但是不能使用较大的 ATX 主板。

6. ITX 型机箱

Mini-ITX 简称 ITX，是由威盛公司推出的一种结构紧凑的主板结构，用于小空间、低成本的电脑。ITX 主板的尺寸为 170mm×170mm，是家用电脑中最小的主板。ITX 型机箱造型轻薄小巧，它只能装配 ITX 主板，不能使用 ATX 主板和 Micro ATX 主板。

7.1.2 机箱的结构

机箱的内部有各种框架，可安装和固定主板、电源、接口卡及硬盘等部件。

从外面看，机箱的正面是面板，包含各种指示灯、开关与按钮，一般机箱最少都要有电源开关、复位（RESET）按钮等，指示灯有电源灯、硬盘驱动器指示灯等。

机箱背面有各种接口，用来接键盘、电源线、显示器等。ATX 机箱如图 7-2 所示。

图 7-2　ATX 机箱

7.1.3 机箱的选购

选购机箱时，需要从以下几方面考虑。

① 标配电源。目前市场上很多机箱都带有标配电源，这在装机时可以节省一笔费用。

计算机组装与维护（第 4 版）

但是自带电源已经不能满足一些高端 DIY 玩家的需要了。举例来说，一般自带电源最大不会超过 400W，而一些高端显卡推荐使用 450W 的电源，这就需要购买不带电源的机箱，然后额外购买大功率电源。

② 卧式机箱和立式机箱。如果计算机不常拆卸接口卡、硬盘或其他部件的话，可以选择卧式机箱。卧式机箱上面可以放显示器，整个计算机占用较少的桌面空间。如果从以后升级或维修的角度来看，立式机箱比较实用，因为它的内部空间大，不但能够加装较多的硬盘、光驱等部件，而且有助于主板与 CPU 的散热。

③ 注意机箱的坚韧度。由于机箱市场竞争激烈，有些厂商为了节约成本，其机箱的板材厚度比较薄。如果拆卸接口卡、磁盘驱动器或其他部件，接口卡固定处、磁盘驱动器支架就容易变形。

④ 美观耐用。机箱曾经是电脑上最不受人注意的部件之一，大多数用户选择机箱时只要"看起来很美"的产品。机箱的材质也很重要，使用的是镀锌钢板制造。之所以要在钢板上镀锌，主要是为了防腐。机箱外部烤漆涂层要均匀、粘附力强、不脱落。一些材质不好的机箱，采用的是次等的镀锌钢板甚至是镀锡钢板，这样的产品一般镀层薄而不均匀，容易氧化。

⑤ 工艺精湛。质量好的机箱，在内部手能触及的部位对冲压毛刺进行特别处理，装机时不易划伤手。机箱要内部结构合理、安装方便、空间大、散热性能好。

⑥ 免工具拆装。电脑使用中时常会遇到拆卸机箱的情况，普通机箱的面板通常使用螺丝来固定，拆卸过程麻烦，而且容易造成硬件损坏。而免工具拆装的机箱则不同，它采用了手卸式螺丝和固定卡扣等结构，无需使用螺丝刀，即可徒手快速拆卸机箱。免螺丝的光驱和硬盘支架如图 7-3 所示。

图 7-3　免螺丝光驱和硬盘支架

7.1.4　一体电脑

随着电脑集成技术的提高，电脑厂商开始把主机集成到显示器中，从而形成没有机箱的电脑——一体电脑（all-in-one），缩写为 AIO。一体电脑如图 7-4 所示。

1．一体电脑的优势

一体电脑机身纤巧、简约时尚、体积小、低功耗、环保无噪声、无辐射。一体电脑的性能能够达到台式机中高端的水平，采用 Intel 或 AMD 主流处理器，个别采用笔记本处理器，支持高清解码的显卡，视频能力较强。一般

图 7-4　一体电脑

都会装备 DDR3 高速内存，性能更强、功耗更低，同时配备大容量高速硬盘。个别产品还采用最新的 Wi-Fi 无线网络技术，提供更可靠、更快的连接速度和更大的传输范围，轻松实现家庭无线组网。一体电脑采用吸入式光驱设计，与传统的托盘式设计相比，吸入式的设计有效地阻挡了灰尘，延长了使用寿命，提高了安全性。一体电脑一般会配备无线键盘

鼠标和遥控器，有效距离高达 10 米，可以直接进行网页浏览、播放电视节目、调整声音大小、关机等操作，并内置摄像头、麦克风和扬声器等。多点触摸技术是一体电脑的一大亮点。依靠多点触摸技术，用户能够以直观的手指操作来实现图片的切换、移位、放大缩小和旋转，实现文档、网页的翻页及文字缩放。多点触摸技术的加入增强了一体电脑的核心竞争力，也为未来的一体式电脑产品指明了一个方向。

2. 一体电脑的缺点

一体电脑维修不方便，若出现接触不良或者其他毛病，必须拆开显示器后盖，比较麻烦。由于一体电脑将主机集成到显示器的后面，因此，散热不好，内部元件在高温下，容易老化，寿命会缩短。目前生产一体电脑一流大厂商比较少，杂牌产品很多，配件质量很可能出现问题，购买时应该挑选知名品牌。多数一体电脑配置不高，而且不好升级。有些一体电脑的配置可以达到中高端台式机水平，但是，其价格会比同等配置的台式机贵很多。同时，一体电脑便携性差。

7.2 电源

电源为微机内各部件供电，稳定的电源是微机各部件正常运行的保证。

7.2.1 电源的分类

个人电脑所用的电源从适用范围上主要分为两类，即普通电源和小机箱电源。

1. 普通电源

目前，台式机全部采用 ATX 电源，相对于已经被淘汰的老式 AT 电源，新的 ATX 电源不采用传统的市电开关来控制电源工作，可以实现软件开关机、键盘开机和网络唤醒等功能。普通电源与小机箱电源相比，尺寸更大，并拥有更高的功率，一般都在 300W 以上，可以为耗电量越来越大的各种电脑硬件提供充足的电力。普通电源如图 7-5 所示。

2. 小机箱电源

小机箱电源也属于 ATX 电源，常用于 Micro ATX 型机箱和 ITX 型机箱这两种小型机箱。小机箱电源一般功率较低，在 150W～300W。小机箱内部空间较小，普通电源安装后可能会遮挡 CPU 散热风扇，影响散热。因此，这些电源为了迎合小机箱的特点，一般尺寸都较小，很多都采用了比较独特的造型。小机箱电源如图 7-6 所示。

图 7-5 普通电源

图 7-6 小机箱电源

7.2.2　性能指标

1．电源功率

电源最主要的性能参数，一般指直流电的输出功率，单位是瓦特（W），现在市场上常见的有 250W、300W、350W、400W 和 500W 等多种电源，台式机电源功率最大可达到 1 500W。功率越大，代表可连接的设备越多，计算机的扩充性就越好。随着计算机性能的不断提升，耗电量也越来越大，大功率的电源是计算机稳定工作的重要保证，电源功率的相关参数在电源标识上一般都可以看到。

2．过压保护

若电源的电压太高，则可能烧坏计算机的主机及其插卡，所以市面上的电源大都具有过压保护的功能，即当电源一旦检测到输出电压超过某一值时，就自动中断输出，以保护板卡。过压保护对计算机的安全来说很重要，一旦电压过高，造成的损失将很大。

3．噪声和滤波

输入 220V 的交流电，通过电源的滤波器和稳压器变换成低压的直流电。噪声大小用于表示输出直流电的平滑程度，而滤波品质的高低代表输出直流电中包含交流成分的高低。噪声和滤波这两项性能指标需要专门的仪器才能定量分析。

4．瞬间反应能力

瞬间反应能力也就是电源对异常情况的反应能力，它是指当输入电压在允许的范围内瞬间发生较大变化时，输出电压恢复到正常值所需的时间。

5．电压保持时间

在微机系统中应用的 UPS（不间断电源）在正常供电状态下一般处于待机状态，一旦外部断电，它会立即进入供电状态，不过这个过程需要 2ms～10ms 的切换时间，在此期间需要电源自身能够靠内部储备的电能维持供电。一般优质电源的电压保持时间为 12ms～18ms，都能保证在 UPS 切换到位之前维持正常供电。

6．电磁干扰

电源在工作时内部会产生较强的电磁振荡和辐射，从而对外产生电磁干扰，这种干扰一般是用电源外壳和机箱进行屏蔽，但无法完全避免这种电磁干扰，为了限制它，国际上制定了 FCCA 和 FCCB 标准，国内也制定了国标 A（工业级）和国标 B（家用电器级），优质电源都能通过 B 级标准。

7．开机延时

开机延时是为了向微机提供稳定的电压而在电源中添加的新功能，因为在电源刚接通电时，电压处于不稳定状态，为此电源设计者让电源延迟 100ms～500ms 之后再向微机供电。

8．电源效率和寿命

电源效率和电源设计电路有密切的关系，提高电源效率可以减少电源自身的损耗和发热量。电源寿命是根据其内部元器件的寿命确定的，一般元器件寿命为 3～5 年，则电源寿命可达 8 万~10 万小时。

9. 电源的安全认证

为了避免因电源质量问题引起的严重事故，电源必须通过各种安全认证才能在市场上销售，因此电源的标签上都会印有各种国内、国际认证标记。其中，国际上主要有 FCC、UL、CSA、TUV、CE 等认证，国内认证为中国安全认证机构 CCEE。

7.2.3　电源的选购

电源是微机中各设备的动力源泉，其品质好坏直接影响微机的工作，一般都和机箱一同出售。因此选购电源时应考虑以下几点。

① 电源的输出功率。除考虑到系统安全工作外，还要考虑到以后安装第二块硬盘、光盘或其他部件时使用功率的增加，最好购买功率在 300W 以上的电源。

② 电源的质量。购买时应选择质量好的电源。应选择比较重的电源，因为较重的电源内部使用了较大的电容和散热片；查看电源输出插头线，质量好的电源一般用较粗的导线；插接件插入时应该比较紧，因为较松的插头容易在使用过程中产生接触不良等问题。

③ 电源风扇的噪声。选购电源时应注意电源盒中的风扇噪声是否过大，电源风扇转动是否稳定。

④ 过压保护。在购买电源时应查看电源是否标有双重过压保护功能。

⑤ 安全认证。电源上除了标有生产厂家、注册商标、产品型号，还应有一些国家认证的安全标识，防止以次充好。

7.3　调制解调器

平常说的 Modem，其实是 Modulator（调制器）与 Demodulator（解调器）的简称，中文称为调制解调器。也有人根据 Modem 的谐音，称之为"猫"。

计算机内的信息是由"0"和"1"组成的数字信号，而在电话线上传递的却只能是模拟电信号。于是，当两台计算机要通过电话线进行数据传输时，就需要一个设备负责数模转换。这个数模转换器就是 Modem。计算机在发送数据时，先由 Modem 把数字信号转换为相应的模拟信号，这个过程称为"调制"。经过调制的信号通过电话线载波传送到另一台计算机之前，也要经由接收方的 Modem 负责把模拟信号还原为计算机能识别的数字信号，这个过程称为"解调"。正是通过这样一个"调制"与"解调"的转换过程，实现了两台计算机之间的远程通信。

7.3.1　调制解调器的分类

按工作方式不同，Modem 可以分为单工、半双工和全双工方式，目前使用的是全双工方式，即可以同时发送和接收数据。

按接口类型不同，Modem 又分为内置 Modem、外置 Modem、插卡式 Modem 和机架式 Modem，内置 Modem 现在已经不多见了，市场上仅存的几款产品多为 PCI 接口或 PCI-E 接口，如图 7-7 所示。外置 Modem 是目前市场的主流产品。外置 Modem 是一个放在计算机外部的盒式装置，如图 7-8 所示，需要占用外部空间，而且需要连接单独的电源才能工作。外置 Modem 面板上有几盏状态指示灯，可方便用户监视 Modem 的通信状态。外置 Modem 占用 CPU 少，不受机箱内各种连线的干扰和电磁干扰，更重要的是它传输数据的出错率要比内置的低很多，并且安装和拆卸容易，设置和维修也很方便，还便于携带。一般在安装宽带时，网络服务商会配送外置 Modem，因此并不需要用户自行选购，而且 Modem 的费用也已经包含在宽带安装费用中。根据用户所选择的网络服务商不同及宽带流量的不同，所配送的 Modem 也会有所差别。插卡式 Modem 主要用于笔记本电脑，体积纤巧，配合移动电话，可方便地实现移动办公。机架式 Modem 相当于把一组 Modem 集中于一个箱体或外壳里，并由统一的电源进行供电。机架式 Modem 主要用于 Internet/Intranet、电信局、校园网、金融机构等网络的中心机房。

图 7-7　内置 Modem

图 7-8　外置 Modem

7.3.2　宽带接入方式

宽带其实并没有严格的定义，目前没有统一标准规定宽带的带宽应达到多少。一般是以拨号上网速率的上限 56kbit/s 为分界，将 56kbit/s 及其以下的接入称为"窄带"，56kbit/s 之上的则归类于"宽带"。从一般的角度理解，宽带应该是能够满足人们感观所能感受到的各种媒体在网络上传输所需要的带宽，因此它也是一个动态的、发展的概念。目前的宽带对家庭用户而言是指传输速率超过 1Mbit/s，可以满足语音、图像等大量信息传递的需求。

宽带接入一般泛指传输速率较高的接入方式。目前主要的宽带接入方式有 ADSL、Cable 和光纤。不同的宽带接入方式，所使用的 Modem 也是不同的。

1. ADSL

ADSL（Asymmetric Digital Subscriber Line，非对称数字用户线路，也可称作非对称数字用户环路）是一种新的数据传输方式。由于上行（从用户到网络）和下行（从网络到用户）带宽不对称，因此被称为非对称数字用户线路。ADSL 采用频分复用技术把普通的电话线分成电话、上行和下行 3 个相对独立的信道，从而避免了相互之间的干扰。即使边打电话边上网，也不会发生上网速率和通话质量下降的情况。ADSL 上行为低速传输，理论最高可达 1Mbit/s；下行为高速传输，可达 8Mbit/s。

在 ADSL 的用户端，需要使用一个 ADSL 终端，即 ADSL Modem，来连接电话线路。通常的 ADSL Modem 有一个电话线接入口和一个网络接入口。

ADSL 的标准化很完善，产品的互通性很好，而且 ADSL 接入能确保用户独享一定的带宽。从 1999 年开始，全国逐渐普及 ADSL 业务，随后几年的发展势头非常迅猛。但是，ADSL 传输速率终究有限，无法与光纤接入等高速接入技术匹敌，ADSL 的非对称性也会严重制约交互式多媒体业务的开展。为解决自身存在的问题，ADSL 技术也在不断改进。2002 年，发布了 ADSL 的新标准，被称为 ADSL2。2003 年，又发布了 ADSL2 + 标准。与 ADSL 相比，ADSL2 的各方面功能和性能都有进一步的加强。ADSL2 使用的频带与 ADSL 相同，因此，理论上的最大传输速率和传输距离与 ADSL 并无明显的区别。而 ADSL2+在可用频带、上行下行传输速率上做了进一步扩展，其近距离时的最大下行速率能够达到 25Mbit/s 以上。目前市面上大多数 ADSL Modem 都是基于 ADSL2+标准的。

ADSL 通常提供 3 种网络连接方式：桥接；PPPoA（PPPoverATM，基于 ATM 的端对端协议）；PPPoE（PPPoverEthernet，基于以太网的端对端协议）。桥接是直接提供静态 IP，后两种通常不提供静态 IP，是动态地给用户分配网络地址。

2. Cable

Cable 即为有线电视电缆。Cable 接入就是基于有线电视网的网络接入技术，它是近几年随着网络应用的扩大而发展起来的，主要使用有线电视网进行数据传输。有线电视公司一般从 42MHz～750MHz 之间电视频道中分离出一条 6MHz 的信道用于下行传送数据。Cable 接入技术在全球尤其是北美的发展势头迅猛，每年用户数以超过 100%的速度增长。在中国，已经有许多城市开通了 Cable 接入。

Cable 接入的用户端需要使用 Cable Modem，即电缆调制解调器，又名线缆调制解调器，俗称"有线猫"。Cable-Modem 彻底解决了由于声音图像的传输而引起阻塞的问题，其速率已达 10Mbit/s 以上，下行速率则更高。但是，目前尚未发布 Cable Modem 的国际标准，不同厂家的 Cable Modem 传输速率均不相同。因此，组建高速城域网还有待于 Cable Modem 标准的出台。

3. 光纤

光纤接入是指采用光纤传输技术接入互联网，本地交换机和用户之间全部或部分采用光纤传输的通信系统。光纤具有带宽大、远距离传输能力强、保密性好、抗干扰能力强等优点，是未来接入网络的主要实现技术，主要适用于商业集团用户和智能化小区局域网的高速接入 Internet 实现高速互联。它有 3 种具体接入方式。

① 光纤 + 以太网接入——适用于已建成或便于综合布线及系统集成的小区住宅与商务楼宇等，所需的主要网络产品主要为交换机、集线器、超五类线等。

② 光纤 + HomePNA——适用对象为未建成或不便于综合布线及系统集成的小区住宅与酒店楼宇等，所需的主要网络产品主要为 HomePNA 专用交换机（HUB）、HomePNA 专用终端产品（Modem）等。

③ 光纤+五类缆接入（FTTx+ LAN）——FTTx 是指光纤传输到路边、小区、大楼，LAN 是局域网。这是光纤和局域网技术相结合的一种接入方式。"千兆到小区、百兆到大楼、十兆到用户"是对这种接入方式非常形象的描述，指的是千兆光纤到小区（大楼）中心交换机，中心交换机和楼道交换机以百兆光纤相连，楼道内采用综合布线，用户上网速率可达 10Mbit/s。用户上网速率视申请速率和使用数量而定，理论值可达 10M～100Mbit/s。

这种接入方式主要适用于住宅小区、企事业单位和院校。另外，光纤接入还可以实现光纤到办公室、光纤到户、光纤到桌面等多种接入方式，满足不同用户的需求。

　　光纤接入方式需要使用光猫，光猫是光 Modem 的俗称，如图 7-9 所示。光猫接入的是光纤专线，光猫设备采用大规模集成芯片，电路简单，功耗低，可靠性高，具有完整的告警状态指示和完善的网管功能。但是目前光猫的价格还很高，最便宜的产品也在千元以上。

图 7-9　光猫

7.4　网卡

　　网卡也称 NIC（Network Interface Card，网络接口卡）或网络适配器。它是插在个人计算机或服务器扩展槽内的扩展卡。计算机通过网卡与其他的计算机交换数据，共享资源。组建局域网时，必须使用网卡，网卡通过网络传输介质与网络相连。网卡的工作原理是先将计算机发送到网络的数据组装成适当大小的数据包，然后再发送。

7.4.1　网卡的分类

　　网卡作为一种网络设备，种类是多种多样的，可以按以下几种方法进行分类。

1. 按传输速率

　　按照传输速率划分，可以分为 10/100Mbit/s 自适应网卡、10/100/1 000Mbit/s 自适应网卡、1 000Mbit/s 网卡和 10 000Mbit/s 网卡。

2. 按总线接口

　　按照总线接口的类型划分，可以分为 PCI、PCI-E、PCMCIA 和 USB 等类型，其中主流产品是 PCI 和 PCI-E 总线接口产品。PCMCIA 总线接口的网卡是笔记本电脑专用的，因为受到笔记本电脑的空间限制，体积远不可能像 PCI 和 PCI-E 接口网卡那么大。PCMCIA 总线分为两类，一类为 16 位的 PCMCIA，另一类为 32 位的 CardBus。PCMCIA 是笔记本专用的接口，PCMCIA 卡简称 PC 卡，尺寸为 85.6 × 54mm，传输速率为 20M～30Mbit/s。CardBus 也是一种用于笔记本电脑的高性能总线接口标准。与原来的 PCMCIA 标准相比，具有更高的传输速率（可达 90Mbit/s），更低的功耗，向下兼容 16 位的 PCMCIA 卡，并且可以独立于主 CPU，与计算机内存直接交换数据。USB 总线接口的网卡一般是外置式的，不占用计算机扩展槽，支持热插拔，安装更为方便。这类网卡主要是为了满足没有内置网卡的笔记本电脑用户。

3. 按照网卡支持的计算机种类

按照网卡支持的计算机种类分，主要分为标准以太网卡和 PCMCIA 网卡。标准以太网卡用于台式计算机，而 PCMCIA 网卡用于笔记本电脑。

4. 按电缆接口

目前以太网的 RJ45 接口是最为常见的一种网卡接口，如图 7-10 所示。以前曾经存在过细同轴电缆的 BNC 接口、粗同轴电缆的 AUI 接口和光纤分布式数据接口等类型的网卡，但现在已经十分少见了。

图 7-10　网卡

7.4.2　无线网卡和无线上网卡

1. 无线网卡

无线网卡的作用和功能跟普通电脑网卡一样，是用来连接局域网的，唯一不同的是它不通过有线连接，而是采用无线信号进行连接。有了无线网卡还需要一个可以连接的无线网络，如果所在地有无线路由器的覆盖，就可以通过无线网卡连接到网络。无线网卡根据接口不同，可以划分为 PCI-E、PCI、Mini PCI、PCMCIA 和 USB 几类产品，其中 Mini PCI 和 PCMCIA 接口卡多为笔记本专用。从速度来看，无线网卡主流的速率为 54Mbit/s、108Mbit/s、150Mbit/s 和 300Mbit/s，速度性能和环境有很大的关系。PCMCIA 无线网卡如图 7-11 所示。

图 7-11　PCMCIA 无线网卡

无线网卡按无线标准可分为 IEEE 802.11b、IEEE 802.11g 和 IEEE 802.11n。

802.11 是 IEEE 在 1997 制定的一个无线局域网标准，主要用于解决办公室局域网和校园网中用户与用户终端的无线接入，业务主要限于数据存取，速率最高只能达到 2Mbit/s。由于 802.11 在速率和传输距离上都不能满足人们的需要，因此，IEEE 小组又相继推出了 802.11a、802.11b、802.11g 和 802.11n 等多个新标准。

802.11b 是 IEEE 在 1999 年推出的一个标准。其载波的频率为 2.4GHz，传送速度为 11Mbit/s。802.11b 是所有无线局域网标准中普及最广的标准，它有时也被错误地标为 Wi-Fi。实际上，Wi-Fi 是一个无线网络通信技术的品牌，由 Wi-Fi 联盟（Wi-Fi Alliance）所持有，目的是改善基于 IEEE 802.11 标准的无线网路产品之间的互通性。其实 Wi-Fi 仅保障使用 Wi-Fi 品牌的商品互相之间可以合作，与标准本身实际上没有关系。但是现在很多人都把 IEEE 802.11 系列标准统称为 Wi-Fi。

802.11g 是 802.11b 的后续标准，于 2003 年推出，其传送速度为 54Mbit/s。802.11g 的设备与 802.11b 兼容。802.11g 是为了提高数据传输速率而制定的标准，它也采用 2.4GHz 频段。

802.11n 是 IEEE 于 2004 年推出的新标准，传输速率可以提高到 300Mbit/s，甚至 600Mbit/s。在覆盖范围方面，802.11n 采用智能天线技术，通过多组独立天线组成的天线阵列，可以动态调整波束，保证无线局域网用户接收到稳定的信号，并可以减少其他信号的干扰。因此其覆盖范围可以扩大到好几平方公里，使无线局域网的移动性大大提高。在兼容性方面，802.11n 采用了一种软件无线电技术，使得无线局域网的兼容性得到极大改善。无线局域网不但能实现 802.11n 向前后兼容，而且可以实现无线局域网与无线广域网络的结合，比如 3G。

2. 无线上网卡

无线上网卡的作用和功能相当于有线的调制解调器，可以在拥有无线电话信号覆盖的任何地方，利用手机的 SIM 卡来连接到无线广域网上。无线上网卡根据接口不同，主要有 PCMCIA、USB 和 Express Card 等几类产品。

Intel 公司于 2003 年正式把下一代 PCMCIA 卡命名为 Express Card。Express Card 不仅体积细小，适合于移动或者桌面平台系统，而且传输速度更快，理论传输速率可以达到 2.5Gbit/s。Express Card 具有两种规格，Express Card/34 标准和 Express Card/54 标准，但二者都低于 Card Bus 卡规格。Card Bus 卡和两种 Express Card 卡如图 7-12 所示，从左至右分别是 Card Bus 卡、Express Card/54 卡和 Express Card/34 卡。所有 Express Card 都是 5mm 厚。其中 Express Card/34 是最小的卡，宽 34mm，它仅有 Card Bus 卡的一半，这种尺寸更适合于移动设备的接入。Express Card/54 卡宽 54mm，呈 L 形，但物理接口是 34mm。34mm 的插卡适用于 34mm 和 54mm 插卡插槽，54mm 的插卡仅适用于 54mm 插卡插槽。

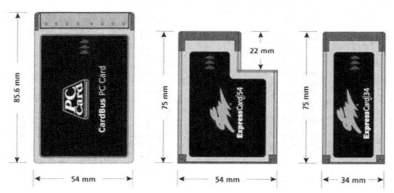

图 7-12　Card Bus 卡和两种 Express Card

市场上很多 PCMCIA 和 Express Card 无线上网卡是带有可伸缩天线的，在不使用时可以收起来，不仅不影响美观，而且不会在磕磕碰碰时弄坏，非常方便。当然，没有天线的无线上网卡在信号较好的情况下也能正常上网。带天线的 Express Card/54 无线上网卡如图 7-13 所示。

从速度来看，无线上网卡主要分为 3G 和 4G 两种。

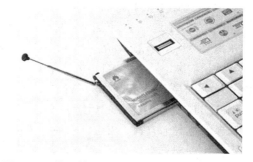

图 7-13　带天线的 Express Card/54 无线上网卡

3G（3rd-Generation）是第三代移动通信技术的简称，是指支持高速数据传输的蜂窝移动通信技术。3G 服务能够同时传送声音及数据信息。3G 上网卡是目前无线广域网应用最广泛的上网介质。目前我国拥有移动、联通和电信 3 种不同的 3G 网络制式。3G 上网卡一般可以提供 2.4Mbit/s 、2.8Mbit/s、3.1Mbit/s、7.2Mbit/s、10.2Mbit/s 和 21.6Mbit/s 几种传输速率。

　　4G（4th-Generation）是第四代移动通信技术的简称，是集 3G 与无线局域网于一体，并能够传输高质量视频图像，以及图像质量与高清晰度电视不相上下的技术产品。4G 系统的传输速率能够达到 100Mbit/s，比拨号上网快 2 000 倍，能够满足几乎所有用户对于无线服务的要求。而在用户最为关注的价格方面，4G 与固定宽带网络在价格方面不相上下，而且计费方式更加灵活机动，用户完全可以根据自身的需求确定所需的服务。此外，4G 可以在 DSL 和有线电视调制解调器没有覆盖的地方部署，然后再扩展到整个地区。虽然目前市场上的 4G 上网卡数量不多，但是随着 4G 技术的兴起和推广，4G 上网卡将是未来市场的主流。

7.4.3　无线路由器

　　路由器（Router）是连接网络中各局域网、广域网的设备，它会根据信道的情况自动选择和设定路由，以最佳路径，按前后顺序发送信号。 路由器是互联网络的"交通警察"。

　　无线路由器是带有无线覆盖功能的路由器，它主要应用于用户上网和无线覆盖，经常配合无线网卡使用。市场上流行的无线路由器一般都支持 IEEE 802.11 网络标准。多数无线路由器都带有天线，如图 7-14 所示。无线路由器可实现家庭无线网络中的 Internet 连接共享，实现 ADSL 和小区宽带的无线共享接入。无线路由器可以与 ADSL Modem 或 Cable Modem 直接相连，也可以在使用时通过交换机/集线器、宽带路由器等局域网方式再接入。无线路由器内置简单的虚拟拨号软件，可以存储用户名和密码，实现自动拨号功能。无线路由器的背部一般都有一个 RJ45 口，为 WAN 口，是连接外部网络的接口，其余 2~4 个口为 LAN 口，用来连接普通局域网，内部有一个网络交换机芯片，专门处理 LAN 接口之间的信息交换。无线路由器的背部如图 7-15 所示。

图 7-14　带天线的无线路由器

图 7-15　无线路由器的背部

　　购买时需注意无线路由器的协议标准、网络接口、最高传输速率和有效工作距离等参数。

7.4.4　网卡的选购

　　生产网卡的厂家有 Intel 公司、D-Link 公司、华为和中兴等。在选购网卡时，除了注意价格及品牌以外，还应注意以下问题。

① 网卡的速度，即网卡接收和发送数据的快慢。网卡价格普遍较低，用户可以根据局域网传输数据的要求来选择网卡。千兆以太网的应用已经非常广泛，而万兆以太网将是以后的主流，但至少在近几年内，千兆以太网不会被淘汰。因此，用户应选择1 000Mbit/s网卡，而10 000Mbit/s网卡目前价格还很高，且大多数网络还达不到这么高的传输速度。在千兆以太网上使用10 000Mbit/s网卡是一种浪费，因为传输速率最高只能达到1 000Mbit/s。

② 由于当前网卡的总线接口主要是PCI和PCI-E，所以应选购PCI和PCI-E接口的网卡。而PCMCIA是几乎所有笔记本电脑都支持的一种接口。虽然PCMCIA卡的传输速率不高，但是在低带宽需求的情况下，其优势在于可以完全插入笔记本电脑插槽的内部，基本不会有突出的部分，使用起来更加安全，不会因为一些意外情况而发生碰撞。相比之下，USB接口却并非是理想的选择。以笔记本电脑为例，USB接口的网卡无法做到完全插入，此时意外的碰撞就很容易把网卡弄坏。此外，PCMCIA接口的产品总多为低功耗设计，而USB接口的产品功耗控制更差一些。当然，USB接口的网卡在实际应用中还是非常灵活的，兼容台式机与笔记本电脑，这便是最大的优势。至于Express card接口的网卡，建议大家根据具体情况选择，因为不是所有笔记本电脑都有带有Express card插槽的。

③ 为了适应不同类型的网线，应当选择10/100/1 000Mbit/s自适应网卡，它可以应用在不同速率的网络中，延长使用寿命。

④ 注意天线的选择。天线是大家在选购无线上网卡时容易忽视的细节，它关系到上网的可靠性与稳定性。市场上的无线上网卡天线分为可伸缩式、可分离拆卸式和固定式。毫无疑问，可伸缩式使用起来是最为方便的，在不使用时可以收起来，不仅不影响美观，而且不会在磕磕碰碰时弄坏。可分离拆卸式是避免磕碰损坏的最佳方案，而且万一弄坏也能很方便地买到备用天线。不过，可分离拆卸式天线最大的不便在于难以保管，且很容易丢失。当然，部分无线上网卡在信号较好的情况下即便不使用天线也能正常上网，这就显得比较灵活一些。至于固定式天线，主要有软天线和硬天线两种。软天线一般便于弯折，不容易损坏。

⑤ 关注传输稳定性与散热表现。对于无线上网卡而言，决定其传输速率和稳定性的关键在于发射芯片。由于全球发射模块被几大厂商所垄断，因此不同产品之间的差距实际上并不大。如同手机信号强弱一样，不同的无线上网卡在弱信号处的数据收发能力稍有区别，这与厂商不敢贸然加大发射功率有一定的关系。一般而言，厂商并不会公开无线上网卡的发射功率，因此大家只能根据产品实际试用情况来选择。稳定性方面，由于驱动和应用软件方面造成的稳定性因素基本不存在，因为相关驱动的核心内容都是由发射芯片厂商统一提供，而软件开发也不会抬高技术难度和瓶颈。相对来说，发热量才是我们该关心的重点，在狭小的PCMCIA插槽中，无线上网卡如果连续长时间使用，那么其发热量必须足够小，否则就容易导致产品加速老化，甚至频繁掉线。

 练习题

一、填空题

1. 从结构上看，机箱可分为_____、_____和_____。

2．一体电脑是将_____集成到显示器中。

3．目前，台式机全部采用_____电源，老式的 AT 电源已经被淘汰。

4．最好购买功率在_____以上的电源。

5．目前主要的宽带接入方式有_____、_____和_____。

二、判断题

1．全双工 Modem 是指可以同时进行发送数据和接收数据。（　　）

2．选择机箱时，只要机箱外观"看起来很美"就可以了。（　　）

3．不同的接入方式，所使用的 Modem 是一样的。（　　）

4．无线网卡和无线上网卡的作用和功能跟普通电脑网卡一样。（　　）

5．无线网卡一般需要配合无线路由器才能连接到网络。（　　）

三、简答题

1．免工具拆装机箱有哪些优点？

2．简述一体电脑的优缺点。

3．网卡的作用是什么？

4．简述调制解调器的工作原理。

5．什么是 FTTx + LAN 接入方式？

第 8 章 组装计算机

组装计算机也称兼容机或 DIY 电脑，即根据个人需要，选择电脑所需要的兼容配件，然后把各种互相不冲突的配件安装在一起，就完成了一台组装计算机。组装计算机配件一般包括：CPU、主板、内存、硬盘、光驱、显示器、机箱、电源、显卡、鼠标、键盘、外接音源（音响或耳麦）。通过本章的学习，可以掌握组装计算机的方法。

8.1 装机前的准备

组装计算机需要做一些准备工作，主要包括准备组装工具、购买计算机配件和准备相应的计算机软件等。

8.1.1 制订装机方案、购买计算机配件

在组装计算机系统的硬件之前，需要先根据个人需求和预算制定一套配置方案，然后购买相关计算机配件。购买时应注意以下问题。

1. 关注行情

如果不是非常急用，尽量避开节假日及开学时段，由于这段时间装机的用户较多，价格通常都会较平时有一定涨幅。由于计算机配件价格都具有周期性，其相关配件都会定期调价，如 CPU 价格，在新产品发布前都会大幅调低老产品价格。因此在购买前需要多关注市场的行情，选择在比较合理的价格时购买。

2. 确定配置，实用为主

不同人群对计算机的需求不同，在选择计算机配件时，一定要根据计算机用途来确定计算机配置，在制定配置单时要充分考虑到硬件的间兼容性问题，避免出现硬件不兼容的现象。选择配件时，如果对计算机配件相关参数不是很了解，最好先咨询具有计算机硬件知识的专业人员。

3. 选择配件，集中购买

决定购机时，可以先在计算机论坛和电商上了解一下行情，按照既定的配置，了解各种配件的价格。可以选择在本地实体的计算机店铺购买所需配件，这样如果硬件出现问题容易维修和售后。也可以在网络电商购买相关配件，它的好处就是同实体店铺相比价格具有一定优势，并且各种配件的型号齐全。购机时随之附带的说明书、发票等东西一定要妥善保存好，方便日后维修时使用。

8.1.2 准备计算机软件

除了硬件外，为了使计算机正常运行，用户还需要准备所需的各种软件，如操作系统、

硬件驱动程序及一些常用工具软件、应用软件。

1．系统安装盘

系统安装盘指安装计算机操作系统所使用的光盘，光盘中存放有操作系统的安装文件，用户可以根据需要选择 Windows、Unix、Linux 或 Mac 系统进行安装。目前，最常见的操作系统安装盘是 Windows 系统安装盘（Windows 7、Windows 8、Windows 10 为主）。

系统安装光盘是最常见的系统安装文件的存储介质，目前流行将系统安装文件存储在 U 盘、移动硬盘等移动存储介质中。通过把默认启动设置成 USB 启动即可，进入安装界面后同光盘安装方法相同。这种方法的优点就是简单方便，而且不需要电脑带有光驱。

2．驱动程序

驱动程序是连接操作系统内核与系统外部设备的关键部分。缺少驱动程序的支持，硬件不能正常工作。

为了方便用户，Microsoft 公司自从推出 Windows 95 以来，在操作系统中集成了全世界各大知名计算机配件厂商所生产的配件的驱动程序。用户选择这些配件后操作系统能够准确地识别这些硬件并自动安装其驱动程序，这种能够被操作系统所识别的硬件产品称为"即插即用"（Plug and Play）硬件，即当启动这些硬件时不需要额外的驱动程序。

另外一类不具备这些功能的硬件，则必须安装相应的驱动程序，否则设备将不能正常运行。所以在选购硬件时，务必向销售商索取相关的驱动程序光盘，并妥善保存。如果丢失，则可去设备的官方网站上下载相应的驱动程序。通常遇到的需要额外安装的驱动程序主要有：显卡驱动程序、声卡驱动程序和网卡驱动程序等，自 Windows XP 之后主板不需要驱动程序也可识别。

8.1.3　准备工具

装机时使用的工具主要是螺丝刀。计算机内部的大多数零件都是使用螺丝固定的，因此必须准备一支实用的螺丝刀。最好能准备直径 3～5mm 的带磁性的十字螺丝刀，它可帮助用户更方便地开展组装工作。

此外，还可以准备尖嘴钳、镊子、万用表、一字螺丝刀等工具备用。遇到不易插拔的设备时可使用尖嘴钳。插拔较小的零件可使用镊子。万用表可用来测量电压。

8.1.4　装机前的注意事项

（1）防静电。微机部件是高度集成的电子元件，人身上的静电有可能损坏电子元器件，因此在开始安装之前应首先消除身上的静电，最简单的方法是用手摸一下机箱的金属外壳。

（2）禁止带电操作。在主板通电的情况下，插拔主板上各种扩展卡（声卡、显卡和网卡等）会引起人眼看不见的电火花，严重时会造成短路而使部件永久性损坏，因此要严禁带电插拔包括 CPU、内存和各种扩展卡在内的所有部件。

（3）安装时轻拿轻放。计算机元器件都是非常脆弱的电子器件，在安装时要拿好，尽量不要捏板卡上的元件、印制线路和引脚处，也不能随意乱放，尤其是不能掉下来，强度不大的冲击都可能会损坏部件，如硬盘内的磁头悬浮在盘片之间，在冲击作用下，可能会

计算机组装与维护（第4版）

使磁头划伤盘片表面，从而引起硬盘坏区等。

（4）用螺丝刀紧固螺丝时，应做到适可而止，不可用力过猛，防止损坏板卡上的元器件。

（5）需要注意组装环境尽量整洁，避免灰尘等细小的颗粒阻碍元器件之间的连接。

8.1.5　组装计算机硬件的一般步骤

安装计算机硬件时，应该按照下列步骤有条不紊地进行。

① 拆卸机箱，安装好电源。

② 安装 CPU 和风扇。

③ 安装内存条。

④ 把主板固定到机箱内。

⑤ 连接电源线到主板上的电源插座。

⑥ 安装硬盘驱动器和光盘驱动器等外存储器。

⑦ 连接硬盘驱动器和光盘驱动器的数据线和电源线。

⑧ 安装显卡。

⑨ 将机箱前面的指示灯、开关及 I/O 接口的连线连接到主板的接线插针上。

⑩ 连接显示器、键盘、鼠标、机箱电源、音箱和网线。

⑪ 捆绑好各种线以免阻碍元器件的运行，而且清楚明了，养成良好习惯。

⑫ 从头再检查一遍，准备开机加电进行测试。

8.2　拆卸机箱、安装电源

8.2.1　拆卸机箱

在组装计算机之前，先拆卸机箱。下面以一款 ATX 机箱为例说明如何拆卸机箱。拆卸机箱可以按照以下步骤。

① 确定机箱侧板固定螺丝的位置，将固定螺丝拧下。

② 转向机箱侧面，将侧板向机箱后方平移后取下，如图 8-1 所示。图 8-2 所示为拆卸后的主机箱。

图 8-1　将侧板平移取下

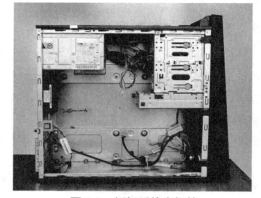

图 8-2　拆卸后的主机箱

146

③ 取出机箱内的零件包。

8.2.2　核对零件包

1．固定螺丝

固定螺丝主要用于固定光盘驱动器和主板等硬
件设备，如图 8-3 所示。一般机箱所附带的螺丝分为
细纹螺丝和粗纹螺丝 2 种，光盘驱动器、硬盘驱动器
和挡板适合用细纹螺丝固定，机箱与电源适合用粗纹
螺丝固定。

图 8-3　固定螺丝

目前，市面上出现了一些免螺丝设计的机箱，机箱内的大多数配件都不用螺丝固定，
如光盘驱动器、硬盘驱动器、机箱挡板等，而是用精巧的卡扣将配件固定在机箱中。

2．铜柱

铜柱主要用于固定主板，并具有接地功能，如图 8-4 所示。使用时，应使铜柱对准主
板与底板上的螺丝孔位，然后将铜柱锁到底板上，用螺丝将主板锁到铜柱上。也有些机箱
已经取消了铜柱设计，直接用螺丝将主板固定在机箱上。

3．挡板

如果安装的接口卡不是很多，则机箱后边将剩余几个扩展槽（放置显卡和声卡等设备）。
这时需要挡板将这些扩展槽遮住，以防止灰尘进入机箱，挡板如图 8-5 所示。

图 8-4　铜柱

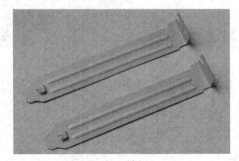

图 8-5　挡板

8.2.3　安装电源

主机电源一般安装在主机箱的后部上端的预留位置。在将计算机配件安装到机箱时，
为了安装方便，一般应当首先安装电源。安装的步骤如下。

① 拆开电源包装盒，取出电源。

② 将电源安装到机箱内的预留位置。

③ 用螺丝刀拧紧螺丝（注意，最好对角的螺丝先拧），将电
源固定在主机机箱内，如图 8-6 所示。

目前，从市场上购买来的机箱，一部分自带电源。拆卸机箱
后可以直接组装计算机了。

图 8-6　安装电源

8.3　安装 CPU、内存和主板

8.3.1　安装 CPU

1. 安装 CPU

CPU 安装在主板的 CPU 插槽内，下面以一款 Core i5 CPU 和 LGA 1156 插座为例说明如何安装 CPU。LGA 1156 插座如图 8-7 所示，可以按照如下步骤安装 CPU。

① 从主板包装盒中取出主板，将其放在一块绝缘泡沫或海绵垫上（主板包装盒内就有这样的泡沫或海绵垫）。

② 打开主板上的 CPU 插座，方法是：用适当的力向下微压固定 CPU 的压杆，同时用力往外推压杆，使其脱离固定卡扣，压杆脱离卡扣后，便可以顺利地将压杆拉起，如图 8-8 所示。

图 8-7　CPU 插座

图 8-8　拉起压杆

③ 接下来，将固定处理器的盖子向压杆反方向提起，如图 8-9 所示。

④ 拿起 CPU，使其缺口标记正对插座上的缺口标记，然后轻轻放入 CPU，如图 8-10 所示。

图 8-9　提起盖子

图 8-10　放入 CPU

为了安装方便，CPU 插座上都有一个三角形缺口标记，如图 8-11 所示。安装 CPU 时，需将 CPU 和 CPU 插座中的缺口标记对齐才能将 CPU 放入插座中。

图 8-11　CPU 和 CPU 插座的缺口标记

⑤ 盖好扣盖，反方向微用力扣下压杆，将 CPU 牢牢地固定住，如图 8-12 所示。

图 8-12　固定 CPU

2．安装 CPU 散热器

CPU 散热器是 CPU 的散热装置，安装好 CPU 后，一定要安装 CPU 散热器，否则 CPU 无法稳定地工作，甚至会烧毁。购买盒装 CPU 时包装盒内已经有配套的散热器了，如果购买的是散装的 CPU，则需要额外购买 CPU 散热器。CPU 散热器如图 8-13 所示。

安装 CPU 散热器的步骤如下。

① 将导热硅脂均匀地覆盖在 CPU 核心上面，然后把散热器放在 CPU 上，如图 8-14 所示。

图 8-13　CPU 散热器　　　　　　　　图 8-14　放置 CPU 散热器

② 将散热器固定在主板上。将散热器的四角对准主板相应的位置，然后固定好四角的螺丝（有些风扇是有底座的，需要先行在主板上安装好底座才可继续安装风扇，另有卡槽

式的只需把固定的螺栓向下摁即可），使4颗螺丝受力均衡，如图8-15所示。

③ 将CPU风扇电源插入主板上CPU风扇的电源插座（注意不要插到其他的风扇口）。由于主板的风扇电源插头都采用了防呆式的设计，反方向无法插入，因此安装起来相当方便，如图8-16所示。

图8-15　将散热器固定在主板上

图8-16　将风扇电源插入主板上电源插座

8.3.2　安装内存条

为了安装方便，在主板安装到机箱内之前，应先将内存条安装到主板上。

安装内存条的步骤如下。

① 拔开内存插槽两边的卡槽，检查插口和内存条种类是否一致，每个接口大小不一样，检查之后再插入，不要因接口不吻合过于用力导致器件损坏，如图8-17所示。

图8-17　拔开两边的卡槽

② 对照内存金手指的缺口与插槽上的突起确认内存的插入方向，如图8-18所示。

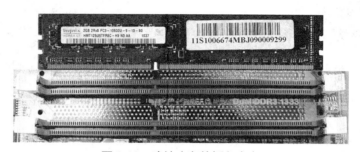

图8-18　确认内存的插入方向

③ 将内存条垂直放入插座，双手拇指平均施力，将内存条压入插座中，此时两边的卡槽会自动往内卡住内存条。当内存条确实安插到底后，卡槽卡入内存条上的卡勾定位，如图 8-19 所示。

④ 在相同颜色的内存插槽中插入两条规格相同的内存，打开双通道功能，提高系统性能，如图 8-20 所示。

图 8-19　插入内存条

图 8-20　插入两条规格相同的内存条

8.3.3　安装主板

安装主板就是将主板固定在机箱的底板上，过程如下。

① 机箱水平放置，观察主板上的螺丝固定孔。

② 将主板放入机箱内，并与螺丝固定孔相对应，如图 8-21 所示。

③ 拧紧螺丝将主板固定在机箱内，如图 8-22 所示。

图 8-21　放入主板

图 8-22　固定主板

④ 连接主板电源线。将电源插头插入主板电源插座中，如图 8-23 所示。

⑤ 连接 CPU 电源，如图 8-24 所示。

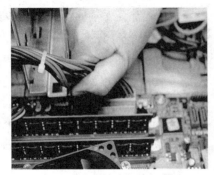

图 8-23　连接主板电源线

图 8-24　连接 CPU 电源

8.4 连接各类驱动器

8.4.1 安装硬盘驱动器

硬盘通过主板的 SATA 接口与主板相连，而老式硬盘通过 IDE 接口（现已被淘汰）与主板相连。按照如下步骤安装硬盘。

① 将硬盘插入机箱 3.5 英寸驱动器支架上。

② 将硬盘驱动器支架安装在机箱的 3.5 英寸固定架上，如图 8-25 所示。

③ 拧上固定螺丝，本例中硬盘固定架为免螺丝设计。

④ 将电源接头插在硬盘接口上，如图 8-26 所示。

图 8-25　硬盘安装在 3.5 英寸支架上　　　　　图 8-26　硬盘接入电源线

⑤ 将 SATA 数据线插头插在硬盘接口上，如图 8-27 所示。将 SATA 数据线的另一端插在主板的 SATA 插槽上。有 SATA1、SATA2 等字样的插槽称为 SATA 接口，如图 8-28 所示。

图 8-27　硬盘接入 SATA 数据线　　　　图 8-28　SATA 数据线插在主板的 SATA 插槽上

SATA 数据线与传统 IDE 数据线有很大差异，IDE 数据线是 40/80 针扁平数据线，而 SATA 数据线是 7 针细线缆。传统的 IDE 数据线弯曲起来非常困难，由于很宽，还经常会造成某个局部散热不良。而 SATA 数据线就不存在这些缺点，它很细，因此弯曲起来非常容易，还不会妨碍机箱内部的空气流动，这样就避免了热区的产生，从而提高了整个系统的稳定性。由于 SATA 采用了点对点的连接方式，每个 SATA 接口只能连接一块硬盘，因此不必像 IDE 接口硬盘那样设置跳线了，系统会自动将 SATA 硬盘设定为主盘。

8.4.2　安装光盘驱动器

光驱安装在机箱 5 英寸驱动器支架上。目前的光驱主要是 SATA 接口，SATA 接口光驱的安装方式与 SATA 接口硬盘相同。下面介绍 SATA 接口光驱的安装方法。

安装光盘驱动器的具体过程如下。

① 卸下机箱前面板上的塑料挡板，将光驱放入支架，使其前面板与机箱前面板对齐，如图 8-29 所示。

② 通过驱动器支架旁边的条形孔用螺丝将光驱固定，本例中光盘驱动器固定架为免螺丝设计。

③ 为光驱接上电源接头和 SATA 数据线，如图 8-30 所示。

④ 将 SATA 数据线的另一端插在主板的 SATA 插槽上，如图 8-31 所示。

图 8-29　光驱放入支架

图 8-30　安装光驱电源线和数据线

图 8-31　光驱的 SATA 数据线接入主板

8.5　安装接口卡

计算机上常见的接口卡插槽有 PCI 和 PCI-E 两种，目前显卡使用 PCI-E 接口，网卡和声卡等使用 PCI 接口或 PCI-E 接口。

PCI-E 插槽主板上一般有 2～4 个，插槽长度约为 95mm，是接口卡插槽中最长的一种，颜色多为黑色和蓝色。PCI 插槽多为白色，约为 85mm。PCI-E 和 PCI 接口卡除了使用的插槽不同外，安装方法大致相同。本书以安装显卡为例，具体步骤如下。

① 根据接口卡的种类确定接口卡在主板上的插槽，注意插槽上的防呆设计，如图 8-32 所示。

图 8-32　插槽防呆设计

② 用螺丝刀将与插槽相对应的机箱插槽挡板拆掉，本例中挡板为无螺丝设计。

③ 使接口卡挡板对准刚卸掉的机箱挡板处，接口卡金手指对准主板插槽用力将接口卡插入插槽内。插入接口卡时，一定要平均施力（以免损坏主板并保证顺利插入），以保证接口卡与插槽紧密接触，如图 8-33 所示。

④ 用螺丝刀将接口卡固定到机箱上，由于本例中挡板为无螺丝设计，用手合上挡板旁边的压盖即可，如图 8-34 所示。

图 8-33　安装接口卡

图 8-34　固定接口卡

目前，很多厂家都将声卡、显卡和网卡集成到主板上（集成显卡的性能会弱一些），这样的一体化主板就不必安装接口卡了。

8.6　收尾工作

8.6.1　连接机箱面板引出线

机箱面板引出线是由机箱前面板引出的开关和指示灯的连接线，包括电源开关、复位开关、电源开关指示灯、硬盘指示灯、扬声器、USB 接口和音频麦克接口等连接线，如图 8-35 所示。

微机主板上提供有专门的插座（一般为 2～6 个），用于连接机箱面板引出线，不同主板具有不同的命名方式，用户应根据主板说明书上的说明将机箱面板引出线插入到主板上相应的插座中。市面上有的机箱插头连线使用不同颜色互相区分，插头颜色与主板上接口颜色相同便于安装，如图 8-36 所示。

图 8-35　面板引出线

图 8-36　连接引出线

华硕新型主板的连接线与老版的有所区别如图 8-37 所示，连接方式如图 8-38 所示（注意正负极的插法）。各个部件如图 8-39～图 8-43 所示。

图 8-37　新型面板

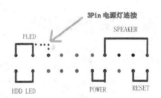

图 8-38　连接方法

图 8-39　开机按钮

图 8-40　HDD LED

图 8-41　重启按钮

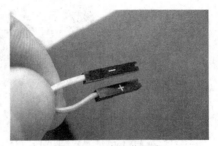

图 8-42　电源指示灯

新版本的其他插口和旧版无异，可参见图 8-35、图 8-36。

8.6.2　整理机箱内部线缆

组装主机后，主机内部连接线可能四处散落，搞不清线头线尾，给以后计算机的维护与机箱散热带来不便。因此在组装后最好整理主机内的连接线，比如可以使用捆线将散乱的电源线捆在一起，并用橡皮筋将数据线长出的部分捆扎起来，如图 8-44 所示。

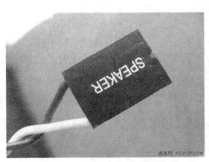

图 8-43　主板工作异常警报器

图 8-44　整理主机内的连接线

8.7 连接外部设备

完成主机的安装后，将主机箱的挡板盖上并拧紧螺丝，然后将主机箱摆正，连接其他设备。

8.7.1 连接显示器

连接显示器的操作如下。

① 电源线的一端应插在显示器尾部的电源插孔上，如图 8-45 所示，另一端应插在机箱后侧显示器电源插孔或电源插座上。

图 8-45 连接显示器电源线

② 显示器信号线插头采用 VGA 接口，一端应插在显示卡的 VGA 接口上，目前大多数显示器接口为 HDMI，方法相同。如图 8-46 所示，另一端插在显示器上，如图 8-47 所示。

图 8-46 信号线连接机箱端

图 8-47 信号线连接显示器端

8.7.2 连接鼠标、键盘

鼠标、键盘的信号线插头分为 USB 口或 PS/2 口，分别连接在主机后面的 USB 口或 PS/2 接口上。

连接 PS/2 接口的鼠标或键盘时，将鼠标或键盘插头插在主板 PS/2 接口上。插接时注意鼠标、键盘接口插头的凹形槽方向与 PS/2 接口上的凹形卡口相对应，方向错误则插不进，如图 8-48 所示。

连接 USB 接口的鼠标或键盘时，将鼠标或键盘插头插在主板 USB 接口上，如图 8-49 所示。

图 8-48　连接 PS/2 接口鼠标或键盘

图 8-49　连接 USB 接口鼠标或键盘

8.7.3　连接主机电源

机箱后侧主机电源接口上有一个三针电源输入插座。连接主机电源时将电源线一端插头插入主机电源插座，再将另一端的电源插头插入电源输入插座，如图 8-50 所示。

8.7.4　连接音箱

通常有源音箱接在 Speaker out 端口或 Line out 端口上，无源音箱接在 Speaker out 端口上。连接有源音箱时，将有源音箱的 3.5mm 双声道插头插入机箱后侧声卡的线路输出插孔中，如图 8-51 所示。

图 8-50　连接主机电源

图 8-51　连接音箱

另有 USB 插口的音响，直接插入一个 USB 插口即可，不需要插 Speaker out 和 Speaker in。

8.7.5　连接网线

通常所用的网线通常是两端为 RJ45 水晶接头的直通型双绞线。在连接网线时，将网线一头插入机箱后部的 RJ45 接口中，如图 8-52 所示。网线另一头接入集线器、路由器等网络接口中。至此，计算机硬件基本安装完毕。

图 8-52　连接网线

计算机组装视频

安装后面板　　安装主板　　安装内存条　　安装显卡

安装跳线　　安装 CPU 及风扇　　安装电源　　安装光驱和硬盘

安装前面板　　安装电源线和 SATA 线　　安装机箱外壳　　安装外部设备

 练习题

一、填空题

1．安装 CPU 风扇的过程中，一定要记住连接_____。
2．目前主流的硬盘和光驱数据连接线为_____。
3．机箱面板引出线包括_____、_____、_____等连接线。
4．组装计算机最主要的工具是_____。

二、判断题

1．用户可以在组装微机之前，触摸大块的金属来释放静电。（　　）
2．在安装 CPU 风扇时，为了使风扇固定要在 CPU 上涂上大量的硅脂。（　　）
3．为了安装方便，CPU 插座上都有一缺口标记，安装 CPU 时，需将 CPU 和 CPU 插座中的缺口标记对齐才能将 CPU 压入插座中。（　　）
4．SATA 采用了点对点的连接方式，每个 SATA 接口只能连接一块硬盘，因此不必像 IDE 接口硬盘那样需要设置跳线，系统会自动将 SATA 硬盘设定为主盘。（　　）

三、简答题

1．装机前的注意事项是什么？
2．组装计算机硬件的一般步骤是什么？
3．组装计算机必须准备的软件是什么？
4．SATA 数据线是什么样子的？它有哪些优点？

第 ⑨ 章 BIOS 设置与硬盘初始化

9.1 BIOS 设置

BIOS（Basic Input/Output System）即基本输入/输出系统，全称是 ROM-BIOS，是只读存储器基本输入/输出系统的简写，它实际是一组被固化到主板 CMOS 芯片中，为计算机提供最低级最直接的硬件控制程序，它是连通软件程序和硬件设备之间的枢纽。通俗地说，BIOS 是硬件设备与软件程序之间的一个"转换器"或者说是接口（虽然它本身也只是一个程序）。BIOS 中保存着计算机系统中最重要的基本输入/输出程序、系统信息设置、POST 自检、系统自举程序、电源管理、CPU 参数调整、系统监控、PnP（即插即用）和病毒防护等功能。现在 BIOS 的功能变得越来越强大，而且许多主板厂商还不定期地对 BIOS 进行升级。

9.1.1 BIOS 设置和 CMOS 设置概念上的区别与联系

在计算机日常维护中，常常可以听到 BIOS 设置和 CMOS 设置的说法。它们都是利用微机系统 ROM 中的一段程序进行系统设置。那么 BIOS 设置和 CMOS 设置是一回事吗？首先应该明白什么是 BIOS 和什么是 CMOS。

CMOS 是主板上的一块可读/写的 RAM 芯片，如图 9-1 所示，是用来保存 BIOS 的硬件配置和用户对某些参数的设定。CMOS 可由主板的电池供电，即使系统掉电，信息也不会丢失。CMOS 本身只是一块存储器，只有数据保存功能，而对 BIOS 中各项参数的设定要通过专门的程序进行。BIOS 设置程序一般都被厂商整合在 CMOS 芯片中，开机时通过特定的按键就可进入 BIOS 设置程序，方便对系统进行

图 9-1 CMOS 芯片

设置。BIOS 与 CMOS 既相关又不同。BIOS 中的系统设置程序是完成参数设置的手段，而 CMOS 是参数的存放场所。由于它们跟系统设置都密切相关，因此 BIOS 设置有时也被叫作 CMOS 设置。

但是 BIOS 与 CMOS 却是完全不同的两个概念，不可混淆。

9.1.2 BIOS 界面

早期市面上流行的主板 BIOS 主要有 Award BIOS、AMI BIOS 和 Phoenix BIOS 3 种类

型。早期的 286、386 大多采用 AMI BIOS，它对各种软、硬件的适应性好，能保证系统性能的稳定，到 20 世纪 90 年代后，绿色节能电脑开始普及，AMI 却没能及时推出新版本来适应市场，使得 Award BIOS 占领了大半壁江山。当然现在的 AMI 也有非常不错的表现，新推出的版本依然功能强劲。

在早期，Award BIOS 和 AMI BIOS 两家的界面确实完全不一样，蓝底白字的 BIOS 界面一般都代表着 Award BIOS，而灰底蓝字的 BIOS 一般都代表 AMI BIOS。但 Award BIOS 的界面一直以来比较具有亲和力，因此 Award BIOS 的界面在业界非常流行。现在，虽然有些主板采用的是 AMI 的 BIOS，但界面上也完全模仿了 Award BIOS。目前，Award 已经被 Phoenix 收购，也就是说目前采用 Award BIOS 的，实际上都采用的是 PhoenixBIOS 程序。Phoenix 仍然延续 Award 这个品牌，因此一些新的主板界面会显示 Phoenix-Award BIOS。

9.1.3　BIOS 设置程序的进入方法

BIOS 设置程序的进入方法目前采用的是，计算刚开机启动时按热键进入。不同类型的机器进入 BIOS 设置程序的按键不同，有的在屏幕上给出提示，有的不给出提示。

如果是组装机，并且是 Phoenix-Award 或 AMI 公司的 BIOS 设置程序，那么开机后按 Delete 键或小键盘上的 Delete 键就可以进入 BIOS 设置界面。

如果是品牌机（包括台式机和笔记本电脑），如果按 Delete 键不能进入 BIOS，那么就要看开机后屏幕上的提示，一般是出现【Press ××× to enter SETUP】，我们就按"×××"键就可以进入 BIOS 了。

如果没有任何提示，就要查看电脑的使用说明书。如果实在找不到，那么就试一试下面的这些品牌机常用的键："F2"，"F10"，"F12"，"Ctrl+F10"，"Ctrl+Alt+F8"，"Ctrl+Alt+Esc"等。

9.1.4　Phoenix-Award BIOS 主要设置

启动计算机并进入
BIOS

更改系统启动
顺序

恢复 BIOS 默认
设置

退出 BIOS
设置

Phoenix-Award BIOS 里面的信息都采用英文描述，并且需要用户对相关专业知识的理解相对深入，这使得普通用户设置 BIOS 的困难很大。如果 BIOS 设置不当，将会影响整台电脑的性能，甚至不能正常使用，因此一个详细的 BIOS 设置说明是必要的。下面就介绍一下主流的 Phoenix-Award BIOS 中主要设置选项的含义和设置方法。

首先进入 Phoenix-Award BIOS 设置界面，用户只要在开机时看到测试内存界面左下角显示一行 Press DEL to enter SETUP 的信息，按 Delete 键即可进入 BIOS 设置界面，如图 9-2 所示。

1. Standard CMOS Features（标准 CMOS 设置）

从字面上就可以理解，这个条目主要是用来设置一些最基本的信息。在 BIOS 设置界面中选择 Standard CMOS Features 并按 Enter 键，打开 Standard CMOS Features 的设置窗口。

在 Standard CMOS Features 的设置窗口菜单中，最上面的部分为 Data 和 Time，可以在其中修改系统日期和时间，直接通过↑、↓键选择，然后输入数字即可。中间部分是对主板上的 IDE 和 SATA 接口进行设置。默认情况下系统会自动检测到连接在系统上的设备。最后一个是 Halt on。Halt on 的功能就是，当遇到有错误的时候，计算机自动中止，等待用户进行相关设置，或者按 F1 键忽略错误进入系统。用户遇到这种情况时，如果电脑在使用过程中确实没有什么问题，可以将此项设置为 no errors，即忽略所有错误。

2. Advanced BIOS Features（高级 BIOS 设置）

在 BIOS 主菜单中选择 Advanced BIOS Features，然后按 Enter 键，打开 Advanced BIOS Features 菜单，如图 9-3 所示。该窗口菜单中的各项用来设置系统配置，其中一部分项目由主板本身设计确定，另外一部分则需要按照实际需求加以修改。

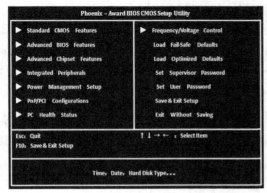

图 9-2　BIOS 设置界面　　　　　图 9-3　Advanced BIOS Features 设置窗口

在高级 BIOS 设置的功能条目中，最重要的就是指定存储设备的开机顺序，在日常安装操作系统，系统中有多块硬盘的时候，都可能需要用到此功能。利用此功能用户可以指定存储设备的开机顺序。若是第一个开机设备不能启动操作系统，计算机会自动查找下一个设备。First Boot Device 一般设置为 Hard Disk，也就是首先从硬盘载入操作系统。用系统光盘安装操作系统时，我们一般会选择 DVDROM，即从光驱中载入操作系统文件。

Hard Disk Boot Priority 是指当用户安装多个硬盘时，设置哪一个硬盘为首先引导的设备。一定要清楚它与 First Boot Device 的区别。

此外，在设置窗口中还可以设置 CPU 的特征值、病毒警报、允许系统使用 CPU 一级和二级高速缓存、内存自测次数、小键盘工作状态、何时启用开机密码等。

3. Advanced Chipset Features（高级芯片组设置）

Advanced Chipset Features 项可针对芯片组所提供的高级功能做调整设置，使系统性能达到最佳。该选项对于不同的芯片组具体的设置选项不尽相同。如果用户对具体的选项不太熟悉，可直接按照系统的默认值设置。在 BIOS 设置界面中选择 Advanced Chipset Features 并按 Enter 键，打开设置窗口。

在高级芯片组的功能条目中，可以设置南北桥的相关信息或频率等。DRAM Timing Selectable，其值为 By SPD，该系统中内存的时序、频率设定完全按照 SPD 芯片里记录的信息。SPD 芯片是内存条上的一颗小芯片，类似于主板的 BIOS，其中储存了内存的一些基本时序和频率信息等。对于超频来说，对内存的设置是非常重要的一个环节。最下面还有一个 PCI Express Root Port Func，这个项目中是关于一些 PCI-E 接口的设置。

4. Integrated Peripherals（集成外设设置）

Integrated Peripherals 选项可以设置主板上集成的外围设备，如可以设置开启/关闭主板 IDE 接口、开启/关闭软驱、是否开启 USB 3.0 功能、是否支持 USB 键盘和鼠标、是否允许使用集成声卡和网卡等。

5. Power Management Setup（电源管理设置）

Power Management Setup 选项可以对电源相关设置进行管理，如可以设置是否启用高级配置与电源接口、挂起到内存模式、通过 PCI 设备唤醒计算机、键盘鼠标开机等功能。

6. PnP/PCI Configuration（即插即用/PCI 设备设置）

PnP（Plug & Play，即插即用）是针对 BIOS 及操作系统所制定的规范。通过即插即用功能，用户不需要直接在主板、板卡上调整 IRQ、DMA 及 I/O 地址等设置值，BIOS 或操作系统会自动根据相关的注册信息对系统资源进行配置。这里的内容一般都不需要用户自行设置。

7. PC Health Status（计算机健康状态）

PC Health Status 选项用来监控计算机当前硬件健康状态，主要是显示系统自动检测的电压、温度及风扇转速等相关参数，而且还能设定超负荷时发出警报和自动关机，以防止故障发生。监控的前提是主板上有相关的硬件监控机制。

8. Frequency/Voltage Control（频率/电压控制）

以前的主板必须在跳线上调整倍频与外频，以达到超频的目的。现在大部分的主板厂商为了让用户能轻松超频，把 CPU 的外频、倍频设置就放在 BIOS 中，直接用软件来调整 CPU 的时钟。总体来说，Frequency/Voltage Control 选项是用来超频的，与普通用户关系不大。

9. 载入故障安全/优化默认值

初次接触 BIOS 的人，设置 BIOS 最常遇到的困难就是，改变 BIOS 设置后出现了问题。如果要进行重新设置，先要将参数恢复到原来的状态。BIOS 中有个简单的选项，可以让参数回到出厂时的默认值。具体如下。

（1）Load Fail-Safe Defaults

Load Fail-Safe Defaults 是将主板 BIOS 各项设置设在最佳状态。如果不经意更改了某些设置值，则可以选择此项来恢复，以便于发生故障时进行调试。

（2）Load Optimized Defaults

Load Optimized Defaults 是指装入系统较高性能的 BIOS 设置。如果在使用中感到系统不稳定，可以撤销对 LoadOptimized Defaults 的设置，然后再查找其他的原因。

10. 设置密码

（1）Set Supervisor Password

设置管理员密码。管理员密码是为了防止他人擅自修改 CMOS 内容而设置的，只有拥有密码的人才可以修改 CMOS 各项设置。

（2）Set Password

设置用户密码。输入用户密码可以使用系统，但不能修改 CMOS 的各项设置。

11. 保存设置

在 BIOS 设置完成后，一定要记得保存，否则会前功尽弃。在 BIOS 设置主菜单中有一个"Save & Exit Setup"的选项，将光标移动到此项并按 Enter 键，就会出现一提示对话框，询问"Save to CMOS and Exit（Y/N）？"该对话框提示用户是否保存并退出 BIOS 设置程序，按下"Y"键表示要保存 BIOS 设置并退出 BIOS 设置程序。这样，就完成了整个 BIOS 设置过程。

设置完成后，如果因为某种原因而不想保存或者只是进入 BIOS 中检查设置而不进行保存，只需选择"Exit Without Saving"选项，便可以不保存就退出 BIOS 设置程序。

9.1.5　UEFI 简介

UEFI（Unified Extensible Firmware Interface，统一的可扩展固件接口），是一种适用于电脑的全新类型标准固件接口，是对传统 BIOS（基本输入/输出系统）升级和替换。此标准由 UEFI 联盟中的 140 多个技术公司共同创建，其中包括微软公司。其目的是为了提高软件互操作性和解决 BIOS 的局限性。要使用 UEFI 系统，必须主板和操作系统都支持 UEFI 功能，目前 Windows 7 64 位、Windows 8、Windows 10 全面支持 UEFI，硬件上 2013 年以后的生产的计算机主板基本都集成了 UEFI 固件。

1. UEFI 界面

UEFI 最具特色就是具有人性化的操作界面、丰富的网络功能。在 UEFI 的操作界面中，鼠标代替键盘成为 BIOS 的输入工具，各功能调节的模块也和 Windows 界面类似。如果说 BIOS 相当于一款软件程序，那么 UEFI 就是一款微型操作系统。华硕和微星都已经推出了支持 UEFI 技术的主板。华硕主板的 UEFI 界面如图 9-4 所示。

图 9-4　华硕主板的 UEFI BIOS 界面

2. UEFI 概述

UEFI 在开机时的作用和 BIOS 一样，就是初始化计算机。BIOS 的运行流程是开机、

BIOS 初始化、BIOS 自检、引导操作系统、进入操作系统。UEFI 的运行流程是开机、UEFI 初始化、引导操作系统、进入操作系统。我们可以很清楚地看出他们最大的不同在于，UEFI 没有加电自检过程，因此加快了计算机系统的启动速度。它们工作流程如图 9-5 所示。同 BIOS 相比，UEFI 具有几大优势：①支持容量超过 2TB 的硬盘引导操作系统；②支持直接 从文件系统读取文件，支持的文件系统有 FAT16 与 FAT32；③不用像 BIOS 一样读取硬盘 第一个扇区中的引导代码来启动操作系统，而是同过运行 efi 文件来引导启动操作系统；④ 使用其固件的计算机缩短了系统启动和从休眠状态恢复的时间；⑤通过保护预启动或预引 导过程，可以防止 Bootkit 攻击，从而提高系统安全性。

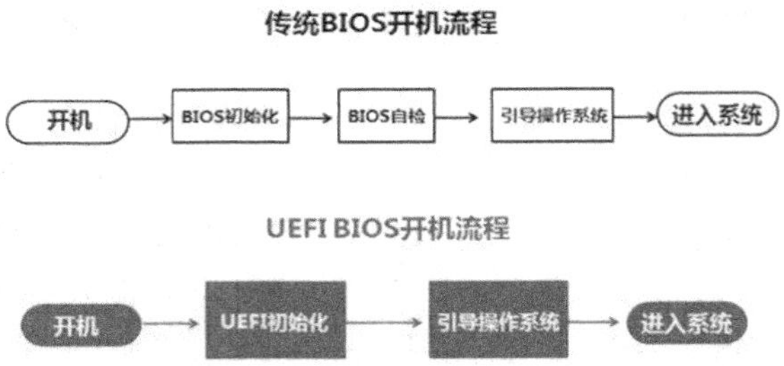

图 9-5　BIOS 和 UEFI 启动流程

BIOS 在经历了十几年发展之后，也终于走到了尽头，外观、功能、安全、性能上的不 足，都严重制约着它的进一步发展。计算机技术要进步，就必须寻求更好的技术。UEFI 作为 BIOS 的替代者，无论是界面、功能还是安全性，都要远远优于后者，这些优势使得 UEFI 在未来的发展中迅速取代 BIOS。

3．UEFI 启用和关闭

默认情况下安装 Windows 8/8.1 和 Windows 10 操作系统，计算机都会自动使用 UEFI 固件。开机时可以通过特定功能键（Delete 键或 F2 键）进入固件设置界面。本节以戴尔笔 记本电脑为例，如图 9-6 所示。

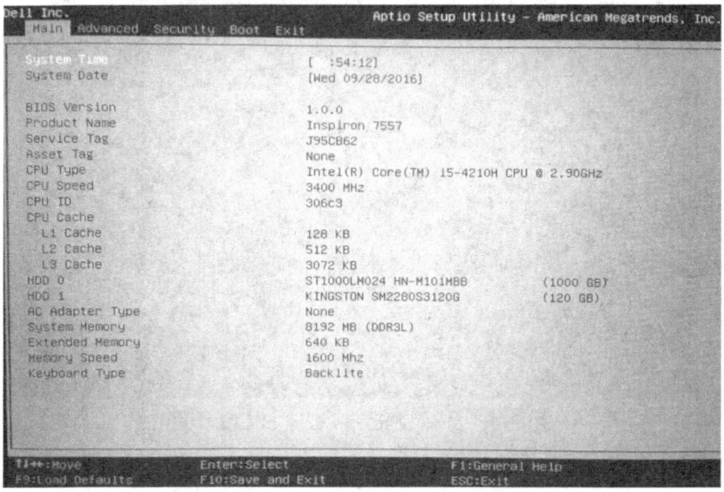

图 9-6　UEFI 启用设置页面

在启动界面中，"UEFI/Legacy"即为控制计算机选择何种固件启动，如图 9-7 所示，UEFI 是只能使用 UEFI 启动，Legacy 是只能使用 BIOS 启动。本节以启动 UEFI 为例，所以选择 UEFI 选项，然后按 F10 键保存退出即可关闭 BIOS。如要启用 BIOS，选择 Legacy 选项操作即可。

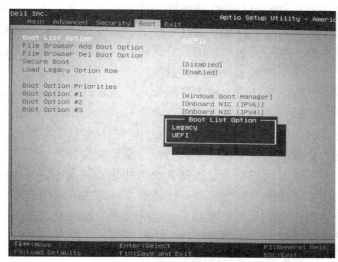

图 9-7　UEFI 启动选项

4. 使用 UEFI 启动 Windows 10

① 按下计算机开机键，UEFI 开始读取 ESP 分区下的 EFI/Microsoft/Boot/目录下的 bootmgfw.efi 文件，并把主机的控制权交与 bootmgfw 程序。

② 由 bootmgfw 搜索并读取存储于 EFI/Microsoft/Boot/目录下的 BCD 文件。如果装载了多个操作系统启动项，则 bootmgfw 会显示全部启动选项，并由用户选择。如果只有一个启动项，bootmgfw 则默认启动。

③ 默认启动 Windows 10 后，bootmgfw 搜索并读取 Windows 分区 Windows System32 目录下的 winload.efi 程序，然后将主机控制器交给 winload.efi，并由其完成内核读取与初始化及后续启动过程。

9.2　硬盘初始化

设置完 CMOS 后，首先要对硬盘进行初始化。硬盘的初始化包括低级格式化、分区和高级格式化。

9.2.1　硬盘的低级格式化

低级格式化就是将空白的硬盘划分出柱面和磁道，再将磁道划分为若干个扇区，每个扇区又划分出标识部分 ID、间隔区 GAP 和数据区 DATA 等。低级格式化是对硬盘最彻底的初始化方式，经过低级格式化后的硬盘，原来保存的数据将全部丢失，所以在操作前一定要慎用，只有非常必要的时候才能进行低级格式化。而这个所谓的必要时候有两种，一是硬盘出厂前，硬盘厂商会对硬盘进行一次低级格式化；另一个是当硬盘出现某种类型的坏道时，使用低级格式化能起到一定的缓解或者屏蔽作用。

对于第一种情况，硬盘出厂前的低级格式化工作只有硬盘工程师们才会接触到，对于普通用户而言，则无需考虑这方面的事情。

对于第二种情况，坏道可以分为物理坏道和逻辑坏道。物理坏道对硬盘的损坏是致命性的，而逻辑坏道相对比较容易解决。物理坏道也有软性和硬性物理坏道的区别，磁盘表面物理损坏就是硬性的，这是无法修复的，它是对硬盘表面的一种最直接的损坏，所以即使进行低级格式化或者使用硬盘工具也无法修复，而由于外界影响而造成数据的写入错误则属于逻辑坏道或者软性物理坏道，用户可以使用低级格式化来达到屏蔽坏道的目的。但这里需要指出，屏蔽坏道并不等于消除坏道，低级格式化能把硬盘内所有分区都删除，但坏道依然存在，屏蔽只是将坏道隐藏起来，不让用户在存储数据时使用这些坏道，这样能在一定程度上保证用户数据的可靠性，但坏道却会随着硬盘分区、格式化次数的增长而扩散蔓延。所以我们并不推荐用户对硬盘进行低级格式化。硬盘出现坏道时，如果硬盘在保修期内，最好去修理或者找经销商换一块，这是最佳最彻底的解决方案。

综上所述，普通用户所购买的硬盘都是已经完成低级格式化之后的硬盘，因此，用户所面临的硬盘初始化工作只有分区和高级格式化这两步。

9.2.2 硬盘的分区和高级格式化

1. 分区前的准备

在建立分区之前，要先对硬盘的配置进行规划，包括以下 3 方面内容。

① 该硬盘要分割成多少个分区，以便于维护和整理。

② 每个分区占用多大的容量。

③ 每个分区使用的文件系统及安装的操作系统的类型和数目。

一个硬盘要分割成多少个逻辑盘及每个逻辑盘占有多少容量，可根据实际的要求决定。许多人认为既然是分区就一定要把硬盘划分成好几个分区，其实完全可以只创建一个分区，里面自己建立文件夹，这样有利于提高硬盘的读写速度。但是一般认为划分成多个分区比较利于管理，因为应用软件和操作系统装在同一个分区里，容易造成系统的不稳定。例如，将一个硬盘分割成 3 个区：C、D 和 E。C 区用于储存操作系统文件；D 区用于储存应用程序、文件等；E 区用于备份。对于分区使用何种文件系统，则要根据具体的操作系统而定。当前流行的操作系统常用的分区格式有 2 种：FAT32 和 NTFS。

① FAT32 格式。

FAT32 格式采用 32 位的文件分配表，增强了对磁盘的管理能力，克服了 FAT 只支持 2GB 的硬盘分区容量的限制。采用 FAT32 的分区格式，可以将一个大容量硬盘只划分成一个分区，当然也可以划分成多个分区，为磁盘管理提供了方便。另外 FAT32 文件格式也提高了磁盘的利用率。Windows 95 OSR2 以后的操作系统都支持这种分区格式。FAT32 格式也有一些缺点，如磁盘采用 FAT32 格式分区后，由于文件分配表扩大，运行速度比采用 FAT 格式分区的磁盘要慢；另外，FAT32 格式不能支持 4GB 以上的大文件，因此，经常玩打游戏的用户应该把硬盘格式设置为 NTFS。

② NTFS 格式。

Windows 2000、Windows NT、Windows XP、Windows Vista 和 Windows 7/8/10 都支持这种分区格式，并且在 Windows Vista 和 Windows 7/8/10 中只能使用 NTFS 作为系统分区格式。其主要优点是：安全性和稳定性高，不容易产生文件碎片，能记录用户的操作，能严格限制用户的权限，使用户在系统规定的权限内进行操作，有利于保护系统和数据的安全。

2．分区

目前，最常用的方法是在安装操作系统之前，使用系统安装光盘对硬盘进行分区和高级格式化。下面我们以 Windows 10 系统为例，介绍一下这种分区的步骤。

首先，从 BIOS 设置中将 First Boot Device 设置为 DVD ROM，也就是首先从光盘载入操作系统。然后，把操作系统光盘插入光驱，进入自定义安装类型，会提示新建分区，如图 9-8 所示。

图 9-8　分区界面

选择"驱动器 0 未分配的空间"，再单击"新建"按钮后，如图 9-9（a）所示，在"大小"后面填入新建分区的大小，单击"应用"按钮，即可建立第一个分区（即 C 盘），如图 9-9（b）所示。继续选取图 9-9（b）中"驱动器 0 中未分配的空间"，重复上述操作，可以建立更多的分区。

(a)

(b)

图 9-9　创建分区大小

如果某个分区的大小设置不理想，可以删除分区。但是必须注意，如果分区上有数据，删除分区将会造成数据丢失。

3．高级格式化

硬盘分区之后，还不能直接使用，如果要在分区上安装操作系统或者存储其他数据，必须对分区进行高级格式化，下面简称格式化。

硬盘分区之后，如果想在新建的分区上安装 Windows 10 系统，选中"驱动器 0 分区 2（即新建的 C 盘）"，单击"格式化"，再选"确定"即可，如图 9-10（a）、（b）所示。

格式化完成后，就可以在所选新建分区上安装 Windows 10 操作系统了，相关步骤参见"10.1 安装 Windows 10 操作"。

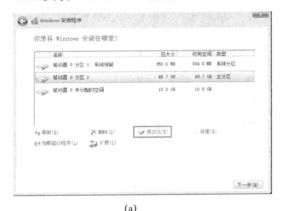
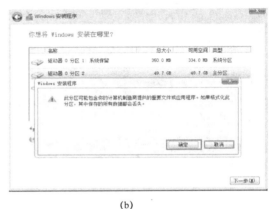

（a）　　　　　　　　　　（b）

图 9-10　高级格式化界面

9.2.3　新增硬盘的分区和格式化

许多用户都遇到过硬盘不够用的情况，因此，购买并安装第二块甚至第三块硬盘已经是一种很普遍的现象了。下面我们来介绍如何对新增硬盘进行初始化。

首先必须以管理员身份登录系统，才能对新硬盘上进行分区。在桌面上，右键单击"我的电脑"图标，单击"管理"选项。

在弹出的"计算机管理"页面上，选择"磁盘管理"，右侧会出现各个分区的使用情况，其中新增硬盘的状态与其他已经使用的硬盘不同，它是黑色的外框，左边标明硬盘没有初始化。右键单击"新增硬盘"，在下拉菜单中单击"初始化磁盘"选项，如图 9-11 所示。

初始化后硬盘会变为联机状态，右键单击黑色外框区域，在下拉菜单中单击"新建磁盘分区"。在弹出的新建磁盘分区向导中，选择新建的磁盘为扩展磁盘分区，设置分区大小。本例中，我们将分区大小设置为全部容量。新建磁盘分区完成后，黑色外框的区域变为草绿色，在上面单击右键，选择"新建逻辑驱动器"。之后可以选择 NTFS 格式对新建逻辑驱动器进行快速格式化。格式化完成后，新增硬盘就可以使用了，如图 9-12 所示。

图 9-11　初始化磁盘选项

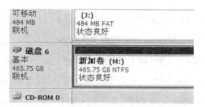

图 9-12　新增硬盘最终状态

9.2.4　Windows 10 系统下的硬盘分区

目前，很多主流品牌机出厂时都会预装正版 Windows 10 操作系统，它提供了一个压缩卷功能，可以非常简单地将不合理分区进行重新调整，迅速生成一个新的分区。

1. 创建新的分区

首先必须以管理员身份登录系统，才能在硬盘上创建新的分区。在桌面上，右键点击计算机图标，点击"管理"选项。

在弹出的"计算机管理"页面上，选择"磁盘管理"，页面右侧会出现 C 盘和 D 盘的使用情况。在页面的下方，可以看到 C 盘为 Windows 10 系统盘，出厂时默认分给了 60GB 的空间，而 D 盘作为资料盘，其容量远大于 C 盘，如图 9-13 所示，这个分区方式显得不大合理。我们接下来会利用 Windows 10 自带的压缩卷功能从 D 盘空间中拆分出一个 120GB 的新分区。

图 9-13　C 盘和 D 盘使用情况

在 D 盘状态栏中单击右键，在下拉菜单中点击"压缩卷"选项，即可运行此功能，如图 9-14 所示。压缩卷的功能是创建硬盘分区，扩展卷的功能是将硬盘分区进行合并，删除卷的功能是删除硬盘分区，从而将硬盘分区变为未分配状态，而未分配的硬盘区域是不会在计算机前台显示的。

由于硬盘空间大小不同，压缩卷进行分区时，系统会计算该盘的能够压缩的空间，这期间机器会产生几秒钟顿卡，属于正常现象。

在弹出的对话框中显示，D 盘目前共有 415 497MB 总空间，而已经使用了 43 724MB 空间之后，剩余可支配的空间为 371 698MB，如图 9-15 所示。这里需要注意，在使用压缩卷功能拆分 D 盘时，数据不会被压缩卷拆分，而会保留在

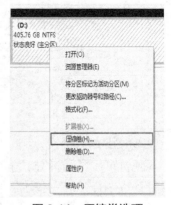

图 9-14　压缩卷选项

D 盘当中。拆分出来的区域为空白区域，即没有进行分配的硬盘空间。我们在压缩空间容量中填写所需要压缩的空间大小，如果我们需要在 400GB 的主硬盘空间中分离出两个

120GB 的存储区域，就要进行计算。

如果想要得到 120GB 的硬盘空间，需要乘以 1 024 换算单位，即 120GB × 1 024 = 122 880MB。而通常在压缩卷中输入分配 122 880MB 空间后，生成新加卷驱动器前台显示为 199GB。所以建议用户将分配空间调大至 123 880MB，增加 1GB 的空间以便使前台数据显示为整数。

压缩卷设置完毕后，我们会发现在 D 盘右侧多出一块未分配区域，这块区域就是我们刚刚从 D 盘压缩出来的空白存储空间，不过我们需要经过新建简单卷来使该区域在前台显示。在未分配区域单击右键，在下拉菜单中点击"新建简单卷"选项，即可运行此功能。新建简单卷与压缩卷不同，压缩卷是将空闲硬盘分离出来作为未分配区域，而新建压缩卷则是将未分配区域通过二次分配得到相应盘符和实际存储空间。

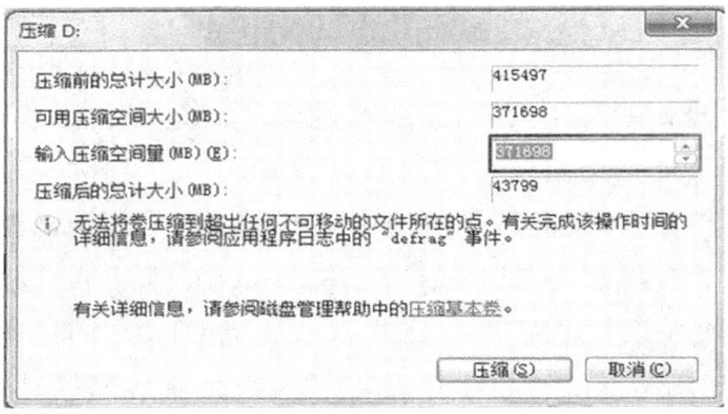

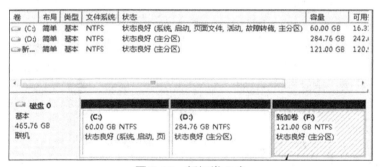

图 9-15　压缩 D 盘

在弹出的新建简单卷设置向导中，我们可以为新建分区分配空间大小，为新建分区命名，并选择选择 NTFS 文件系统作为分区格式，在配置好以上文件系统模式后，单击"完成"，120GB 的新驱动器 F 就随之诞生了。新加卷 F 盘被重新定义，且在前台显示出来，如图 9-16 所示。按照此种方法同样可以压缩生成第二块 120GB 驱动器。

图 9-16　新加卷 F 盘

2．删除分区

硬盘可以进行拆分，也可以进行合并。如果用户对前面新建的分区感到不满意，也可以将其重新合并成一整块区域，然后重新进行分配。

右键点击需要释放的硬盘，在下拉菜单中点击"删除卷"选项。需要注意的是，采用压缩卷对原有分区进行拆分的时候，允许分区内存放数据，但在删除分区的时候，必须将存有数据和资料提前备份，一旦删除分区，该分区内数据资料将全部丢失。执行删除卷操作后，只是将逻辑驱动器删除，之后还要删除所在分区，右键单击相应的逻辑驱动器，在下拉菜单中单击"删除分区"选项，如图 9-17 所示，随即未分配的空间将合并。

如果需要将一个分区和未分配空间合并，右键单击此分区，在下拉菜单中单击"扩展卷"选项，此分区与未分配的空间进行合并。

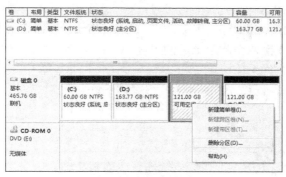

图 9-17　删除分区

由于品牌机销量逐渐增多，预设硬盘通常为一到两个分区，且分区布局不合理。利用这种方法调整分区空间既安全又快速，而且通过压缩卷拆分硬盘空间的方法也同样适用于系统盘和外置移动硬盘。想要调整不合理分区的用户不妨尝试一下这种方法。相比较第三方分区软件，压缩卷的方式调整硬盘分区让数据更为安全。但是采用盗版 Windows 10 系统压缩卷功能进行分区，可导致硬盘不能读取或致系统崩溃。

 练习题

一、选择题

1．关于 BIOS 的说法，下面_____是错误的。

A．BIOS 是连通软件程序和硬件设备之间的枢纽

B．BIOS 是英文 Basic Input/Output System 的简称，即指基本输入/输出系统

C．BIOS 与 CMOS 是一个相同的概念

D．目前市面上流行的主板 BIOS 主要有 Phoenix-Award BIOS 和 AMI BIOS

2．如果是组装机，并且是 Phoenix-Award 或 AMI 公司的 BIOS 设置程序，按_____键就可以进入 BIOS 设置界面。

A．F2　　　　　　　B．Delete　　　　　　C．Esc　　　　　　D．F10

3．在 Advanced BIOS Features 设置中，可以设置_____。

A．Date 和 Time　　　　　　　　B．IDE 和 SATA 接口

C．Halt on　　　　　　　　　　D．First Boot Device

4．以下哪个命令有可能修复 Windows 10 启动问题（Windows 7/Windows 8.1 通用）？_____

A．sfc /scannow/offbootdir=C:\ /offwindir=D:\Windows

B．sfc \scannow\offbootdir=C:\ /offwindir=D:\Windows

      C．sfc /scannow\offbootdir=C:\ /offwindir=D:\Windows

      D．sfc \scannow /offbootdir=C:\ /offwindir=D:\Windows

5．以下哪些 Windows 10 版本含有策略组编辑器？＿＿＿＿＿＿

      A．Windows 10 家庭版　　　　　　B．Windows 10 专业版

      C．Windows 10 企业版　　　　　　D．Windows 10 教育版

6．在 Windows 10 镜像介质启动后的界面中，以下哪个组合键可调出命令提示符窗口
（Windows 7/Windows 8.1 通用）？＿＿＿＿＿＿

      A．Win+F10　　　　B．Shift+F10　　　　C．Alt+F10　　　　C．Ctrl+F10

二、填空题

1．硬盘的初始化包括＿＿＿＿＿＿、＿＿＿＿＿＿和＿＿＿＿＿＿。

2．只有＿＿＿＿＿＿以上版本的操作系统才有压缩卷功能。

3．压缩卷的功能是创建硬盘分区，＿＿＿＿＿＿的功能是将硬盘分区进行合并，删除卷的
功能是删除硬盘分区。

三、简答题

1．BIOS 设置和 CMOS 设置概念上的区别与联系是什么？

2．简述 NTFS 分区格式的优点。

3．简述 UEFI BIOS 的优点。

四、操作题

1．设置 BIOS，使得计算机从光驱启动。

2．使用 Windows 10 系统安装光盘对硬盘进行分区和高级格式化。

3．对新增硬盘进行分区和格式化。

4．使用 Windows 10 的压缩卷功能对硬盘进行分区。

第 ⑩ 章 操作系统与驱动程序的安装

初始化硬盘完成后，先安装操作系统，接着根据微机的硬件配置对操作系统进行设置，如安装显卡、声卡、主板、打印机等驱动程序。最后根据用户需要安装应用程序，如 Office、金山词霸等。

10.1 安装 Windows 10 操作系统

10.1.1 中文 Windows 10 的硬件要求

1. 中文 Windows 10 的最低硬件要求

- CPU：1GHz 或者更高（支持 PAE 模式、NX 和 SSE2）。
- 内存：1GB（32 位）或 2GB（64 位）。
- 硬盘：16GB（32 位）或 20GB（64 位）硬盘空间。
- 光驱：DVD-ROM 或 DVD 刻录机。
- 显卡：显存 128MB 以上，带有 WDDM 驱动程序的微软 Direct X 9 图形设备。
- 网卡：10M/100Mbit/s 以上带宽的网卡。

2. 中文 Windows 10 的标准硬件要求

- 显示器：800×600 或分辨率更高的视频适配器和监视器。
- CPU：1GHz 或者更高（支持 PAE 模式、NX 和 SSE2）。
- 内存：1GB（32 位）或 2GB（64 位）。
- 硬盘：16GB（32 位）或 20GB（64 位）硬盘空间。
- 光驱：DVD-ROM 或 DVD 刻录机。
- 显卡：显存 128MB 以上，支持 Direct X 9、Pixel Shader 2.0 和 WDDM 等技术。
- 网卡：10M/100Mbit/s 以上带宽的网卡。
- 固件：UEFI 2.3.1 支持安全启动。

10.1.2 安装中文 Windows 10 步骤

1. 安装中文 Windows 10 基本步骤

Windows 10 的全新安装方法与 Windows XP 类似，下面简要介绍 Windows 10 的全新安装，具体操作步骤如图 10-1 所示。

图 10-1　安装 Windows 10 操作步骤

2. 安装中文 Windows 10 步骤详解

安装中文 Windows 10

修复安装 Windows 10

① 启动 Windows 10 安装程序，单击"下一步"按钮，如图 10-2 所示。

② 单击"现在安装"，如图 10-3 所示。

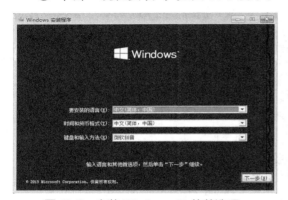

图 10-2　安装 Windows 10 的首选项

图 10-3　安装 Windows 10 的开始页面

③ 勾选"我接受许可条款"，单击"下一步"按钮，如图 10-4、图 10-5 所示。

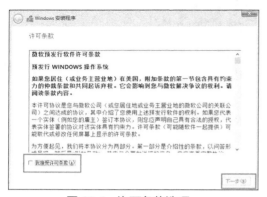

图 10-4　许可条款选项

图 10-5　接受许可条款选项

④ 若是升级安装，选择"升级：安装 Windows 并保留文件、设置和应用程序"。若是全新安装，选择"自定义：仅安装（高级）（C）"。这里选择"自定义：仅安装（高级）（C）"，如图 10-6 所示。

⑤ 选择安装位置。这里是安装在新的硬盘中，需要对硬盘分区（若硬盘已分好区，可跳过）。单击"新建"按钮，如图 10-7 所示。

⑥ 在"大小"后面填入新建 C 盘的大小，单击"应用"按钮，如图 10-8 所示。

⑦ 单击"确定"按钮，建立新的分区，如图 10-9 所示。

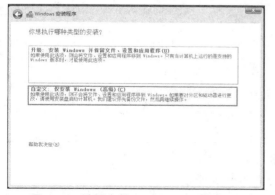

图 10-6　选择安装 Windows 10 的类型

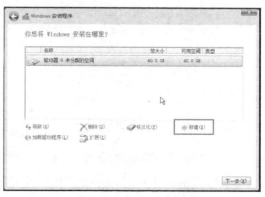

图 10-7　选择安装 Windows 10 的位置

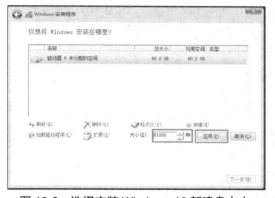

图 10-8　选择安装 Windows 10 新建盘大小

图 10-9　新建分区确认

⑧ 选择"驱动器 0 分区 2（即新建的 C 盘）"，单击"格式化"按钮。如果原 C 盘中安装有系统文件，必须先在此步骤格式化 C 盘，清空 C 盘中原有文件，如图 10-10 所示。

⑨ 单击"确定"按钮，如图 10-11 所示。

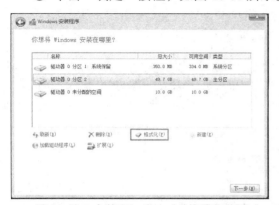

图 10-10　安装 Windows 10 格式化分区

图 10-11　格式化分区确认

⑩ 驱动器 0 中未分配的空间，需进一步分区，如图 10-12 所示。

⑪ 选择"驱动器 0 未分配的空间"，单击"新建"，创建新的分区，如图 10-13 所示。

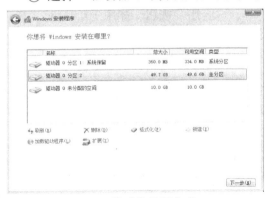

图 10-12　格式化分区完成

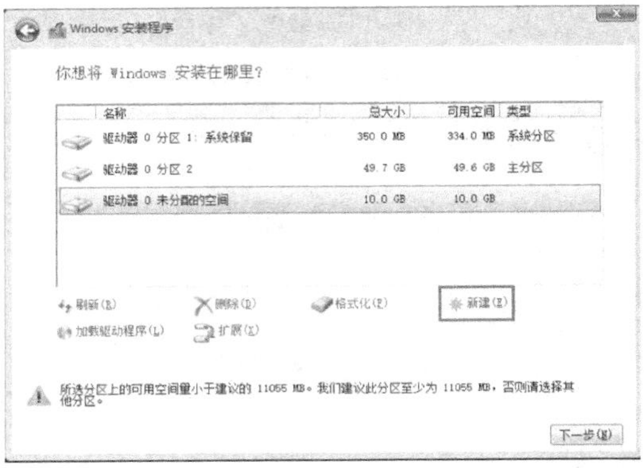

图 10-13　创建未分配分区

⑫ 输入分区大小，单击"应用"按钮，如图 10-14 所示。

⑬ 创建出新的分区，可以现在将其格式化，也可以在装完系统后，在"磁盘管理"中格式化。这里未格式化该分区。选择分区 2，单击"下一步"按钮，如图 10-15 所示。

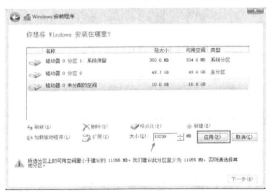

图 10-14　分区大小选择

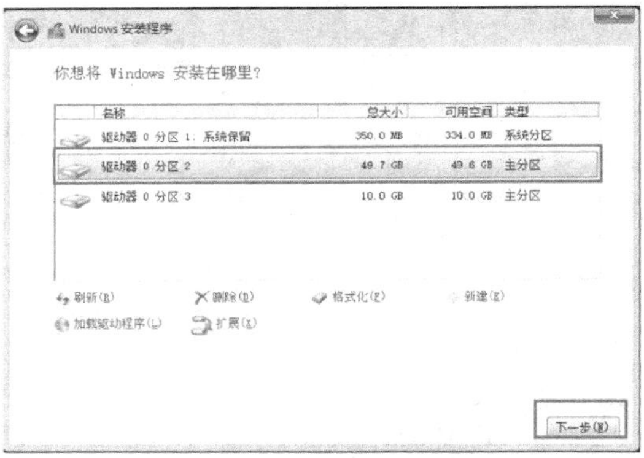

图 10-15　选择安装 Windows 10 的分区

⑭ 开始安装，耐心等候，如图 10-16 所示。

⑮ 安装完成后，等待设置。单击"使用快速设置（或自定义）"，如图 10-17 所示。

图 10-16　正在安装 Windows 10

图 10-17　安装 Windows 10 时的设置

⑯ 等待计算机初次设置后，进入桌面，只有回收站，如图 10-18 所示。

⑰ 在空白处单击右键，选择"个性化"，单击"更改桌面图标"，如图 10-19 所示。

图 10-18　安装 Windows 10 后的桌面

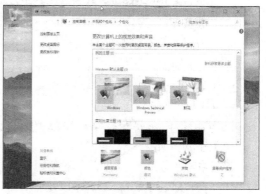

图 10-19　Windows 10 桌面更改

⑱ 勾选"计算机""用户的文件"，单击"确定"，添加"计算机""我的文档"等，如图 10-20 所示。

⑲ 添加之后的效果图，如图 10-21 所示。计算机属性窗口如图 10-22 所示。

图 10-20　Windows 10 桌面设置

图 10-21　Windows 10 桌面

⑳ 开始菜单，具有 Windows 7、Windows 8 的共同特点。右上方为关机按钮，如图 10-23 所示。

图 10-22　Windows 10 属性

图 10-23　Windows 10 开始菜单

10.1.3　制作 Windows 10 安装启动盘

1．制作 Windows 10 光盘安装启动盘

（1）准备工作

- Windows 10 系统镜像文件。
- 空白光盘。
- Nero Express。
- DVD-RAM。
- 酌情备份将要安装 Windows 10 系统的电脑上的资料。

（2）正式开始

① 将空白光盘置入电脑光驱，用管理员身份运行 Rufus。

② 打开 Nero Express，单击"映像、项目、复制"，单击"光盘映像或保存的项目"，选择镜像文件，如图 10-24、图 10-25 所示。

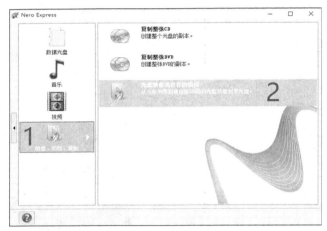

图 10-24　制作 Windows 10 系统镜像

图 10-25　选择 Windows 10 系统镜像文件

③ 单击刻录，如图 10-26 所示，进入图 10-27 所示界面。

图 10-26　刻录镜像文件

图 10-27　刻录镜像文件过程

④ 完成后如图 10-28、图 10-29 所示。

图 10-28　确认刻录完成

图 10-29　刻录镜像文件完成

2．制作 Windows 10 U 盘安装启动盘

除了使用光盘安装操作系统外，对于没有光驱或者没有系统安装光盘的用户来说，还可以选择其他一些安装方法。

（1）准备工作

- Windows 10 系统镜像文件。
- 4GB 以上 U 盘（不推荐硬盘，因为部分主板不一定能支持移动硬盘引导启动）。
- USB 启动盘制作工具（如 Rufus、UltraISO）。
- 酌情备份 U 盘、将要安装 Windows 10 系统的电脑上的资料。

（2）正式开始

① 将 U 盘连接到电脑上，用管理员身份运行 Rufus，如图 10-30 所示。

图 10-30　运行 Rufus 制作启动盘　　　　图 10-31　U 盘系统启动盘制作步骤

② 确认软件的"设备"一项中选中的是 U 盘的盘符，如图 10-31 中"1"所示。

③ 单击"光驱图标按钮"如图 10-31 中"2"所示，来选择已下载好的 Windows 10 系统镜像文件。

④ 如图 10-31 中"3""分区方案和目标系统类型"的下拉菜单中有 3 种类型可选，选择"用于 BIOS 或 MBR 计算机的 UEFI-CSM 分区方案"。

说明：这是适用于大多数传统 BIOS 和新型 UEFI 主板的方案，下拉时通过鼠标悬停会出现对应说明，如果了解电脑启动方案，可以自行做出对应选择。

⑤ 图 10-31 中"4"新卷标可以填写 U 盘名称，如"iPlaySoft_Win10"，建议只用英文+数字的形式。

⑥ 单击开始如图 10-31"5"所示。

⑦ 出现如图 10-32 所示的窗口，单击"确定"按钮。

图 10-32　U 盘系统启动盘制作确认

⑧ U 盘系统盘制作完成后，使用该 U 盘启动电脑，即可加载光盘镜像文件，进入系统安装界面。不同电脑主机设置 U 盘启动的方法不同，有的需要再启动电脑后进入 BIOS，将第一启动设备设置为"USB-HDD"，或者再开机后根据提示按下相应的启动方式快捷键，将启动方式设置为 USB 启动即可。

10.2　安装 Windows 7 操作系统

10.2.1　中文 Windows 7 的硬件要求

1. 中文 Windows 7 的最低硬件要求

- CPU：1.8GHz 或者更高级别的处理器。
- 内存：1GB（32 位）或 2GB（64 位）。
- 硬盘：25GB（32 位）或 50GB（64 位）硬盘空间。
- 光驱：DVD-R/RW 驱动器。
- 显卡：显存 128MB 以上，带有 WDDM 1.0 或更高版本的驱动程序 Direct X 9 图形设备。
- 网卡：10M/100Mbit/s 以上带宽的网卡。

2. 中文 Windows 7 的标准硬件要求

- CPU：1.8GHz 双核或者更高级别的处理器。
- 内存：1GB～3GB（32 位）或 3GB～4GB 及以上（64 位）。
- 硬盘：50GB 以上可用空间。
- 光驱：DVD-R/RW 驱动器。
- 显卡：256MB 以上的独立显卡或集成显卡，带有 WDDM 1.0 或更高版本的驱动程序，支持 Direct X 9。
- 网卡：10M/100Mbit/s 以上带宽的网卡。

10.2.2　安装中文 Windows 7 步骤

1. 安装中文 Windows 7 基本步骤

Windows 7 的全新安装方法与上文提到的 Windows 10 类似，具体操作步骤是如图 10-33 所示。

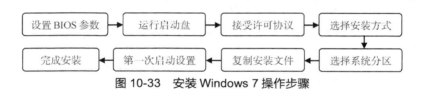

图 10-33　安装 Windows 7 操作步骤

2. 安装中文 Windows 7 步骤详解

① 屏幕出现 Windows 7 安装界面，如图 10-34 所示，所有选项保持默认状态即可。

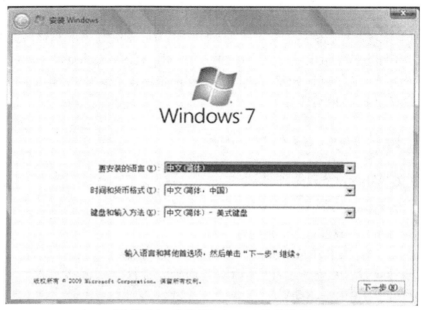

图 10-34　安装 Windows 7 的首选项

② 接下来的步骤是同意许可条款，在"我接受许可条款（A）"前面打上对勾，单击"下一步"继续。

③ 进入分区界面，如果电脑之前已经做好分区了，就可以跳过这个步骤，单击"下一步"继续。如果没有分区，则单击"驱动器选项（高级）"。新建分区，设置分区容量。

④ 选择要安装系统的分区，单击"下一步"。新电脑或已经有系统的电脑都最好选择 C 盘来安装。系统开始自动安装。在"安装更新"完成后，系统会自动重启。之后会出现 Windows 的启动界面，安装程序会自动继续进行安装，直到完成安装。安装程序会再次重启并对主机进行一些检测，这些过程完全自动运行。

⑤ 完成检测后，会进入创建用户账户和密码界面。需要注意的是，如果设置密码，那么密码提示也必须设置。如果觉得麻烦，也可以不设置密码，直接单击"下一步"。之后的步骤包括：设置 Windows 和设置时间日期，完成设置后，将进入 Windows 7 的欢迎界面。如在密码设置界面设置了密码，此时会弹出登录界面，输入刚才设置的密码后确定。

⑥ 最后进入系统，显示 Windows 7 系统桌面，完成安装，如图 10-35 所示。

图 10-35　Windows 7 系统桌面

10.3　安装主机设备驱动程序

10.3.1　驱动程序的介绍

驱动程序指的是设备驱动程序。其可以使计算机和设备通信，相当于硬件的接口，操作系统只可以通过这个接口才能控制硬件设备的工作。因此，驱动程序被比作是"硬件和系统之间的桥梁"。

1．驱动程序的种类

驱动程序可分为：主板驱动程序、显卡驱动程序、声卡驱动程序、其他驱动程序。其他驱动程序有可移动存储介质的驱动程序类、鼠标驱动程序、打印机驱动程序、扫描仪驱动程序类等。

2．驱动程序的版本

根据发布者和程序版本的不同，驱动程序可以分为：官方认证版、微软 WHQL 认证版、Beta 测试版、发烧友修改版、第三方合作厂商公布版。

（1）官方正式版

从官方正规渠道发出的驱动程序，一般性能稳定、功能强大、兼容性好、漏洞少。

（2）微软 WHQL 认证版

WHQL 是英文"Windows Hardware Quality Labs"的缩写，即 Windows 硬件质量实验室。这个认证是为了测试驱动程序与操作系统的相容性及稳定性而制定的，也就是说通过了这个认证的驱动程序与 Windows 系统基本上不存在兼容性问题。

（3）Beta 测试版

这是正式发布之前在内部测试的驱动版本，往往稳定性、兼容性、功能性不够，会有漏洞，不推荐初学者使用。

（4）发烧友修改版

指某些团体或者个人出于某些需求或者兴趣爱好在官方发布的程序基础上修改而成的版本。其功能性、个性化、兼容性更强，建议有特殊需求的"发烧友"使用，不推荐电脑初学者使用。

（5）第三方合作厂商公布版

硬件产品 OEM 厂商发布的基于官方驱动程序优化而成的驱动程序，比官方正版拥有更加完善的功能和更加强劲的性能，稳定性更强，兼容性更好。对于品牌机用户，第三方驱动优于官方驱动；对于组装机用户，由于情况相对复杂，官方正式版驱动是首选。

3. 驱动程序的安装顺序

驱动程序的安装顺序如图 10-36 所示。

图 10-36　驱动程序的安装顺序

10.3.2　组装机驱动程序的安装

组装机的很多配件在购买时都带有驱动光盘，这些光盘一定要妥善保存。

一般情况下，如果主板不安装驱动程序也能工作，但不能在最佳状态工作。为主机板安装驱动程序主要是驱动主机板的南桥和北桥芯片。各主机板驱动程序的功能和安装方法有些小的区别，但基本功能相同。图 10-37 展示了华硕 MAXIMUS IV Extreme 主板的驱动光盘和说明书。

图 10-37　华硕主板的驱动光盘和说明书

　　驱动光盘多数是自启盘，将驱动光盘放入光驱后，会自动弹出安装的主界面。主界面上一般有芯片组升级程序、网卡驱动程序和声卡驱动程序等。用户可以根据需要进行"全部安装"或"选择安装"。驱动程序的安装过程十分简单，用户按照安装向导的提示进行安装即可。

1. 通过驱动光盘整体安装所有驱动

　　① 将驱动程序的安装光盘放入光驱，待光盘自动运行后，在打开的窗口中，单击"全部安装"按钮，如图 10-38 所示。

　　② 等待下载进度，如图 10-39 所示。

图 10-38　全部安装驱动程序

图 10-39　安装进度

　　③ 下载完成后，在弹出的窗口处单击"确定"，重启计算机。

2. 通过驱动光盘安装单个驱动

　　① 将驱动程序的安装光盘放入光驱，待光盘自动运行后，在打开的窗口中，选择需要安装的驱动，再单击"选择安装"按钮，如图 10-40 所示。

　　② 单击"下一步"，如图 10-41 所示。

图 10-40　选择安装驱动程序

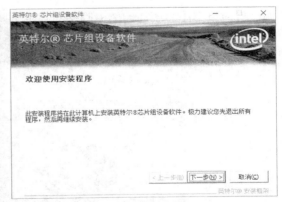

图 10-41　驱动程序安装过程

　　③ 单击"是"，表示接受条款，如图 10-42 所示。

　　④ 单击"下一步"，进行安装如图 10-43 所示。

　　⑤ 安装完成，单击"完成"，如图 10-44 所示。

图 10-42　驱动程序安装许可协议　　　　图 10-43　驱动程序安装文件信息

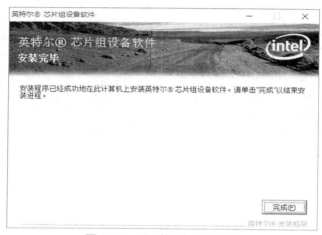

图 10-44　驱动程序安装完成

10.3.3　品牌机驱动程序的安装

目前很多用户所使用的电脑是品牌机，这种机器在出厂时都会预装操作系统和驱动程序，甚至一些应用软件。在第一次进入操作系统时，只需进行简单的用户设置，即可进入桌面，使用计算机。品牌机在购买时，也会附带一些光盘，最重要的就是系统恢复光盘和驱动程序光盘，如图 10-45 所示。

图 10-45　随机附赠的光盘和说明书

系统恢复光盘可以在电脑受到病毒破坏或系统性能下降时，对系统进行恢复或重新安装。需要注意的是，这种系统恢复光盘不具有通用性，即不同品牌不同型号的电脑所附带的系统恢复光盘，一般不能交叉使用。另外，很多品牌机还带有“一键还原”功能，即只要开机时按下“一键还原”键，电脑很快就可以恢复到出厂状态或之前的某个还原点，这样就免去了重装系统的烦恼，为我们提供了很大的方便。

品牌机的驱动程序光盘也需要妥善保存。一旦重新安装操作系统，就需要使用驱动程序光盘。如果用户丢失了驱动程序光盘，可以去品牌机的官方网站寻找并下载所需的驱动程序。

首先，登录品牌机的官方网站，进入驱动下载首页，如图 10-46 所示。可以通过输入主机编号或按机型查找到相应的驱动程序。

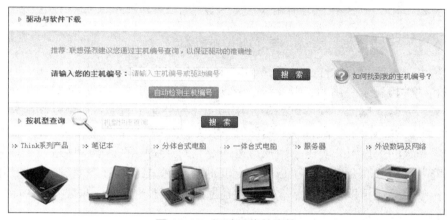

图 10-46　驱动程序的查找

按机型查找到驱动程序后，就会显示此款机型的驱动程序列表，如图 10-47 所示。

驱动程序列表（共39个文件）

(点击全部展开或收缩)　　没有您所需的驱动?

主板及芯片组 (5)

显卡 (12)

声卡 (3)

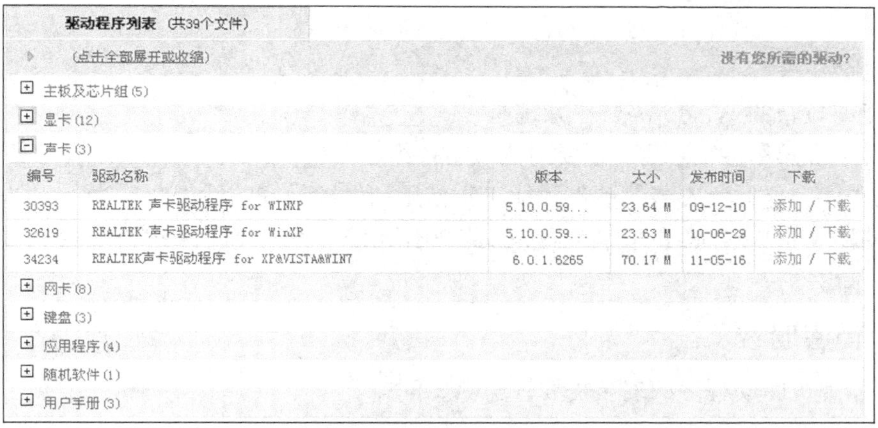

编号	驱动名称	版本	大小	发布时间	下载
30393	REALTEK 声卡驱动程序 for WINXP	5.10.0.59...	23.64 M	09-12-10	添加 / 下载
32619	REALTEK 声卡驱动程序 for WinXP	5.10.0.59...	23.63 M	10-06-29	添加 / 下载
34234	REALTEK声卡驱动程序 for XP&VISTA&WIN7	6.0.1.6265	70.17 M	11-05-16	添加 / 下载

网卡 (8)

键盘 (3)

应用程序 (4)

随机软件 (1)

用户手册 (3)

图 10-47　下载驱动程序

10.3.4　驱动精灵

如果用户找不到合适的驱动程序或忘记了电脑硬件的具体型号，无法在网上搜索并下载驱动程序，那么可以尝试一款名为“驱动精灵”的软件，其界面如图 10-48 所示。

图 10-48　驱动精灵

驱动精灵是国产免费软件，支持 Windows XP/7/10 等多款主流操作系统。它是一款集驱动管理和硬件检测于一体的、专业级的驱动管理和维护工具。驱动精灵为用户提供驱动备份、恢复、安装、删除、在线更新等实用功能。另外除了驱动备份恢复功能外，还提供了 Outlook 地址簿、邮件和 IE 收藏夹的备份与恢复。驱动精灵功能非常强大，对于手头上没有驱动程序光盘的用户十分实用，用户可以通过它对系统中的驱动程序进行提取并备份，达到"克隆"的效果。驱动精灵可以将所有驱动程序制作到一个可执行文件中，用户在重新安装操作系统后，可以使用这个文件一键还原所有的驱动程序，非常方便快捷。

 练习题

一、填空题

1．目前最新的 Windows 操作系统是_____。

2．安装了操作系统之后，还要对主板芯片组、_____、_____、_____等硬件安装驱动程序，这样所安装的硬件才能正常使用和发挥最好的性能。

3．使用 Windows 10 的安装光盘来安装操作系统，首先要设置 BIOS，使得计算机可以从_____启动。

二、简答题

简述品牌机驱动程序的安装需要注意哪些问题。

三、操作题

1．安装 Windows 10 操作系统。

2．将打印机连接到计算机并为其安装驱动程序。

3．使用驱动精灵完成驱动程序的升级和备份。

第 11 章 组建局域网

家庭或公司办公场所，通常都有两台或两台以上计算机和手机等其他需要联网的设备，因此需要搭建一个本地局域网。本章主要介绍一些最常见的局域网组网方式。

11.1 局域网基本原理

局域网（Local Area Network，LAN）是指在某一区域内由多台计算机互联成的计算机组。相对于广域网（WAN）来说，一般是方圆几千米以内。局域网是封闭型的，可以由两台计算机组成，也可以由几千台计算机和联网终端组成。在家庭环境中，可以利用局域网来共享资源、玩联网游戏、共用一个调制解调器享用 Internet 连接等。在办公室环境中，可以利用局域网共享外设如打印机等，此外，办公室局域网也是多人协作工作的基础设施。

过去局域网的网络工程即使项目很小，也需要专业人员来进行调试配置。那时大部分操作都是手工来完成的，通常普通用户都不具备相应的知识和经验，因此也就限制了小型局域网的发展。直到 Windows XP 的出现才打破了这种局面，Windows XP 及之后的操作系统，都具有强大的网络支持功能和便捷的向导安装。用户只需完成设备的物理连接后，直接运行连接向导，系统可以自动探测到网络硬件、安装相应的驱动程序，按照操作系统的提示要求用户就可以完成所有的配置。

本章将介绍两种组网方案，利用路由器组建局域网和利用 Windows 10 系统自带功能组建局域网。组建局域网的目标是：对外，允许局域网内的各个计算机共享 Internet 连接；对内，可以共享网络资源和设备。

11.2 利用路由器组建局域网

目前路由器有两种，一种是传统的路由器，另一种是智能路由器。我们先以 TP-LINK 54M 这款传统宽带路由器为例，然后再以极路由 2 这款智能路由器分别介绍如何利用路由器组建局域网。

11.2.1 传统路由器的安装

1．连接硬件

传统路由器的背部如图 11-1 所示，有 1 个 WAN 口和 4 个 LAN 口，不同的路由器 LAN 口的个数不同。WAN 口通过网线连接到外网，即 ADSL 宽带或小区宽带等，LAN 口通过网线连接需要组网的设备，包括有线设备和无线设备。有线设备指没有安装无线网卡的设备，需要使用网线连接到路由器的 LAN 口，然后参照第二步和第三步，对台式机和路由器进行设置，即可连接上网。而无线设备是指安装了无线网卡的笔记本或手机、平板电脑等设备，不用网线连接到路由器上，可以跳过第二步，直接进行第三步和第四步。

图 11-1　路由器背部

2．设置计算机

① 单击"开始"→"控制面板"→"网络和 Internet"→"网络和共享中心"→"更改适配器设置"→"本地连接"，右键单击"本地连接"，选择"属性"，即可打开"本地连接属性"对话框。

② 双击"Internet 协议版本 4（TCP/IPv4）"。在弹出的对话框中，选择"自动获得 IP 地址"和"自动获得 DNS 服务器地址"。

设置单机 IP 地址

3．设置路由器

① 打开网页浏览器，在地址栏输入路由器的默认的 IP 地址，按回车键。路由器默认 IP 地址在说明书中可以找到，本例中的路由器默认 IP 地址为 192.168.1.1。

② 在弹出的窗口中输入用户名和密码，默认均为 admin，单击"确定"按钮。

③ 进入路由器设置界面，单击"设置向导"，然后单击"下一步"按钮，如图 11-2 所示。

在 Windows 10 中
配置路由器

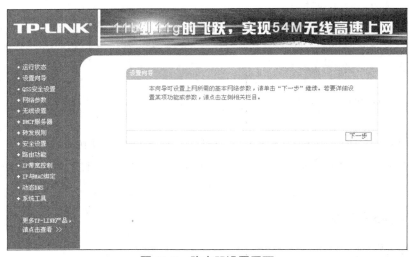

图 11-2　路由器设置界面

④ 选择上网方式，单击"下一步"按钮，如图 11-3 所示。常见上网方式主要分为 3 种，用户可以根据具体情况进行选择。如果选择"PPPoE"，则需要输入 ADSL 的上网账号和口令；如果选择"动态 IP"，则不需要进行任何设置，直接到第五步；如果选择"静态

IP"，则需要填入网络服务商提供的基本网络参数，如 IP 地址、子网掩码、网关和 DNS 服务器等。如果不清楚使用何种上网方式，可以选择"让路由器自动选择上网方式"。

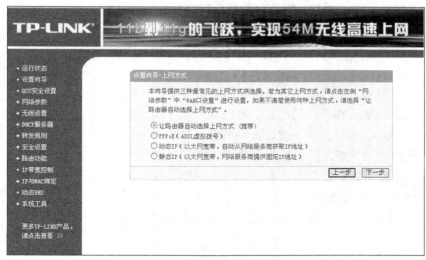

图 11-3　选择上网方式

⑤ 设置无线网络参数，单击"下一步"按钮，如图 11-4 所示。SSID 为无线网络名称，可以保持默认值。但是为了便于识别自己的路由器，建议改为自己熟悉的名称。PSK 密码为无线网络连接密码，可以是数字和字母的组合，英文字母区分大小写。

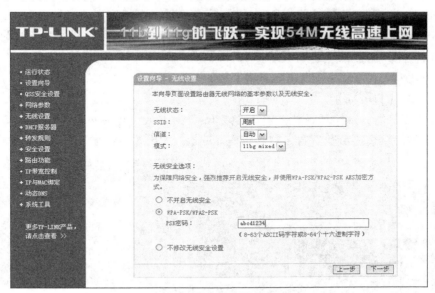

图 11-4　设置无线网络参数

⑥ 单击"重启"，路由器重启后设置生效。

4．无线网络连接

① 单击桌面右下角的无线信号图标，在弹出的网络列表中选择要连接的无线网络，如

图 11-5 所示。单击"连接"按钮。

② 在弹出的"连接到网络"对话框中，输入网络安全密钥，即在"设置路由器"阶段设置的 PSK 密码，单击"确定"按钮。

③ 当画面显示"已连接"时，表示计算机已成功加入无线网络。

完成以上设置后，有些用户会发现计算机根本上不了网，这主要是 MAC 地址不相匹配的问题。有些宽带服务提供商对计算机的网卡 MAC 地址进行了绑定，局域网计算机不能共享上网。遇到这种情况，使用路由器的克隆 MAC 地址功能来实现多机共享。在路由器设置界面，单击"网络参数"→"MAC 地址克隆"，单击"克隆 MAC 地址"按钮，将当前机器的网卡 MAC 地址直接克隆到路由器的 WAN 端口，从而实现多机共享上网。

图 11-5　选择无线网络

11.2.2　智能路由器设置

智能路由器也就是智能化管理的路由器。同传统路由器相比，通常具有独立的操作系统，智能路由器可以由用户自行安装各种应用，自行控制带宽、自行控制在线人数、自行控制浏览网页、自行控制在线时间、同时拥有强大的 USB 共享功能，真正做到网络和设备的智能化管理。比较常见的功能包括：支持 QoS 功能、支持虚拟服务器、DMZ 主机，支持远程 Web 管理等。智能路由器的品牌有很多，下面我们以极路由 2 这款产品为例，介绍一下如何用智能路由器来组建局域网。

① 从 ADSL 输出端用网线连接到路由器的 WAN 接口，电脑或是交换机通过网线连接 LAN 接口，如图 11-6 所示。

② 打开浏览器，清空地址栏并输入 192.168.199.1 或 hiwifi.com。如图 11-7 所示，输入路由器密码，登录路由器后台（默认密码 admin，如更改过，输入更改后的密码即可）。

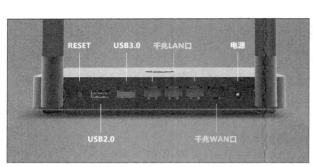

图 11-6　极路由 2 接口

图 11-7　路由器登录界面

③ 进入路由器的设置界面，如图 11-8 所示，以后单击"互联网"在这里可以设置路由器连接外网的方式如宽带拨号、无线中继或静态 IP。

图 11-8 路由器主界面

④ 根据自己的网络情况选择上网方式。如图 11-9 所示，为宽带拨号上网。

图 11-9 宽带登录界面

⑤ 回到主页面单击 "Wi-Fi"，如图 11-10 所示，对无线 Wi-Fi 进行设置，现在的大部分路由器都支持 802.11ac 协议，首先要选择使用 2.4G Wi-Fi 还是 5G Wi-Fi，然后选择无线网络开关是开启的状态，输入 Wi-Fi 名称，设置安全类型、密码后单击保存。

⑥ 在路由器的主界面单击 "网络诊断"，可以查看路由器的连接情况，如图 11-11 所示。

⑦ 智能路由器可以在安装各种插件，如图 11-12 所示，回到主界面单击 "智能插件"，根据需要选择适合的插件实现相应功能。

图 11-10 无线 Wi-Fi 设置

图 11-11 路由器网络诊断

图 11-12 智能路由器插件

⑧ 智能路由可以通过手机远程控制家里的路由器工作，如图 11-13 所示，就是极路由手机 APP 的界面。

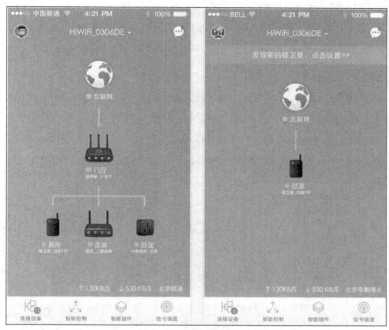

图 11-13　智能路由器手机客户端

11.3　利用 Windows 10 系统组建无线局域网

Windows 系统自带组件无线局域网的功能，Windows 10 系统提供了"家庭组"和"共享无线网络"网络辅助功能。

1. 家庭组

Windows 10 中提供了一项名为"家庭组"的家庭网络辅助功能，通过该功能我们可以使共享变得比较简单，可以与家庭组中的其他成员共享文档、照片、音乐、视频和打印机，其他人不能更改共享的文件，还可使用密码帮助保护家庭组中的文件。

在 Windows 10 系统中，右键单击 Windows 10 桌面上的"网络"，再单击弹出菜单的属性，选择网络和共享中心窗口左下角的"家庭组"，如图 11-14 所示。如果当前使用的网络中没有已经建立的家庭组，那么 Windows 10 会提示创建一个全新的家庭组网络，即局域网。

打开创建家庭组的向导，首先选择要与家庭网络共享的文件类型，默认共享的内容是图片、音乐、视频、文档和打印机和设备 5 个选项，除了打印机以外，其他 4 个选项分别对应系统中默认存在的几个共享文件。创建向导会自动生成一个密码，用户需要把该密码发给其他需要联机的用户，当其他计算机通过 Windows 10 家庭组连接进来时，必须输入此密码。初始密码是自动生成的，用户可以在设置中将其修改成自己熟悉的密码。

当用户想关闭这个家庭组时，在网络设置中选择退出已加入的家庭组。打开"控制面板"→"管理工具"→"服务"项目，在这个列表中找到 HomeGroupListener 和

HomeGroupProvider 这个项目，鼠标右键单击，分别禁止和停用这两个项目，这样就把家庭组完全关闭了，其他计算机也就找不到这个家庭组了。

众所周知，局域网共享在方便我们日常生活应用的同时，它也成为病毒传播的主要途径。因此在进行局域网共享设置时，务必设定详细的访问权限，只有确保了共享安全，才能更好利用局域网共享带来的便利。

2. 共享无线网络设置

Windows 10 系统新加入了一项共享 Wi-Fi 功能，通过这个功能，可以将自己的 Wi-Fi 网路分享给好友使用。开启 Wi-Fi 共享后，附近的朋友可以直接连接，而无需输入 Wi-Fi 密码。

① 首先单击 Windows 10 左下角的开始菜单，进入"设置"，如图 11-15 所示。

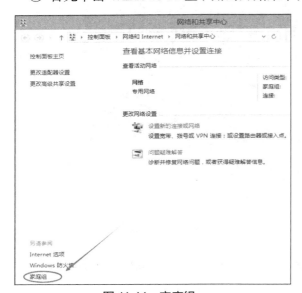

图 11-14　家庭组

图 11-15　Windows 10 界面

② 进入"网络和 Internet"设置，如图 11-16 所示。

图 11-16　网络和 Internet 设置

③ 单击左侧的"WLAN"无线设置，然后在右侧单击打开"管理 Wi-Fi 设置"，如图 11-17 所示。

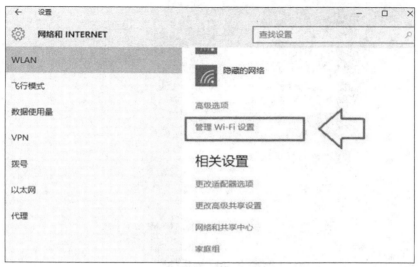

图 11-17　管理 Wi-Fi 设置

④ 在"管理 Wi-Fi 设置"中，单击需要共享的 Wi-Fi 无线网络名称，之后下面会弹出"共享""忘记"选项，这里直接单击"共享"，如图 11-18 所示。

⑤ 可能还需要输入一次 Wi-Fi 密码确认共享，如图 11-19 所示。

图 11-18　Wi-Fi 共享设置　　　　　　图 11-19　Wi-Fi 密码设置

⑥ 共享成功之后如果想要取消共享，可以单击"停止共享"就可以了，如图 11-20 所示。

图 11-20　停止共享

11.4　利用 Windows 7 组建无线局域网

Windows 7 提供了"虚拟 Wi-Fi"和"家庭组"网络辅助功能，通过这些功能我们可以轻松地实现局域网联机。

1. 虚拟 Wi-Fi

Wi-Fi 是一种可以将个人电脑、手持设备等终端以无线方式互相连接的技术。常见的联网设备是无线路由器，在无线路由器的信号覆盖的有效范围内都可以采用 Wi-Fi 连接方式进行联网。Windows 7 自带的虚拟 Wi-Fi 功能可以让电脑变成虚拟的无线路由器，实现共享上网，节省网费和路由器购置费。

虚拟 Wi-Fi 在 Windows 7 中属于隐藏功能，需要用户以管理员身份登录主机，运行命令提示符，启用虚拟 Wi-Fi 网卡，并设定无线网络的名称和密码。在命令提示符窗口中输入命令：netsh wlan set hostednetwork mode = allow ssid = kaikaipc key = kaikaiwifi。

此命令有 3 个参数。Mode：启用虚拟 Wi-Fi 网卡，allow 为启用，disallow 则为禁用。ssid：无线网络的名称，最好用英文（以 kaikaipc 为例）。key：无线网络的密码，8 个以上字符（以 kaikaiwifi 为例）。以上 3 个参数可以单独使用，如只使用 mode = disallow 可以直接禁用虚拟 Wi-Fi 网卡。

开启成功后，网络连接中会多出一个网卡为"Microsoft Virtual WiFi Miniport Adapter"的无线连接，为方便起见，将其重命名为虚拟 Wi-Fi，如图 11-21 所示。

然后，用户可以将家庭网络连接设定为虚拟 Wi-Fi。单击"开始"→"控制面板"→"网络和 Internet"→"网络连接"，用鼠标右键单击已连接到 Internet 的网络连接（本例中已连接的网络为"本地连接 2"），在下拉菜单中单击"属性"→"共享"，选择"允许其他网络用户通过此计算机的 Internet 连接来连接",并在家庭网络连接的下拉菜单中选择"虚拟 Wi-Fi",如图 11-22 所示。提供共享的网卡图标旁会出现"共享的"字样,表示已共享至虚拟 Wi-Fi。

图 11-21　建立虚拟 Wi-Fi

图 11-22　将家庭网络连接设定为
虚拟 Wi-Fi

最后,在命令提示符中开启无线网络。在命令提示符中输入命令:netsh wlan start hostednetwork(将 start 改为 stop 即可关闭该无线网络,以后开机启用该无线网络只需再次运行此命令即可)。虚拟 Wi-Fi 上红叉消失,如图 11-23 所示,Wi-Fi 基站组建成功,主机设置完毕。这时,笔记本电脑、带 Wi-Fi 模块的手机或平板电脑等子机搜索到无线网络,输入密码,就能共享上网了。

图 11-23　虚拟 Wi-Fi 设置完成

2. 家庭组

Windows 7 中提供了一项名为"家庭组"的家庭网络辅助功能,通过该功能我们可以轻松地实现计算机互联,在计算机之间直接共享文档,照片,音乐等各种资源,还能直接进行局域网联机,也可以对打印机进行共享。需要注意的是,创建家庭组的这台主机安装的 Windows 7 系统必须是家庭高级版、专业版或旗舰版,而加入家庭组的计算机安装家庭普通版是没有问题的，但不能作为创建网络的主机使用。

在 Windows 7 系统中打开"控制面板"→"网络和 Internet"→"家庭组"，就可以在界面中看到家庭组的设置区域，如图 11-24 所示。如果当前使用的网络中没有已经建立的家庭组，那么 Windows 7 会提示创建一个全新的家庭组网络，即局域网。

打开创建家庭组的向导，首先选择要与家庭网络共享的文件类型，默认共享的内容是图片、音乐、视频、文档和打印机 5 个选项，除了打印机以外，其他 4 个选项分别对应系统中默认存在的几个共享文件。创建向导会自动生成一个密码，用户需要把该密码发给其他需要联机的用户，当其他计算机通过 Windows 7 家庭组连接进来时，必须输入此密码。初始密码是自动生成的，用户可以在设置中将其修改成自己熟悉的密码。

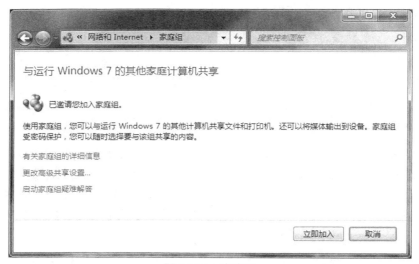

图 11-24　家庭组

当用户想关闭这个家庭组时，在网络设置中选择退出已加入的家庭组，然后打开"控制面板"→"管理工具"→"服务"项目，在这个列表中找到 HomeGroupListener 和 HomeGroupProvider 这个项目，用鼠标右键单击，分别禁止和停用这两个项目，这样就把家庭组完全关闭了，其他计算机也就找不到这个家庭组了。

众所周知，局域网共享在方便我们日常生活应用的同时，它也成为病毒传播的主要途径。因此在进行局域网共享设置时，务必设定详细的访问权限，只有确保了共享安全，才能更好利用局域网共享带来的便利。

 练习题

一、填空题

1. 路由器的背部一般有 1 个_____口和若干个_____口，不同的路由器_____

_____口的个数也不同。

2．Windows 10 中提供了"_____"和"_____"网络辅助功能，通过这些功能我们可以轻松地实现局域网联机。

二、操作题

1．使用路由器组建局域网，并连接至少一个有线设备和一个无线设备。

2．使用 Windows 10 的"家庭组"功能组建局域网。

3．使用 Windows 10"共享 Wi-Fi"功能设置无线网络。

4．使用 Windows 7"虚拟 Wi-Fi"功能设置无线网络。

第 ⑫ 章 微型计算机的系统维护

目前，微型计算机所使用的操作系统主要包括 DOS、Windows、Linux、Mac OS 和 Chrome OS 等。对于系统维护人员来讲，除了了解操作系统的主要功能，掌握它们的安装和使用方法外，还要熟悉一些常用系统维护工具。大多数用户的机器以 Windows 操作环境为主，本章首先对现存的几种操作系统做一个简要的介绍，然后以 Windows 10 操作系统为例，讲解系统维护的方法和注册表的使用。

12.1 主流操作系统简介

操作系统（Operating System，OS）是管理计算机硬件与软件资源的程序，同时也是计算机系统的内核与基石。操作系统是控制其他程序运行，管理系统资源并为用户提供操作界面的系统软件的集合。操作系统身负诸如管理与配置内存、决定系统资源供需的优先次序、控制输入与输出设备、操作网络与管理文件系统等基本事务。

操作系统实际上就是一个大程序，平时存储在硬盘里。每次开机时，计算机就把操作系统调入内存中，让它准备好帮助计算机硬件运行其他的应用程序。没有操作系统，计算机什么都干不成。目前的操作系统种类繁多，很难用单一标准统一分类。下面我们仅介绍计算机中最常见的 5 个操作系统，包括 DOS、Windows、Linux、Mac 和 Chrome。

12.1.1 DOS 操作系统

最初的计算机采用的都是 DOS 操作系统。DOS 的英文全名是 "Disk Operating System"，意思是 "磁盘操作系统"，是为普通用户开发的单用户单线程操作系统。DOS 在 1981 年问世以来，版本就不断更新。最常用的版本是 MS-DOS 和 PC-DOS。MS-DOS 由微软公司推出，而 PC-DOS 则由 IBM 公司对 MS-DOS 略加改动而推出。MS-DOS 是 Microsoft Disk Operating System 的简称，意即由微软公司提供的 DOS 操作系统。在 Windows 95 以前，DOS 是计算机中的最基本的配备，而 MS-DOS 则是个人计算机中最普遍使用的 DOS 操作系统之一。

DOS 操作系统的优点很多，速度快，安全，并且很多版本都是免费的。但是 DOS 一般使用命令行界面来接受用户的指令，如图 12-1 所示，界面不够友好，而且是单窗口操作，不能同时执行多个任务，而且只能用键盘操作，无需鼠标。而微软公司开发的 Windows 操作系统，简单易学，不必记忆大量的英文命令，而且功能也越来越完善，所以特别受大家的欢迎。

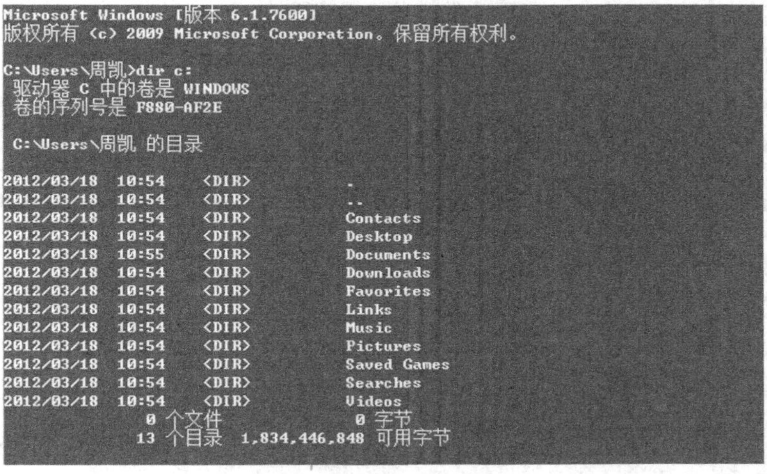

图 12-1　DOS 界面

12.1.2　Windows 操作系统

微软公司开发的 Windows 是目前世界上用户最多且兼容性最强的操作系统。Windows 操作系统是多用户多线程操作系统，上手容易，使用简单。最早的 Windows 操作系统 1985 年就推出了。Windows 是彩色界面的操作系统，支持键鼠功能。默认平台是由任务栏和桌面图标组成的。任务栏可以显示正在运行的程序、开始菜单、时间、快速启动栏、输入法及右下角托盘图标等，而桌面图标是进入程序的途径。默认系统图标有"我的电脑""我的文档""回收站""IE 浏览器"等。

2015 年 7 月 29 日起，微软向所有的 Windows 10、Windows 8.1 用户通过 Windows Update 免费推送 Windows 10，用户亦可以使用微软提供的系统部署工具进行升级。2015 年 11 月 12 日，Windows 10 的首个重大更新 TH2（版本 1511，10.0.10586）正式推送，所有 Windows 10 用户均可升级至此版本。Windows 10 是美国微软公司所研发的新一代跨平台及设备应用的操作系统。Windows 10 是微软发布的最近的一个独立 Windows 版本，下一代 Windows 将作为更新形式出现。Windows 10 共有 7 个发行版本，分别面向不同用户和设备。在正式版本发布一年内，所有符合条件的 Windows 7、Windows 8.1 的用户都将可以免费升级到 Windows 10，Windows Phone 8.1 则可以免费升级到 Windows 10 Mobile 版。所有升级到 Windows 10 的设备，微软都将只在该设备生命周期内提供支持（所有 Windows 设备生命周期被微软强行设定为 2～4 年）。

12.1.3　Linux 操作系统

Linux 是一个强大的多用户、多任务操作系统，支持多种处理器架构。Linux 是一种自由和开放源码的操作系统，用户不用支付任何费用就可以获得这个操作系统及它的源代码，并可以根据自己的需要对它进行必要的修改。现在，Linux 已经成为了一种受到广泛关注和支持的操作系统，包括 IBM 和惠普、戴尔在内的一些信息业巨头也陆续支持 Linux，并且成立了一些组织支持其发展。目前，被广泛使用的 Linux 版本多达十几个，包括 Ubuntu、Debian GNU/Linux、Fedora，以及国产的中标麒麟 Linux 和红旗 Linux。Ubuntu 的界面如图 12-2 所示。

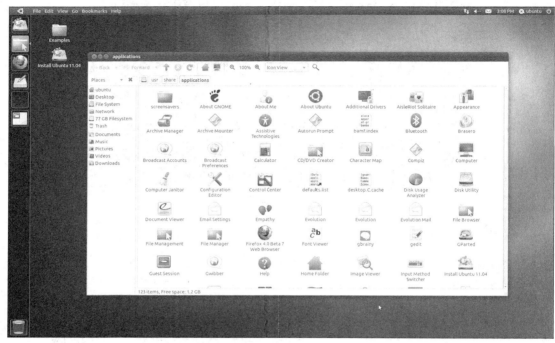

图 12-2　Ubuntu 界面

和 Windows 相比，作为自由软件的 Linux 具有高安全性、易维护、稳定性高、标准开放和低成本等优点，但是 Linux 缺乏很多主流应用软件和游戏的支持，并且入门比较难，需要改变 Windows 下很多使用习惯，目前在国内的应用范围不广，与国外存在很大差距。

12.1.4　Mac 操作系统

Mac 操作系统是由苹果公司开发的、苹果计算机专用的图形化操作系统，一般情况下在普通计算机上无法安装。另外，现在的计算机病毒几乎都是针对 Windows 的，由于 Mac 的架构与 Windows 不同，所以很少受到病毒的袭击。Mac 操作系统非常稳定，它的许多特点和服务都体现了苹果公司的理念。Mac 操作系统具有精美的屏幕显示效果和音效、卓越的性能、出色的用户体验、更加人性化的触摸屏操作等特点，但是它更像是一件艺术品，从实用性的角度来说不如 Windows，缺乏很多国产应用软件和大型游戏的支持。Mac 界面如图 12-3 所示。

12.1.5　Chrome 操作系统

Chrome 操作系统是由 Google 推出的、基于 Linux 的开源操作系统，主要面向上网本、紧凑型及低成本计算机。Chrome 操作系统具有三大要素：速度、简洁和安全。启动和运行速度很快，界面元素最少化，并且直接集成 Chrome 浏览器、配合上网本，提供流畅的网络体验，并支持 Web 程序。Chrome 操作系统是一个轻量级的系统，对内存和计算能力的需求都比较低。但是其所有的程序都基于网络，没有网络 Chrome 操作系统就不能发挥作用，这对网络的带宽和性能要求很高，并且很多习惯于桌面应用的用户会感到不适应。Chrome 界面如图 12-4 所示。

图 12-3　Mac 界面

图 12-4　Chrome 界面

Android 也是由 Google 公司推出的、以 Linux 为基础的开放源码操作系统，主要应用于便携设备。目前统一的中文名称为安卓。Android 操作系统最初主要支持手机，后来逐渐扩展到平板电脑及其他领域上。Android 操作系统的应用程序平台免费对程序设计者开放，兼容范围很大，但是也由此带来了一定的安全隐患。Android 界面如图 12-5 所示。

图 12-5　Android 界面

12.2　Windows 10 的系统维护

Windows 10 增强了系统的智能化特性，系统能够自动地对自身工作性能进行必要的管理和维护。同时，Windows 10 提供了多种系统工具，使用户能够根据自己的需要优化系统性能，使系统更加安全、稳定和高效地运行。

12.2.1　杀毒和安全防护

如果想让 Windows 10 更稳定、运行更安全，首先要做好系统的杀毒和安全保护工作。相比之前的 Windows XP 系统，Windows 10 在系统安全性方面做出了很多的改进，系统自带的防火墙，功能十分强大，堪比专业的安全软件。此外，正版 Windows 10 用户还可以从微软官方网站上下载免费杀毒软件。

1. Windows 防火墙

Windows 10 自带的防火墙与以前的 Windows 防火墙相比功能更实用，且操作简单。Windows 防火墙启动很方便，单击"开始"→"控制面板"，界面如图 12-6 所示，单击"系统和安全"，界面如图 12-7 所示，单击"Windows 防火墙"，即可打开防火墙设置界面，如图 12-8 所示。

图 12-6　"控制面板"界面

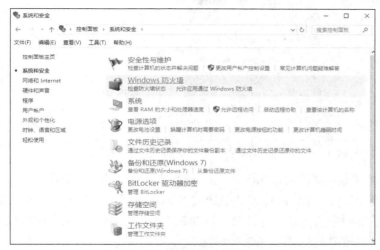

图 12-7　"系统和安全"界面

图 12-8　防火墙设置界面

防火墙的设置很有讲究，如果设置不好，则除了阻止网络恶意攻击之外，甚至会阻挡用户正常访问互联网。如果用户已经安装了专业的安全软件，也可以关闭 Windows 防火墙。手动开启/关闭 Windows 防火墙很简单。在防火墙设置界面左侧，单击进入"打开或关闭 Windows 防火墙"界面，如图 12-9 所示。在这个界面里我们可以分别对专用网络和公共网络采用不同的安全规则，两个网络中都有"启用"和"关闭"两种选择。此外，"阻止所有传入连接"是非常实用的一个功能，当用户预先知道自己将进入到一个不太安全的网络环境时，就可以暂时选中这个选框，禁止一切外部连接，这样就为系统安全提供了有力保障。

图 12-9　打开或关闭防火墙界面

我们可以通过防火墙设置，允许某个程序通过防火墙进行网络通信。在 Windows 防火墙设置界面左侧，单击"允许应用或功能通过 Windows 防火墙"进入设置界面，如图 12-10 所示。如果除了界面中所列的程序之外，还想让某一款应用软件能顺利通过 Windows 防火墙，可以单击"允许其他应用"来进行添加。

图 12-10　允许应用通过 Windows 防火墙界面

　　我们还可以通过高级设置对防火墙进行更加详细全面的配置，在 Windows 防火墙设置界面左侧，单击"高级设置"，在弹出的界面选项中有很多新的设置，如图 12-11 所示，包括出/入站规则、连接安全规则等都可以在这里进行自定义配置。系统还针对每一个程序提供了 3 种实用的网络连接方式：允许连接，即程序或端口在任何的情况下都可以被连接到网络；只允许安全连接，即程序或端口只有在 IPSec 保护的情况下才允许连接到网络；阻止连接，即阻止此程序或端口的任何状态下连接到网络。

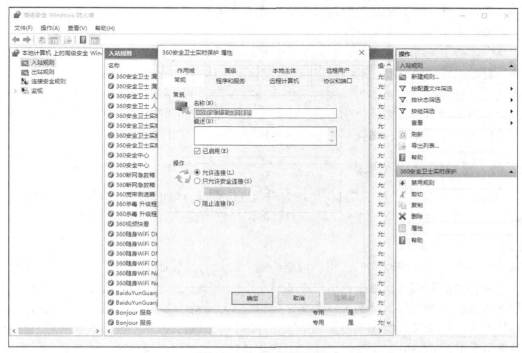

图 12-11　高级设置界面

　　此外，系统还提供了防火墙还原默认设置功能，此功能可以将防火墙还原到初始状态。在 Windows 防火墙设置界面左侧，单击"还原默认设置"即可。

2．微软杀毒软件

　　MSE（Microsoft Security Essentials）是微软官方推出的杀毒软件，与 Windows 10 系统的结合可谓相得益彰。MSE 需要通过 Windows 正版验证，终身免费使用，MSE 支持 32 位 XP、32 位和 64 位 Windows Vista/Windows 10。MSE 的安装快速简便，界面简洁直观。MSE 在后台静默高效地运行，提供实时保护，保持自动更新，对日常操作性能影响很小。

3．杀毒和安全防护常用软件

　　目前市场上的杀毒和安全防护软件很多，比较著名的有瑞星、360、金山、江民、卡巴斯基、诺顿和 McAfee 等。

　　瑞星杀毒软件是国内最早的反病毒软件，它基于新一代虚拟机脱壳引擎，采用三层主动防御策略开发，具有"木马强杀""病毒 DNA 识别""主动防御"和"恶意行为检测"等大量核心技术，可有效查杀目前各种加壳、混合型及家族式木马病毒共 70 万种，还提供了多种适用工具如注册表修复工具，漏洞修复、账号保险柜、系统加固等，为用户提供了全方位安全无毒的环境。2011 年 3 月 18 日瑞星公司宣布其个人安全软件产品全面、永久免费。

360 是一款永久免费、性能较强的杀毒软件。360 杀毒软件采用领先的病毒查杀引擎及云安全技术，不但能查杀数百万种已知病毒，还能有效防御最新病毒的入侵，拥有完善的病毒防护体系。360 杀毒软件有优化的系统设计，对系统运行速度的影响极小，独有的"游戏模式"还会在用户玩游戏时自动采用免打扰方式运行。360 杀毒和 360 安全卫士配合使用，是安全上网的"黄金组合"。

360 安全卫士拥有木马查杀、恶意软件清理、漏洞补丁修复、计算机全面体检等多种功能。目前木马威胁之大已远超病毒，360 安全卫士运用云安全技术，在杀木马、防盗号、保护网银及游戏账号安全等方面表现出色。360 安全卫士自身非常轻巧，同时还具备开机加速、垃圾清理等多种系统优化功能，可大大加快计算机运行速度，内含的 360 软件管家还可帮助用户轻松下载、升级和强力卸载各种应用软件。

12.2.2 磁盘的管理和维护

Windows 10 提供了多种工具供用户对磁盘进行管理与维护。这些工具不仅功能强大，而且简单易用，用户完全不必担心由于自己的误操作而使磁盘中的数据丢失。

1. 磁盘碎片整理

计算机使用了一段时间后，用户可能会感觉磁盘的读取速度变慢了，这主要是因为用户在不断移动、复制和删除文件时，在磁盘中形成了很多文件碎片。文件碎片并不会使文件中的数据缺少或损坏，只是把一个文件分割成多个小部分放置在磁盘中不连续的位置，使系统需要花费较长的时间来搜集和读取文件的各个部分。另外，由于磁盘中空闲空间也是分散的，当用户建立新文件时，系统也需花费较长的时间把新建的文件存储在磁盘中的不同地方。因此，用户应定期对磁盘碎片进行整理。

运行磁盘碎片整理时，系统会把同一个文件的所有文件碎片移动到磁盘中的同一个位置，使文件可以各自拥有一块连续的存储空间。这样，系统就能够快速地读取或新建文件，从而恢复高效的系统性能。

进行磁盘碎片整理的操作步骤如下。

双击打开"此电脑"→双击打开 C 盘→菜单栏选择"管理"，单击优化，然后就会打开优化驱动器的对话框。这里就是进行 Windows 10 系统磁盘碎片整理的地方了，如图 12-12 所示。选择一个磁盘，比如 C 盘，单击"优化"。然后，系统就会对 C 盘进行磁盘碎片情况分析，并进行磁盘碎片整理，如图 12-13 所示。

定期对磁盘进行碎片整理能帮助系统高效运行，但是这个定期究竟是多久，目前还没有一个确切的说法。有一个方法可以帮助大家查看磁盘是否需要进行碎片整理，那就是在进行碎片整理之前先运行"分析磁盘"功能，以确定该分区上的碎片数量是否到了需要整理的阶段。假如分析结果显示碎片率极低甚至是 0，那就不必整理了。因为过于频繁地进行碎片整理，会加大磁盘和系统负担，减少磁盘寿命。

210

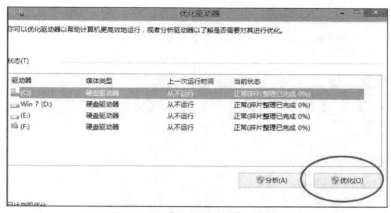

图 12-12　"优化驱动器"对话框

图 12-13　开始整理 C 盘

2. 磁盘清理

磁盘清理程序可以搜索到磁盘中的临时文件和缓存文件等各种不再有用的文件，使用户不需要自己在磁盘中到处寻找，直接从系统提供的搜索结果列表中把它们删除，以便腾出更多的磁盘空间，用来存储有用的文件或安装有用的应用程序。使用磁盘清理整理程序还可以避免用户误删某些有用的文件，从而保护应用程序能够正常运行。

进行磁盘清理的操作步骤如下。

① 双击打开"此电脑"→右键单击系统盘，选择"属性"→单击"磁盘清理"，如图12-14 所示。单击"清理系统文件"，如图 12-15 所示。

② 勾选需要清理的系统垃圾，单击"确定"。

③ 在弹出的系统提示中，单击"删除文件"。

3. 系统优化常用软件

目前市场上的系统优化软件很多，比较著名的有 Windows 优化大师、超级兔子、360安全卫士和鲁大师等。

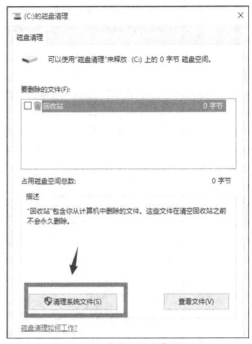

图 12-14 "属性"对话框   图 12-15 "磁盘清理"选项卡

其中，Windows 优化大师是一款功能强大的系统辅助软件，它提供了全面有效且简便安全的系统检测、系统优化、系统清理、系统维护四大功能模块及数个附加的工具软件。使用 Windows 优化大师，能够有效地帮助用户了解自己的计算机软硬件信息，简化操作系统设置步骤，提升计算机运行效率，清理系统运行时产生的垃圾，修复系统故障及安全漏洞，维护系统的正常运转。

12.2.3 备份和还原

Windows 10 的控制面板中有"备份和还原"功能，几乎所有的数据备份和恢复工作都可以在此完成。单击"开始"→"控制面板"→"系统和安全"→"备份和还原"，即可打开"备份和还原文件"对话框，如图 12-16 所示。备份和还原的相关功能主要有四大部分：备份文件、还原文件、创建系统还原点和系统还原。建议用户把所有的必需软件都装好后创建一个系统还原点，在安装未知兼容情况的软件前也应创建还原点，并定期对重要的数据文件进行备份。此外，Windows 10 可以创建系统映像和系统恢复光盘。

1. 备份文件

用户可以将计算机文件夹、文件、应用程序等手动进行备份，也可以使用定制的时间进行自动备份，还可以通过自动定制时间选择备份何时进行，备份到何处。下面通过将 C 盘的文件备份到 D 盘来介绍备份文件的过程。

① 单击"设置备份"，弹出"选择要保存备份的位置"对话框，如图 12-17 所示。在"备份目标"框中选择 D 盘，双击，弹出图 12-18 所示对话框。我们可以让 Windows 自动选择备份内容，Windows 将备份保存在库、桌面和默认 Windows 文件夹中的数据文件；也

可以自行选择，用户可以根据需要选择需要备份的库和文件，以及是否在备份中包含系统
映像。

图 12-16　"备份和还原"对话框

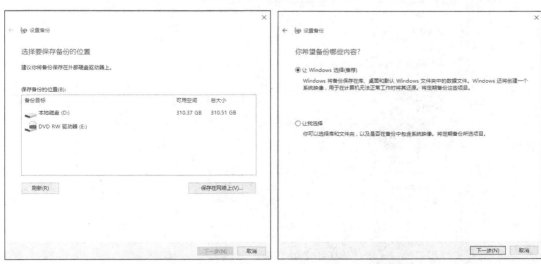

图 12-17　"选择要保存备份的位置"对话框　　　图 12-18　"你希望备份哪些内容"对话框

　　② 如果用户要自行选择备份文件，单击"让我选择"，弹出图 12-19 所示对话框，用
户可以勾选希望备份的文件和文件夹。
　　③ 在"选择备份内容"对话框中，单击"下一步"按钮，弹出图 12-20 所示对话框。
用户可以检查并确认备份设置，还可以修改备份计划。单击"更改计划"，弹出图 12-21 所
示对话框。用户可以选择备份的频率和时间。

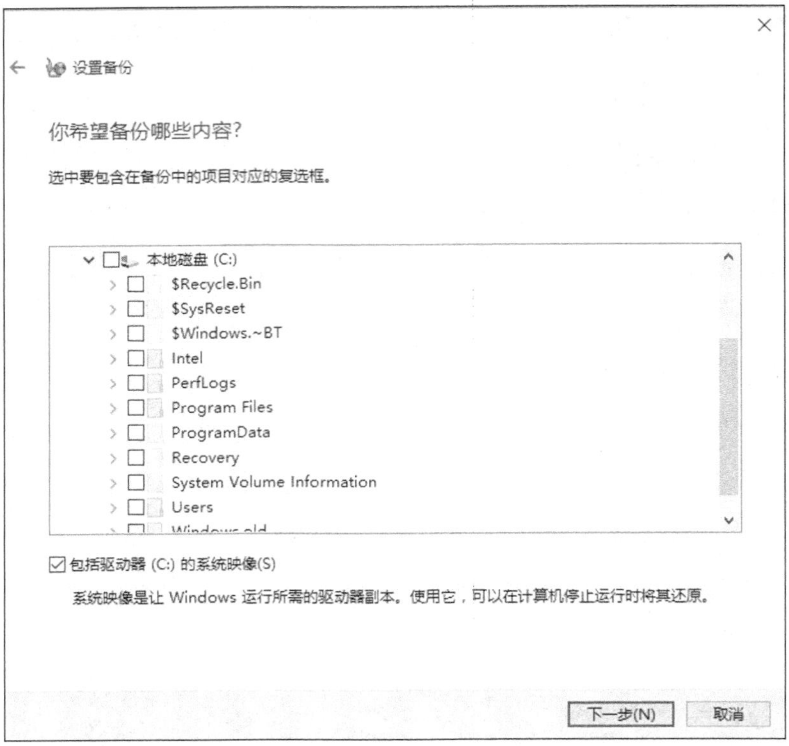

图 12-19 "你希望备份哪些内容"对话框

图 12-20 "查看备份设置"对话框

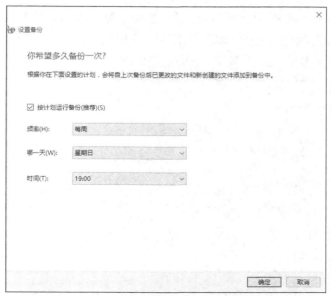

图 12-21 "你希望多久备份一次"对话框

④ 在"查看备份设置"对话框中,单击"保存设置并运行备份"按钮,系统开始进行备份,如图 12-22 所示。备份完成后,关闭对话框即可。

图 12-22 "系统备份"对话框

2. 还原文件

在 Windows 10 系统中用户可以根据需要选择要还原的文件,既可以从最新备份还原,也可以从较早的备份还原。下面通过将 D 盘的备份还原到 C 盘来介绍文件的还原过程。

① 单击"还原我的文件"按钮,弹出"还原文件"对话框。单击"选择其他日期",

用户可以根据备份的日期和时间，选择从最近备份还原，或选择从较旧备份还原。然后单击"浏览文件夹"或"浏览文件"，即可从备份文件中选择需要还原的文件夹或文件。所选文件夹或文件将列示出来，如图 12-23 所示。

图 12-23 "还原文件"对话框

② 在"还原文件"对话框中，单击"下一步"按钮，选择还原文件的位置，如图 12-24 所示。

图 12-24 "你想在何处还原文件"对话框

用户可以在原始位置还原文件，也可以自行指定还原的位置。设置完成后，单击"还原"按钮，系统开始进行还原，如图 12-25 所示。还原完成后，关闭对话框即可。

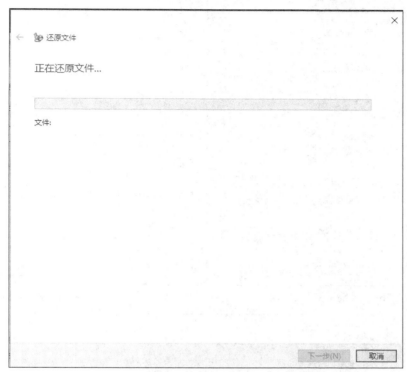

图 12-25 "还原文件"对话框

3．创建还原点

还原点可以自动创建或手动创建，自动创建的缺点是随着时间的增长，新的还原点会覆盖旧的还原点，但是几个重要的还原点是不会被覆盖的，如初次安装系统的还原点，系统特大更新的还原点。下面我们讲解还原点的创建过程。

① 单击"开始"→"控制面板"→"系统和安全"→"系统"→"系统保护"，出现"系统保护"对话框，如图 12-26 所示。

② 在"系统保护"对话框中，单击"创建"按钮，出现"创建还原点"对话框，如图 12-27 所示。用户可以对还原点进行描述。单击"创建"按钮，即可创建新的还原点。

4．系统还原

还原系统与还原文件的操作步骤类似。系统还原功能可以跟踪并更正对计算机进行的有害更改，增强了操作系统的可靠性。例如，用户添加了新的硬件，安装了从网上下载的软件或者更改了系统注册表，使得系统无法正常运行，无论卸载已安装的程序，还是重新启动计算机都无济于事，这时就可以使用系统还原功能。下面我们来讲解系统还原的过程。

① 在"系统保护"对话框中，单击"系统还原"按钮，或者在"系统备份"对话框中，单击"恢复系统设置或计算机"→"打开系统还原"，出现"还原系统文件和设置"对话框，如图 12-28 所示。

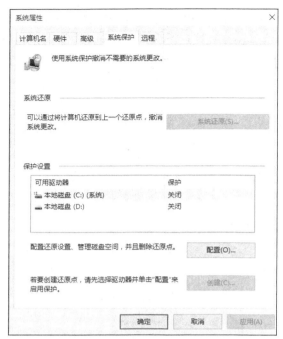

图 12-26 "系统保护"对话框

图 12-27 "系统保护"对话框

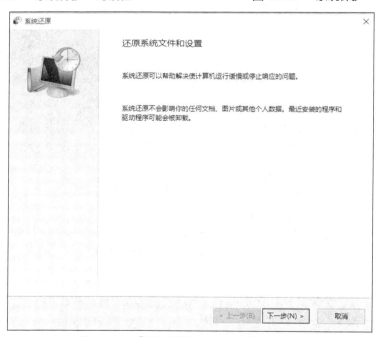

图 12-28 "还原系统文件和设置"对话框

②　在"还原系统文件和设置"对话框中，单击"下一步"按钮，出现"将计算机还原到所选时间之前的状态"对话框，如图 12-29 所示。Windows 10 系统还原有一个很大的改进，就是可以扫描每个还原点所影响的程序。当选中某个还原点后，单击"扫描所影响的程序"按钮，稍等片刻即可得到详细的报告。

图 12-29 "将计算机还原到所选事件之前的状态"对话框

③ 在"将计算机还原到所选事件之前的状态"对话框中,单击"下一步"按钮,出现"确认还原点"对话框,如图 12-30 所示。单击"完成"按钮,系统将提示,系统还原启动后,不能中断,询问用户是否继续,单击"是"按钮。系统将重新启动计算机,自动完成还原过程。

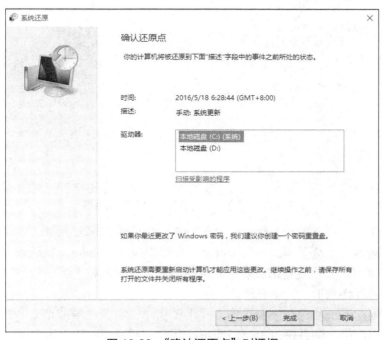

图 12-30 "确认还原点"对话框

5．创建系统映像

创建系统映像与我们之前讲的备份文件不同，备份文件是指备份系统关键的程序和文件，而系统映像是指把整个电脑上能运行的程序和全部文件都进行备份，如用户将一些应用软件和大型游戏安装到 D 盘，那么这些相关文件都会被备份，因此，系统映像所需的空间相当大。

在"备份和还原文件"对话框中，单击"创建系统映像"，系统会自动检测可用于创建备份的硬盘分区（不包含系统盘和 USB 存储设备），接着会弹出"您想在何处保存备份"对话框，如图 12-31 所示，可以创建备份镜像到硬盘、光盘介质或网络中的其他计算机中。如果选择在硬盘上创建系统映像，单击"下一步"按钮，对于要在备份中包含的分区进行选择，选定后单击"下一步"按钮。出现图 12-32 所示对话框，在开始创建系统映像前对选择最后进行确认，然后单击"开始备份"。从图 12-32 中可以看出，系统映像所占空间很大，压缩比较低。

图 12-31 "你想在何处保存备份"对话框

在系统映像创建完成后，会跳出一个窗口提示创建系统修复光盘，系统修复光盘可以在系统无法启动时从光盘引导进行系统修复。光盘中包含 Windows 系统恢复工具，可以将 Windows 从严重错误中恢复过来或者从系统映像对计算机进行重新镜像，建议最好进行创建。详细创建过程将在下一节中介绍。

在光盘上创建系统映像与硬盘操作方式大致相同，需要在刻录光驱中放入光盘，备份会自动刻录到光盘中，如备份过大，需要更换光盘，系统将进行提示。在网络上创建系统

映像，需要先进行网络路径的选择，单击"选择"，出现图 12-33 所示对话框，首先需要选
择网络位置，然后要设置用户名和密码。

图 12-32　"确认你的备份设置"对话框

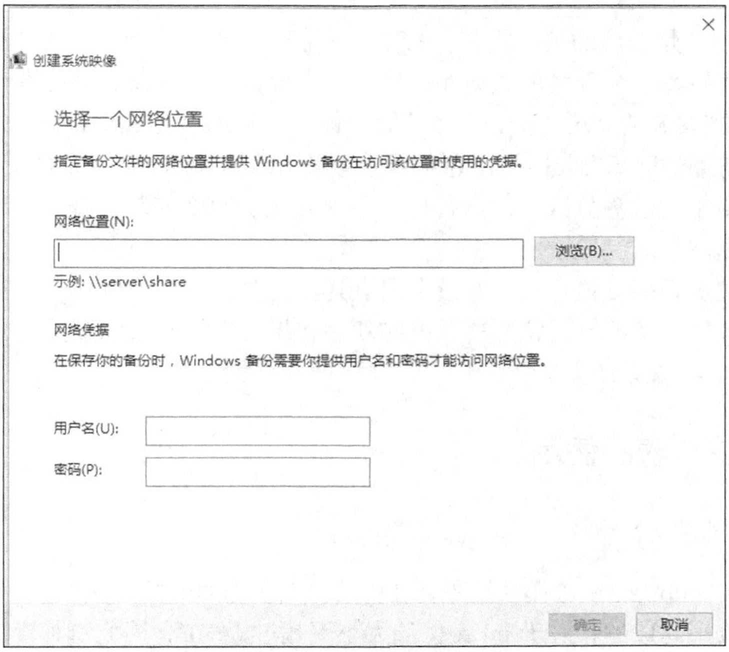

图 12-33　"选择一个网络位置"对话框

6. 创建系统修复光盘

在"备份和还原文件"对话框中，单击"创建系统修复光盘"按钮，弹出"创建系统修复光盘"对话框，如图 12-34 所示。之后将 DVD 或 CD 刻录光盘放入刻录光驱中，单击"创建光盘"按钮，系统就会自动创建一张系统修复光盘。

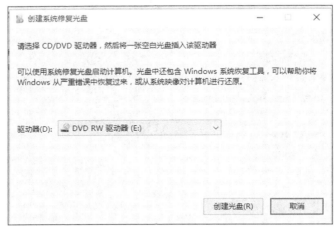

图 12-34 "创建系统修复光盘"对话框

7. 备份还原常用软件

Windows 10 系统的备份和还原功能可以说做得非常不错了，但是系统自带的备份和还原功能存在速度慢、操作不灵活、压缩率低等方面的欠缺，因此，很多用户更青睐专业的备份还原软件。目前市场上的备份还原软件主要有 Norton Ghost、一键还原精灵、一键 Ghost 和驱动精灵等。

Norton Ghost 是著名的硬盘复制备份工具。它可以将一块硬盘上的数据备份到另一块硬盘上，也可将硬盘一个分区的数据备份到另一个分区，方便以后进行恢复。使用 Norton Ghost，可以将刚安装的 Windows 及硬件驱动程序、常用小工具作为一个最小系统进行备份，以后在系统需要重新安装时恢复这个最小系统。Norton Ghost 不但有硬盘到硬盘的"克隆"功能，还附带有硬盘分区、硬盘备份、系统安装、网络安装、升级系统等功能，能快速进行硬盘数据恢复。

一键还原精灵是一款傻瓜式的系统备份和还原工具。它具有安全、快速、保密性强、压缩率高、兼容性好等特点，特别适合电脑新手和担心操作麻烦的人使用，支持 Windows 2000/XP/ 2003/Vista/7 系统。

12.3 注册表的使用

12.3.1 注册表简介

在早期的 Windows 3.x 操作系统中，对软硬件工作环境的配置是通过对扩展名为".ini"的文件进行修改来完成的，由于 ini 文件的大小不超过 64KB，因此每种设备或应用程序都有自己的 ini 文件，造成了这些初始化文件不便于管理和维护。在 Windows 95 及其后续版本的操作系统中，推出了一种注册表数据库。注册表是 Windows 操作系统的核心数据库，其中存放着各种参数，直接控制着 Windows 的启动、硬件驱动程序的加载及 Windows 应用程序的正常运行等，巧用注册表可以极大地提高系统性能或者进行个性化设置。为了维护与设置注册表，需要使用注册表编辑器。Windows 自带了注册表编辑器 Regedit。

12.3.2　注册表基本结构

在"开始"窗口的搜索框中输入"regedit"，按回车键，或者用鼠标点击搜索到的程序，即可打开注册表编辑器，如图 12-35 所示，可以看到，Windows 10 注册表共有五大主项。

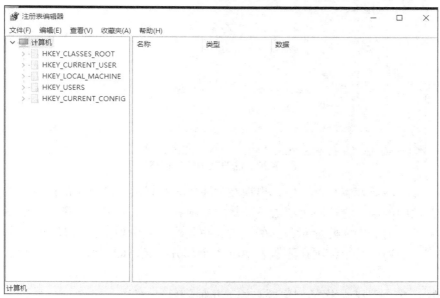

图 12-35　注册表编辑器

① HKEY_CLASSES_ROOT：即 HKEY_LOCAL_MACHINE\SOFTWARE\Classes，但是在 HKEY_CLASSES_ROOT 下编辑相对来说显得更容易和更有条理。此处保存了所有应用程序运行时必需的信息。

② HKEY_CURRENT_USER：是 HKEY_USERS 的子项。此处保存了本地计算机中存放的当前登录的用户信息，包括用户登录用户名和暂存的密码。在用户登录 Windows 时，其信息从 HKEY_USERS 中相应的项复制到 HKEY_CURRENT_USER 中。

③ HKEY_LOCAL_MACHINE：此处保存了注册表里所有与这台计算机有关的配置信息，只是一个公共配置信息单元。对于普通用户来说，只需有一个大致的了解即可。

④ HKEY_USERS：此处保存了默认用户设置和登录用户的信息。虽然它包含了所有独立用户的设置，但在用户未登录时，用户的设置是不可用的。这些设置告诉系统哪些图标会被使用，什么组可用，哪个开始菜单可用，哪些颜色和字体可用，以及控制面板上什么选项和设置可用。

⑤ HKEY_CURRENT_CONFIG：此处存放本地计算机在系统启动时所用的硬件配置文件信息。

Windows 10 注册表通过项和值项来管理数据，如图 12-36 所示。项有主项与子项，值项包括数值名称、数值类型和数值数据 3 个部分。

图 12-36　注册表中的项和值项

主项：在"注册表编辑器"中，出现在"注册表编辑器"窗口左窗格中的文件夹。

子项：项中的项。它位于主项之下。每个主项和子项下面又可以有一个或多个子项。

值项：是注册表中实际显示数据的元素，也是注册表中最重要的部分。任何项都可以有一个或多个值项，每个值项在注册表中由 3 个部分组成，即数值名称、数值类型和数值数据。

Windows 10 注册表数据类型主要有如下几种。

● REG_BINARY：未处理的二进制数据。多数硬件组件信息都以二进制数据存储，而以十六进制格式显示在注册表编辑器中。

● REG_DWORD：双字节值，用二进制、十六进制或十进制来表示。许多设备驱动程序和服务的参数是这种类型。

● REG_EXPAND_SZ：长度可变的数据串。该数据类型包含在程序或服务使用该数据时确定的变量。

● REG_MULTI_SZ：多重字符串。其中包含格式可被用户读取的列表或多值的值通常为该类型。项用空格、逗号或其他标记分开。

● REG_SZ：固定长度的文本串。

● REG_FULL_RESOURCE_DESCRIPTOR：设计用来存储硬件元件或驱动程序的资源列表的一列嵌套数组。

12.3.3　使用注册表编辑器

注册表编辑器是用来查看和更新系统注册表设置的高级工具，用户可以编辑、备份、还原注册表。

1．编辑注册表

利用注册表编辑器新建、删除、修改注册表中的项目是用户编辑注册表的重要手段。下面以在 HKEY_CURRENT_USER\AppEvents 下创建一个子项 QQ，并以在 QQ 下创建值项数据为例，来介绍利用注册表编辑器编辑注册表的过程。操作过程如下。

① 双击 HKEY_CURRENT_USER 主项，展开注册表，如图 12-37 所示。

图 12-37　展开 HKEY_CURRENT_USER 主项

② 用鼠标右键单击 AppEvents，在快捷菜单中选择"新建"中的"项"命令，如图 12-38 所示，注册表会在 HKEY_CURENT_USER\AppEvents 下以"新项#1"为名创建一子项，如图 12-39 所示。

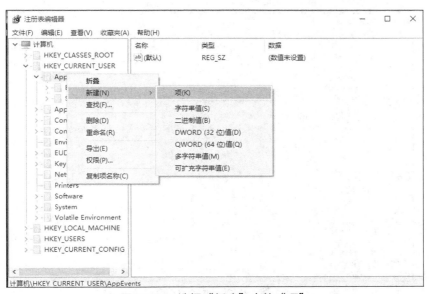

图 12-38　选择"新建"中的"项"

图 12-39　创建新的子项

③ 将鼠标移至文本框中，将“新项#1”改名为 QQ，如图 12-40 所示。如果要对已存在的主项（子项）改名，比如将前面创建的主项 QQ 改名，可右键单击 QQ，在快捷菜单中选择“重命名”，然后在文本框中输入新的项名即可。如果想删除主项（子项），比如主项 QQ，可以右键单击 QQ，在快捷菜单中选择“删除”，此时程序会弹出一个消息框，单击“是”按钮确认删除。

④ 如果要在 QQ 下新建一值项数据，比如字符串值，可右键单击 QQ，选择快捷菜单“新建”中的“字符串值”命令，如图 12-41 所示。此时在右边窗口中会出现一个新的值项数据，名为“新值#1”，如图 12-42 所示。

⑤ 将鼠标移至文本框中，将“新值#1”改为新的值项名，比如“reg”。

图 12-40　改名为 QQ

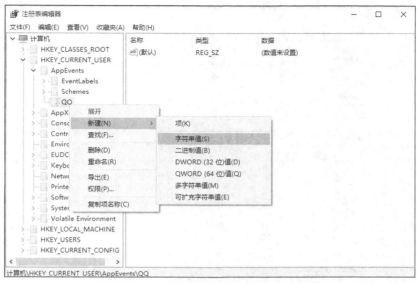

图 12-41　选择"新建"中的"字符串值"

图 12-42　出现新的值项名

⑥ 双击新创建的值项名"reg"，出现图 12-43 所示的对话框，在"数值数据"文本框中输入"OICQ"。值项数据创建完成后，其结果如图 12-44 所示。

2. 导入和导出注册表文件

由于注册表的重要性，在进行一些可能对注册表产生破坏的操作前，我们必须对注册表进行备份，以便在注册表遭破坏后进行恢复。利用注册表编辑器提供的导出和导入注册表文件的功能，可以很方便地对注册表文件进行备份和恢复。可按以下方法对注册表文件进行备份。

备份注册表

还原注册表

图 12-43 输入"数值数据"

图 12-44 创建完成后的结果

① 启动注册表编辑器。

② 在注册表编辑器中选择"计算机"。

③ 单击"文件"→"导出"命令，如图 12-45 所示。

④ 在图 12-46 所示的对话框中输入需要保存的注册表文件名，然后单击"保存"按钮。

图 12-45　选择 "导出"

图 12-46　输入保存的注册表文件名

如果并不想备份整个注册表文件，而只是备份其中的一个分支，可选择需要保存的主项或子项，再从步骤③开始进行后面的操作。

导出的注册表文件是以 ".reg" 为后缀的文本文件，可以利用记事本等文本编辑器打开进行编辑。

可按以下方法对注册表文件进行恢复。

① 启动注册表编辑器。

② 单击"文件"→"导入"命令。

③ 在图 12-47 所示的对话框中选择需要导入的注册表文件，单击"打开"按钮。此时会出现一个图 12-48 所示的进程窗口。几秒钟后，导入过程结束，将出现一个消息框，报告导入注册表文件成功。

图 12-47　选择需要导入的注册表文件

图 12-48　导入注册表

3. 使用查找功能

注册表中的子项数目繁多。如果手工在如此众多的子项中查找所需要的信息，犹如大海捞针。不过，注册表编辑器提供的查找功能将这一问题轻松解决。

以查找"QQ 游戏"字符为例，可按以下步骤操作。

① 启动注册表编辑器。

② 选择需要查找的分支。如果查找范围为整个注册表，可选择"计算机"。

③ 单击"编辑"→"查找"命令，如图 12-49 所示。

图 12-49　选择查找命令

④ 在图 12-50 所示的对话框中输入需要查找的字符"QQ 游戏"。如果只查找主项，可选中复选框"项"，以缩小查找范围，提高查找速度。

⑤ 单击"查找下一个"按钮，出现图 12-51 所示消息框，表示注册表正在进行查找。

图 12-50　输入查找字符

图 12-51　注册表正在查找

⑥ 注册表查找到"QQ 游戏"字符后，会将光标定位于查找到的项上，状态栏中显示所查找到的字符在注册表中所处的位置，如图 12-52 所示。

图 12-52　注册表找到所查找的字符

⑦ 如果查找到的信息不符合要求，可按 F3 键继续查找注册表中其他与字符"QQ 游戏"相关的信息。

4．收藏功能

Windows 10 注册表的收藏功能与 IE 的收藏功能类似，只不过 IE 收藏夹中保存的是网址，而注册表中保存的是项的位置。通过收藏功能，我们可以在修改注册表时，将经常访问的一些项的位置加入到收藏夹中，方便以后快速定位。比如，我们经常要修改 HKEY_CURRENT_USER\ Software\Microsoft\Windows\CurrentVersion 下的内容。如果每次修改时都要一层一层地展开，那是很麻烦的。利用收藏功能，只要事先将其位置添加到收藏夹，以后就可以通过"收藏"菜单快速定位到 CurrentVersion 这个子项。将子项 CurrentVersion 添加到收藏夹可按以下步骤操作。

① 依次打开 HKEY_CURRENT_USER\Software\Microsoft\Windows\CurrentVersion，如图 12-53 所示。

图 12-53　找到子项

② 单击"收藏夹"中的"添加到收藏夹"命令，如图 12-54 所示。

③ 在弹出的对话框中输入收藏夹名称，此处输入"CurrentVersion"，单击"确定"按钮，如图 12-55 所示。

完成上述操作后，以后要修改 HKEY_CURRENT_USER\Software\Microsoft\Windows\CurrentVersion 中的内容，单击"收藏夹"→"CurrentVersion"，即可定位于 CurrentVersion 子项，如图 12-56 所示。

在注册表中，收藏夹存放在 HKEY_CURRENT_USER\ Software\Microsoft\Windows\CurrentVersion\ Applets\Regedit\ Favorites 中，以后在重装系统之前，可将此分支导出，重装系统完成后再将其引入新的注册表。这样，辛辛苦苦整理出来的收藏夹就不会因为重装系统而丢失了。

图 12-54　单击"添加到收藏夹"命令　　　　　图 12-55　输入收藏夹名字

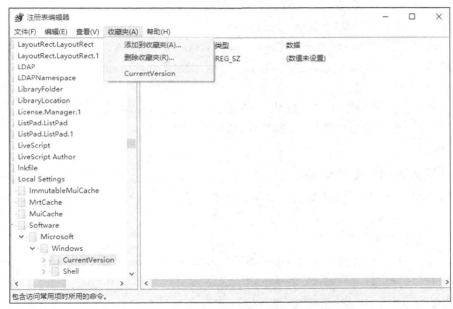

图 12-56　收藏夹菜单中的 CurrentVersion

12.3.4　注册表的应用

1. 禁用"控制面板"

我们知道，"控制面板"是 Windows 用户调整和设置系统硬件及软件的最主要手段。如果不希望其他用户随意对其中的设置进行改动，可以通过修改注册表，达到禁止其他用户使用"控制面板"的目的。具体操作步骤如下。

① 运行注册表编辑器。

② 打开 HKEY_CURRENT_USER\Software\Microsoft\Windows\CurrentVersion\Policies 子项。

③ 在其下面新建子项 Explorer，并进入。

④ 新建双字节值 NoControlPanel，将数值设为 1。数值设为 1 时，表示禁用"控制面板"；设为 0 时或数值不存在，表示容许使用"控制面板"。

⑤ 如果试图打开"控制面板"，系统会弹出图 12-57 所示消息框，提示无法完成操作。

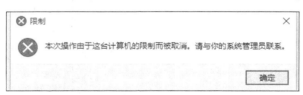

图 12-57 限制操作消息框

2. 禁用"个性化"中"屏幕保护程序"

① 运行注册表编辑器。

② 打开 HKEY_CURRENT_USER\Software\Microsoft\Windows\CurrentVersion\Policies 子项。

③ 在其下面新建子项 System，并进入。

④ 新建双字节值 NoDispScrSavPage，将数值设为 1。数值设为 1 时，表示禁用"屏幕保护程序"功能；设为 0 时或数值不存在，表示允许使用"屏幕保护程序"功能。

⑤ 打开"控制面板"中"个性化"，单击"屏幕保护程序"按钮，系统会弹出图 12-58 所示消息框，提示无法完成操作。

图 12-58 限制操作消息框

3. 关闭光驱自动播放功能

在默认情况下，只要将关盘放入光驱，光驱就会自动运行。通过修改注册表，可关闭光驱的自动播放功能。

① 运行注册表编辑器。

② 打开 HKEY_LOCAL_MACHINE\SYSTEM\CurrentControlSet\Services\Cdrom 子项。

③ 双击右边窗口中的双字节值 AutoRun，将数值设为 0。

④ 重新启动计算机。

4. 为应用程序添加声音

在"控制面板"中的"声音和音频设备"中，可设置一些与系统相关的声音，比如在登录 Windows 时发出音乐声，但是"音乐和音频设备"中能提供声音的应用程序非常少，通过修改注册表，可为其他应用程序添加声音，比如"画图"程序。具体操作步骤如下。

① 运行注册表编辑器。

② 打开 HKEY_CURRENT_USER\AppEvents\Schemes\Apps 子项。

③ 在其下面新建子项"画图"，并进入。

④ 在"画图"下新建子项 Open（打开）、Close（关闭）、Maximize（最大化）、Minimize（最小化），如图 12-59 所示。

图 12-59　新建子项

　⑤ 打开"控制面板"→"声音和音频设置"→"声音"选项卡，可看见刚才在注册表中添加的"画图"项及其"打开程序""关闭程序""最大化""最小化"4 个命令，如图 12-60所示。

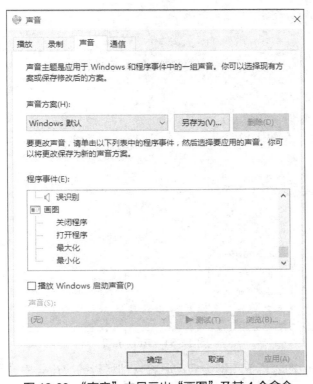

图 12-60　"声音"中显示出"画图"及其 4 个命令

⑥ 单击每个命令，然后在下面的"声音"下拉列表框中选择每个命令所对应的声音。

5. 从内存中卸载 DLL 文件

运行应用程序时，应用程序会调用动态连接库文件 DLL，但是关闭应用程序后，这些 DLL 文件并没有立即从内存中卸载，占用大量内存，影响了系统性能。通过修改注册表，可使应用程序关闭时 DLL 文件即从内存中卸载。

① 运行注册表编辑器。

② 打开 HKEY_LOCAL_MACHINE\SOFTWARE\Microsoft\Windows\CurrentVersion\ Explorer 子项。

③ 在其下新建项 AlwaysUnloadDLL，并进入。

④ 双击右边窗口中"默认"，将数值设为1。

⑤ 重新启动计算机。

6. 禁止应用程序在系统启动时运行

有些应用程序在安装后，进入 Windows 时即会自动运行，降低了系统资源。通过修改注册表，可禁止那些不常用的应用程序在系统启动时运行。

① 运行注册表编辑器。

② 打开 HKEY_LOCAL_MACHINE\SOFTWARE\Microsoft\Windows\CurrentVersion\; Run 子项。如图 12-61 所示。

图 12-61　Run 子项

③ 在右边窗口中的若干值项即为启动时将自动运行的应用程序，将不需要的值项删除即可。

7. 清除"添加或删除程序"中残留项目

用户可以使用"控制面板"中的"添加或删除程序"来卸载应用程序，但有时由于用户操作错误，导致有些应用程序无法通过"添加或删除程序"卸载，应用程序还保留在"添加或删除程序"的列表中，通过修改注册表，可以将这些残留项清除。

① 运行注册表编辑器

② 打开 HKEY_LOCAL_MACHINE \SOFTWARE \ Microsoft \Windows \Current Version\ Uninstall 子项，如图 12-62 所示。

图 12-62　Uninstall 下面的子项对应于"添加或删除程序"列表中的项目

③ 其下面的若干子项对应于"添加或删除程序"列表中的项目，将需要卸载的应用程序的对应子项删除即可。

 练习题

1．开启 Windows 防火墙，并修改设置，使一款特定的应用软件能顺利通过 Windows 防火墙。

2．完成一次磁盘清理和磁盘碎片整理操作。

3．对计算机上任意一个文件夹进行备份，并对其进行还原。

4．创建系统还原点，并进行系统还原。

5．创建一张系统修复光盘。

6．导出计算机注册表文件。

7．利用注册表编辑器禁用"控制面板"。

第⑬章 计算机的日常维护与故障检测

计算机的日常维护和保养

计算机是比较精密的设备，日常使用过程中需要重视对计算机的保养。只有定期对软/硬件进行维护，才能保证计算机的正常运行。如果对维护和保养环节不够重视，轻则会影响计算机的正常运行，重则可能会造成配件的损坏，甚至会将存储在计算机中的重要资料丢失，造成无可挽回的损失。

13.1.1 计算机对环境的要求

计算机对使用环境的要求并不十分苛刻，但也应当满足最基本的条件，否则会影响计算机的使用寿命。计算机应该放在通风的地方，离墙壁应该有 20cm 的距离，避开热源等。计算机的工作环境应该具备以下条件。

1. 清洁

计算机应放置在室内清洁的环境，因灰尘会污染计算机的键盘、磁盘、显示器和主机电路板等重要部件，以致造成重大故障，所以计算机使用的环境必须保持清洁。

2. 通风

计算机在工作时，会散发大量的热量。若散热不好，室内温度过高，长期使用会使计算机寿命降低，所以应注意室内的通风。

3. 温度

一般计算机应该在10℃～35℃环境下工作，现在的计算机虽然本身散热性能很好，但过高的温度仍然会使计算机工作时产生的热量散不出去，轻则缩短机器的使用寿命，重则烧毁计算机的芯片或其他配件，从而导致计算机不能正常工作。有条件的话，最好在安放计算机的房间安上空调，以保证计算机正常运行时所需的温度环境。

4. 相对湿度

计算机工作的环境相对湿度应保持在 30%～80%。过分潮湿会使机器表面结露，引起电路板上的元器件、触点及引线锈蚀发霉，造成断路或短路；而过分干燥则容易产生静电，诱发错误信息。因此，在干燥的秋冬季节最好能设法保持房间中的湿度达到计算机的需求；在较为潮湿的环境中，要避开水和其他液体的侵蚀。在南方梅雨季节，电脑每周至少要开机 2 小时，以保持机器的干燥，这和其他电器的保养是一样的。

5．计算机对交流电源系统的要求

计算机对电源的要求是交流 220V ± 10%，频率为 50Hz ± 5%。若电源波动范围超出上述限制，会影响计算机的正常工作。

若计算机现场还有其他用电设备，如复印机、电冰箱和空调机等，计算机不能与这些设备共用一个电源插座，应当使用独立电源插座。

有条件的家庭或办公室，应加 UPS。UPS 可以在市电突然断电时，保护计算机信息不丢失，而且一般 UPS 都具有稳压功能。

6．计算机供电系统对接地的要求

原则上讲，计算机的电源必须要有良好的接地系统作为安全保证，三相电源插座左边为"零"线，右边为"火"线，上边为"地"线。此处的地线是电源安全地线，不可与计算机的逻辑地线相接。

7．防止震动和噪声

震动和噪声会造成计算机软硬件的损坏（如硬盘损坏或数据丢失等），因此计算机不能工作在震动和噪声很大的环境中，如确实需要将计算机放置在震动和噪声较大的环境中应考虑安装防震和隔音设备。搬动计算机时，要先关闭系统，同时把电源插头拔下。另外，硬盘在移动或运输时最好用泡沫垫或海绵包装保护，尽量减少震动。

8．防磁场

计算机周围严禁强磁场。强磁场会对显示器、磁盘等造成严重影响，电视、冰箱、大型音响等家电应保持至少 13cm 的距离，音箱尽量不要置于显示器附近，不要将磁盘放置于音箱之上。否则，会出现正在执行的程序会自动关闭、打出来的字是乱码等现象，这都是磁场在作祟。

13.1.2 计算机的日常维护

在使用计算机的过程中，由于主机各部件长时间地处于工作状态及受周围环境的影响，主机内部 CPU、内存条、硬盘和主板等部件上，处处沾染了大量的灰尘。一般情况下会影响计算机的运行效率，情况严重时会使计算机根本无法工作，甚至会烧毁 CPU 等重要部件，所以计算机的日常维护是很重要的。

1．常用维护工具

常用的维护工具有：除尘用的毛刷及吸尘器，清洁显示器、打印机及主机箱表面灰尘用的清洁剂，清洗驱动器磁头所使用的清洁盘等。

（1）毛刷

毛刷主要用于清除计算机主机内部和笔记本电脑外部的灰尘。灰尘是计算机的大敌，许多计算机部件由于沾染了大量的灰尘，使得计算机不能正常工作。如果灰尘过多，会影响内部散热，造成电路板上的元件发生断路或短路现象，严重时还会烧坏 CPU 或板卡，所以必须用毛刷刷掉元件上的灰尘，然后再用吸尘器将灰尘吸走。电脑专用毛刷如图 13-1

所示。

（2）吸尘器

有些用户想使用电扇之类的工具吹走刷掉的灰尘，这样只会造成尘土在主机箱内搬家，根本达不到清洁计算机的目的。因此，有条件的用户，可以考虑购置一个小型的吸尘器，它的除尘效果很好。电脑专用吸尘器如图 13-2 所示。

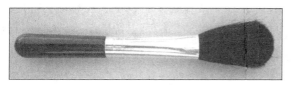

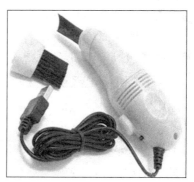

图 13-1　电脑专用毛刷　　　　　　　　图 13-2　电脑专用吸尘器

（3）清洁剂

显示器长时间在办公室条件下工作，常常会蒙上一层尘土，造成显示的内容模糊不清，对人体的健康也极为不利。所以清洁显示器和计算机其他部件表面的灰尘也十分必要。清洁时，要选用显示器专用清洁剂，切不可使用伪劣产品。清洁方法：用干净的软布等蘸上专用清洁剂反复擦拭显示器等部件的表面。电脑专用清洁剂如图 13-3 所示。

（4）清洁光盘

光驱的激光头如果沾染灰尘，在读写过程中，就会影响所发出的激光强度，也会使光驱不能正确读出数据，所以每隔一定的时间应对其进行清洁。清洁时，使用清洁光盘。清洁光盘也是一种特殊的盘片，并配有清洁剂。电脑专用清洁光盘如图 13-4 所示。

图 13-3　电脑专用清洁剂　　　　　　　图 13-4　电脑专用清洁光盘

2．清洁操作

（1）清洁主机部分

计算机的主机部分尽管有机箱的保护，但由于在一般的办公室条件下长期运行，仍然会沾染许多灰尘。如果不及时进行清洁，会影响芯片的散热，引起接插件部分接触不良，还会严重影响计算机的工作速度。清洁时，先用毛刷对各板卡表面上的灰尘轻轻地刷一下，然后再用吸尘器吸一遍，将灰尘吸干净。

（2）清洁散热风扇

在清洁 CPU 散热风扇时，一般是将它拆下来进行的。清洁 CPU 风扇的具体方法可分为如下几步。

① 清除灰尘。用刷子顺着风扇马达轴心边转边刷，同时对散热片也要一起刷，这样才能达到清洁效果。

② 加油。由于风扇经过长期运转，在转轴处积了不少灰尘。揭开风扇正面的不干胶，就是写着厂商的那张标签，小心不要撕破，还要再贴回去。然后弄一点缝纫机油，因为缝纫机油比较细，润滑效果会好一点。如果没有，也可以用其他润滑油代替。在转轴上滴几滴即可，然后再将厂商标签粘贴好。

③ 清除油垢。如果加油后，风扇转动时还有响声，就应当拆下风扇，清理转子和电刷。拿出尖嘴钳，先把风扇转子上的锁片拆下来，然后把风扇的转子拆下来，转子上的接触环和电刷上积了一层黑黑的油垢，拿出一瓶无水酒精，或者磁头清洁剂，用镊子缠一团脱脂棉，蘸一点无水酒精，把那些油垢小心地擦去。注意不要把电刷弄斜、弄歪、弄断，清理干净后再安装好。

（3）清洁光驱

清洁光驱使用清洁光盘，是在播放光盘的过程中进行的。将清洁盘放入光驱后，媒体播放软件，播放这个光盘，播放完毕后，将清洁光盘取出。

（4）清洁鼠标

在 Windows 系统下，鼠标是不可缺少的工具。由于鼠标经常在桌面上移动，鼠标的底座会积累很多污垢，使用起来很不灵活。某些带滚球的机械鼠标，滚球就会积累很多污垢，造成其灵敏度下降。此外，由于鼠标要握在手中，手心的汗液与灰尘混合形成污垢也会污染鼠标的外壳，所以应当经常对其进行清洁。

清洁光电鼠标时，用软纱布蘸少许的清洁液或无水酒精，擦拭其外壳与底座即可。带滚球的鼠标还需要清洁其内部，将滚球拆下来，用无水酒精擦拭滚球和内部滚轮。清洁后，将其安装好即可。

（5）清洁键盘

由于键盘是暴露在空气中的外部输入设备，在长期使用中，按键之间的空隙会落下一些灰尘和碎屑，有可能导致键盘不能正常工作。

清洁键盘时，首先将键盘倒过来，使有键的面向下，轻轻地敲打键盘背面，有些碎屑可以落下来，但不可用力过猛。然后，再将键盘翻过来，用吸尘器进行清理。必要时，也可以拆下键盘四周的固定螺钉，打开键盘，用软纱布蘸无水酒精或清洁剂，对内部进行清洗，晾干以后，再安装好即可。

（6）清洁显示器

显示器的屏幕及外壳是需要经常维护的地方。清洁显示器屏幕和外壳时，用软纱布蘸一点专用的清洁剂，轻轻擦拭即可。此外，对于其他的外设，如打印机和扫描仪等清洁方法也相同，需要经常进行维护。

3. 维护操作

（1）计算机主板部分的日常维护

① 主机不要频繁地启动、关闭。开机、关机要有 30 秒以上的间隔，关机应注意先关闭应用软件，再关闭操作系统，以免丢失数据或引起软件损坏。

② 不要轻易打开机箱，特别不能在开机状态下去接触电路板，否则可能会使电路板烧坏。若不小心用手触摸硬盘背面的电路板，静电就有可能伤害到硬盘的电子元件，造成元器件的损坏。

③ 开机状态不要搬运主机，不要把装有液体的容器靠近主机或置于主机箱上，以免引起不必要的麻烦。

④ 在组装计算机时，固定主板的螺丝不要拧得太紧，各个螺丝都应该用同样的力度，如果拧得太紧的话也容易使主板变形。

（2）CPU 的日常维护

① 尽量让计算机 CPU 工作在额定频率下。现在主流 CPU 运行频率已经够快了，没有必要再超频使用

② CPU 的散热问题是不容忽视的，如果 CPU 不能很好地散热，就有可能引起系统运行不正常、机器无缘无故重新启动、死机等故障，给 CPU 选择一款好的散热风扇是必不可少的。

③ 清理机箱、清洁 CPU 以后，安装的时候一定注意要安装到位。CPU 插座是有方向性的，插座上有两个角上各缺一个针脚孔，这与 CPU 是对应的；安装 CPU 散热器，要先在 CPU 核心上均匀地涂上一层导热胶，不要涂太厚，以保证散热片和 CPU 核心充分接触，安装时不要用力过大，以免压坏核心，同时一定要接上风扇电源（主板上有 CPU 风扇的三针电源接口）。

④ 如果机器工作一直正常的话就不要动 CPU。

（3）内存条的日常维护

① 当只需要安装一根内存时，应首选和 CPU 插座接近的内存插座，这样做的好处是当内存被 CPU 风扇带出的灰尘污染后可以清洁，而插座被污染后却极不易清洁。

② 关于内存混插问题，在升级内存时，尽量选择与现有内存相同的品牌。内存混插原则：将低规范、低标准的内存插入第一内存插槽（即 DIMM1）中。

③ 对由灰尘引起的内存故障、显卡氧化层故障，应用橡皮或棉花蘸上酒精清洗，这样就不会黑屏了。

（4）显示器的日常维护

① 防磁化、防潮、防尘、散热，对于计算机任何一个配件都要注意。需要提醒的是不要阻挡显示器外壳的散热孔。

② 清洁显示器时不能用有机溶剂，如酒精、汽油、洗洁精等，因为有机溶剂会将显示器上的清晰层溶解掉。擦显示器不要用粗糙的布、纸之类的东西，可以用柔软的布蘸清水、肥皂水进行清洁，或者使用少量的水湿润脱脂棉或镜头纸擦拭。但务必要在显示器拔掉电

源插头后进行。不要用湿的抹布用力擦显示屏。

③ 如果你不是专业人士，不要擅自打开显示器外壳，因为显示器内有高压电路。

（5）声卡和显卡的日常维护

方法与显示器维护相同。

（6）光驱及光盘的日常维护

① 对光驱的任何操作都要轻缓。尽量按光驱面板上的按键来弹出、放入托盘，按键时手指不能用力过猛，以防按键失控；不宜用手推动托盘强行关闭，这对光驱的传动齿轮是一种损害。光驱中的机械构件大多是塑料制成的，任何过大的外力都可能损坏进出盒机构。

② 当光驱进行读取操作时，不要按弹出钮强制弹出光盘。因为光驱进行读取时光盘正在高速旋转，若强制弹出，光驱经过短时间延迟后出盒，但光盘还没有完全停止转动，在出盒过程中光盘与托盘发生摩擦，很容易使光盘产生划痕。

③ 减少光驱使用时间，以延长使用寿命。在硬盘空间允许的情况下，可以把经常使用的光盘做成虚拟光盘存放在硬盘上，这样可直接在硬盘上运行，并且具有速度快的特点。要尽量少放 DVD 影碟，如果确实经常要看 DVD 影碟，可以使用一些 DVD 电影辅助软件。光盘盘片也不宜长时间放置在光驱中，光驱内一旦有光盘，不仅计算机启动时要有很长的读盘时间，而且光盘也将一直处于高速旋转状态。这样既增加了激光头的工作时间，也使光驱内的电机及传动部件处于磨损状态，无形中缩短了光驱的寿命。所以，要养成关机前及时从光驱中取出光盘的习惯。

④ 光驱对防尘的要求很高，尽量不要使用脏的、有灰尘的光盘；每次打开光驱后要尽快关上，不要让托盘长时间露在外面，以免灰尘进入光驱内部，对不使用的光盘要妥善保管。光驱使用一段时间之后，激光头必然要染上灰尘，从而使光驱的读盘能力下降。具体表现为读盘速度减慢，显示屏画面和声音出现马赛克或停顿，严重时可听到光驱频繁读取光盘的声音。这些现象对激光头和驱动电机及其他部件都有损害，最好每月定期使用专门的光驱清洁盘对光驱进行清洁。

（7）鼠标和键盘的日常维护

① 避免摔碰鼠标，不要强力拉拽导线，单击鼠标时不要用力过度，以免损坏弹性开关。

② 使用光电鼠标时要注意保持鼠标垫的清洁，使其处于更好的感光状态，避免污垢附着在光二极管和光敏三极管上，遮挡光线接收。光电鼠标勿在强光条件下使用，也不要在反光率高的鼠标垫上使用。

③ 普通的鼠标垫不但使移动更平滑，也增加了橡皮球与鼠标垫之间的摩擦力，能够减少污垢通过橡皮球进入机械鼠标。

④ 按键时要注意力度，强烈的敲击会减少键盘的寿命。

⑤ 键盘和鼠标可用湿布进行清洁，注意清洁完毕后必须晾干后方可与主机连接。机械鼠标：打开背面的旋转盘，卸下橡皮球，主要清洁转轴上的污垢。光电鼠标：主要清洁附着在光二极管和光敏三极管上的污垢。

13.2　计算机硬件故障及检测处理

13.2.1　什么是硬件故障

硬件故障是由硬件引起的故障，涉及各种板卡、存储器、显示器、电源等。常见的硬件故障有如下一些表现。

① 电源故障：系统和部件没有供电或只有部分供电。

② 部件工作故障：计算机中的主要部件如显示器、键盘、磁盘驱动器、鼠标等硬件产生的故障，造成系统工作不正常。

③ 元器件或芯片松动、接触不良、脱落，或者因温度过热而不能正常运行。

④ 计算机外部和内部的各部件间的连接电缆或连接插头（座）松动，甚至松脱或者错误连接。

⑤ 系统与各个部件上及印制电路的跳线连接脱落、连接错误，或开关设置错误，而构成非正常的系统配置。

⑥ 系统硬件搭配故障，各种电脑芯片不能相互配合，在工作速度、频率方面不一致等。

13.2.2　硬件故障的常用检测方法

目前，计算机硬件故障的常用检测方法主要有以下几种。

1．清洁法

对于使用环境较差或使用较长时间的计算机，应首先进行清洁。可用毛刷轻轻刷去主板、外设上的灰尘。如果灰尘已清洁掉或无灰尘，就进行下一步检查。另外，由于板卡上一些插卡或芯片采用插脚形式，所以，震动、灰尘等其他原因常会造成引脚氧化、接触不良。可用橡皮擦去表面氧化层，重新插接好后，开机检查故障是否已被排除。

2．直接观察法

直接观察法即"看、听、闻、摸"。

① "看"，即观察系统板卡的插头、插座是否歪斜，电阻、电容引脚是否相碰，表面是否烧焦，芯片表面是否开裂，主板上的铜箔是否烧断。还要查看是否有异物掉进主板的元器件之间（造成短路）。也应查看板上是否有烧焦变色的地方，印制电路板上的走线（铜箔）是否断裂等。

② "听"，即监听电源风扇、硬盘电机或寻道机构等设备的工作声音是否正常。另外，系统发生短路故障时常常伴随着异常声响。监听可以及时发现一些事故隐患，帮助在事故发生时即时采取措施。

③ "闻"，即辨闻主机、板卡中是否有烧焦的气味，便于发现故障和确定短路所在处。

④ "摸"，即用手按压管座的活动芯片，查看芯片是否松动或接触不良。另外，在系统运行时，用手触摸或靠近 CPU、显示器、硬盘等设备的外壳，根据其温度可以判断设备运行是否正常；用手触摸一些芯片的表面，如果发烫，则该芯片可能已损坏。

3．拔插法

计算机故障的产生原因很多。例如，主板自身故障、I/O 总线故障、各种插卡故障均可导致系统运行不正常。采用拔插法是确定主板或 I/O 设备故障的简捷方法。该方法的具体操作是，关机将插件板逐块拔出，每拔出一块板就开机观察机器运行状态。一旦拔出某块后主板运行正常，那么，故障原因就是该插件板有故障或相应 I/O 总线插槽及负载有故障。若拔出所有插件板后，系统启动仍不正常，则故障很可能就在主板上。

拔插法的另一含义是：一些芯片、板卡与插槽接触不良，将这些芯片、板卡拔出后再重新正确插入，便可解决因安装接触不良引起的计算机部件故障。

4．交换法

将同型号插件板或同型号芯片相互交换，根据故障现象的变化情况，判断故障所在处。此法多用于易拔插的维修环境，例如，如果内存自检出错，可交换相同的内存条来判断故障部位，若所交换的元件不存在问题，则故障现象依旧。若交换后故障现象变化，则说明交换的元件中有一块是坏的，可进一步通过逐块交换而确立部位。如果能找到相同型号的计算机部件或外设，那么，使用交换法可以快速判定是否是元件本身的质量问题。

5．比较法

运行两台或多台相同或相类似的计算机，根据正常计算机与故障计算机在执行相同操作时的不同表现，可以初步判断故障发生的部位。

此外，还可以采用原理分析法、升温降温法、振动敲击法、软件测试法等传统方法。

13.2.3　典型硬件故障的处理方法

1．CPU 故障

CPU 的故障类型不多，常见的有如下几种。

① CPU 与主板没有接触好。

当 CPU 与主板 CPU 插座接触不良时，往往会被认为是 CPU 烧毁。这类故障很简单，也很常见。其现象是无法开机、无显示，处理办法是重新插拔。

② CPU 工作参数设置错误。

此类故障通常表现为无法开机或主频不正确，其原因一般是 CPU 的工作电压、外频、倍频设置错误所致。处理方法是：先清除 CMOS，再让 BIOS 来检测 CPU 的工作参数。

③ 其他设备与 CPU 工作参数不匹配。

这种情况中，最常见的是内存的工作频率达不到 CPU 的外频，导致 CPU 主频异常，处理办法是更换内存。

④ 温度过高。

CPU 温度过高也会导致电脑出现许多异常现象，如自动关机等。可能的原因包括：硅胶过多或过少，风扇损坏或老化，散热片需要清洁，散热片安装过松或过紧，导致受力不均匀等。

⑤ 其他部件故障。

当主板、内存、电源等出现故障时，也往往会认为是 CPU 故障。判断这类假故障的方法很简单，只需要交换到其他主机试验一下即可。

2．内存故障

内存故障大部分都是假性故障或软故障，在使用交换法排除了内存自身问题后，应将诊断重点放在以下几个方面。

① 接触不良故障。内存与主板插槽接触不良、内存控制器出现故障。这种故障表现为：打开主机电源后屏幕显示"Error：Unable to ControlA20 Line"等出错信息后死机。解决的方法是：仔细检查内存是否与插槽保持良好的接触，如果怀疑内存接触不良，关机后将内存取下，重新装好即可。内存接触不良会导致启动时发出警示声。

② 内存出错。Windows 系统中运行的应用程序非法访问内存、内存中驻留了太多的应用程序、活动窗口打开太多、应用程序相关配置文件不合理等原因均能导致屏幕出现许多有关内存出错的信息。解决的方法是：清除内存驻留程序、减少活动窗口、调整配置文件、重装系统等。

③ 病毒影响。病毒程序驻留内存、BIOS 参数中内存值的大小被病毒修改，将导致内存值与实际内存大小不符、内存工作异常等现象。解决的办法是：采用杀毒软件杀除病毒；如果 BIOS 中参数被病毒修改，先将 CMOS 短接放电，重新启动机器，进入 CMOS 后仔细检查各项硬件参数，正确设置有关内存的参数值。

④ 内存与主板不兼容。在新配电脑或升级电脑时，选择了与主板不兼容的内存。解决的方法是：首先升级主板的 BIOS，看看是否能解决问题，如果仍无济于事，就只好更换内存了。

3．主板故障

随着主板电路集成度的不断提高及主板价格的降低，其可维修性也越来越低。主板常见的故障有如下几种。

① 元器件接触不良。主板最常见的故障就是元器件接触不良，主要包括芯片接触不良、内存接触不良、板卡接触不良几个方面。板卡接触不良会造成相应的功能丧失，有时也会出现一些奇怪的现象。比如声卡接触不良会导致系统检测不到声卡；网卡接触不良会导致网络不通；显卡接触不良，除了导致显示异常或死机外，还可能会造成开机无显示，并发出报警声。

② 开机无显示。由于主板原因，出现开机无显示故障一般是因为主板损坏或被病毒破坏 BIOS 所致。BIOS 被病毒破坏后硬盘里的数据将部分或全部丢失，可以通过检测硬盘数据是否完好来判断 BIOS 是否被破坏。

③ 主板 IDE 接口或 SATA 接口损坏。出现此类故障一般是由于用户带电插拔相关硬件

造成的，为了保证计算机性能，建议更换主板予以彻底解决。

④ BIOS 参数不能保存。此类故障一般是由于主板电池电压不足造成的，只需更换电池即可。

⑤ 计算机频繁死机，即使在 BIOS 设置时也会死机。在设置 BIOS 时发生死机现象，一般是主板或 CPU 有问题，只有更换主板或 CPU。出现此类故障一般是由于主板散热不良引起的。如果在计算机死机后触摸 CPU 周围主板元件，发现温度非常高，说明是散热问题，需要清洁散热片或更换大功率风扇。

4．显卡故障

显卡故障比较难于诊断，因为显卡出现故障后，往往不能从屏幕上获得必要的诊断信息。常见的显卡故障有如下几种。

① 开机无显示。出现此类故障一般是因为显卡与主板接触不良或主板插槽有问题造成的，只需进行清洁即可。对于一些集成显卡的主板，如果显存共用主内存，则需注意内存的位置，一般在第一个内存插槽上应插有内存。

② 显示颜色不正常。此类故障一般是因为显卡与显示器信号线接触不良或显卡物理损坏。解决方法是，重新插拔信号线或更换显卡。此外，也可能是显示器的原因。

③ 死机。出现此类故障一般多见于主板与显卡的不兼容或主板与显卡接触不良，这时需要更换显卡或重新插拔。

④ 花屏。故障表现为开机后显示花屏，看不清字迹。此类故障可能是由于显示器分辨率设置不当引起的。处理方法是，进入 Windows 的安全模式，重新设置显示器的显示模式即可。也可能由于显卡的显示芯片散热不良或显存速度低，需要改善显卡的散热性能或更换显卡。

5．硬盘故障

计算机系统中 40%以上的故障都是因为硬盘故障而引起的。随着硬盘的容量越来越大，转速越来越快，硬盘发生故障的概率也越来越高。硬盘损坏不像其他硬件那样有可替换性，因为硬盘上一般都存储着用户的重要资料，一旦发生严重的不可修复的故障，损失将无法估计。常见的硬盘故障有如下几种。

① Windows 初始化时死机。这种情况比较复杂，首先应该排除其他部件出现问题的可能性，如系统过热或病毒破坏等，如果最后确定是硬盘故障，应赶快备份数据。

② 运行程序出错。进入 Windows 后，运行程序出错，同时运行磁盘扫描程序时缓慢停滞甚至死机。如果排除了软件方面的设置问题，就可以肯定是硬盘有物理故障了，只能通过更换硬盘或隐藏硬盘扇区来解决。

③ 磁盘扫描程序发现错误甚至坏道。硬盘坏道分为逻辑坏道和物理坏道两种：前者为逻辑性故障，通常为软件操作不当或使用不当造成的，可利用软件修复；后者为物理性故障，表明硬盘磁道产生了物理损伤，只能通过更换硬盘或隐藏硬盘扇区来解决。

对于逻辑坏道，Windows 自带的"磁盘扫描程序"就是最简便常用的解决手段。对于物理坏道，可利用一些磁盘软件将其单独分为一个区并隐藏起来，让磁头不再去读它，这样可以在一定程度上延长硬盘的使用寿命。除此之外，还有很多优秀的第三方修复工具，如 Partition Magic 等。

④ 零磁道损坏。零磁道损坏的表现是开机自检时，屏幕显示"HDD Controller Error"，而后死机。零磁道损坏时，一般情况下很难修复，只能更换硬盘。

⑤ BIOS 无法识别硬盘。BIOS 突然无法识别硬盘，或者即使能识别，也无法用操作系统找到硬盘，这是最严重的故障。具体方法是首先检查硬盘的数据线及电源线是否正确安装；其次检查跳线设置是否正确，如果一个 IDE 数据线上接了双硬盘（或一个硬盘一个光驱），是否将两个都设置为主盘或两个都设置为从盘；最后检查 IDE 接口或 SATA 接口是否发生故障。如果问题仍未解决，可断定硬盘出现物理故障，需更换硬盘。

6．光驱故障

光驱最常见的故障是机械故障，有些是电路方面的故障。而电路故障中用户调整不当引起的故障要比元器件损坏引起的故障要多得多，所以用户在拆卸或维护光驱设备时，不要随便调整光驱内部的各种电位器，防止碰撞及静电对光驱内部元件的损坏。常见的光驱故障有如下几种。

① 开机检测不到光驱。这时可先检查一下光驱跳线是否正确；然后检查光驱 IDE 接口或 SATA 接口是否插接不良；最后可能是光驱数据线损坏，只需更换即可。

② 进出盒故障。这类故障表现在不能进出盒或进出盒不顺畅。如果故障是由进出盒电机插针接触不良或电机烧毁引起的，只能重插更换。如果故障是由进出盒机械结构中的传送带松动打滑引起的，可更换尺寸小一些的传送带。

③ 挑碟或读碟能力差。这类故障是由激光头故障引起的。光驱使用时间长或常用于看DVD，激光头物镜会变脏或老化，用清洁光盘对光驱进行清洁，可改善读碟能力。

④ 必然故障。必然故障是指光驱在使用一段时间后必然发生的故障。该类故障主要有：激光二极管老化，使读盘时间变长甚至不能读盘；激光头中光学组件脏污或性能变差，产生"音频"、"视频"失真或死机；机械传动装置因磨损、变形、松脱而引起的故障。必然故障一般在光驱使用 3～5 年后出现，此时，应更换新光驱。

7．电源故障

电源产生的故障比较隐蔽，一般很少被注意到。

（1）电源故障的现象

大多数部件在启动时都会发一个信号给主板，表明电压符合要求。中断了这个信号，就会显示一些出错信息，让用户能确定故障产生的部位。如果这个信号不定期出现，则表明电压已经不那么稳定了。

电源风扇的旋转声一旦停止，就意味着要马上关闭电源，否则风扇停转而造成的散热不良，很快就会让机器瘫痪。

（2）电源故障的诊断方法

电源出故障要按"先软后硬"的原则进行诊断，先检查 BIOS 设置是否正确，排除因设置不当造成的假故障，然后检查 ATX 电源中辅助电源和主电源是否正常，最后检查主板电源监控器电路是否正常。

此外，显示器、鼠标、键盘、音箱及打印机等外设也会出现故障，有兴趣的读者可以查阅相关资料，这里就不再赘述了。

13.3 计算机软件故障及检测处理

13.3.1 什么是软件故障

软件故障一般是指由于不当使用计算机软件而引起的故障，以及因系统或系统参数的设置不当而出现的故障。软件故障一般是可以恢复的，但一定要注意，某些情况下有的软件故障也可以转化为硬件故障。常见的软件故障有如下一些表现。

① 当软件的版本与运行环境的配置不兼容时，造成软件不能运行、系统死机、文件丢失或被改动。

② 两种或多种软件程序的运行环境、存取区域或工作地址等发生冲突，造成系统工作混乱。

③ 由于误操作而运行了具有破坏性的程序、不正确或不兼容的程序、磁盘操作程序、性能测试程序使文件丢失、磁盘格式化等。

④ 计算机病毒引起的故障。

⑤ 基本的 CMOS 芯片设置、系统引导过程配置和系统命令配置的参数设置不正确或者没有设置，计算机也会产生操作故障。

13.3.2 软件故障的常用检测方法及预防

1. 软件故障常用检查方法

计算机出现软件故障时，可以从以下几个方面着手进行分析。

① 当计算机出现故障时，首先要冷静地观察计算机当前的工作情况。比如，是否显示出错信息，是否在读盘，是否有异常的声响等，由此可初步判断出故障的部位。

② 当确定是软件故障时，还要进一步弄清楚当前是在什么环境下运行什么软件，是运行系统软件还是运行应用软件。

③ 多次反复试验，以验证该故障是必然发生的，还是偶然发生的，并应充分注意引发故障时的环境和条件。

④ 仔细观察 BIOS 参数的设置是否符合硬件配置要求，硬件驱动程序是否正确安装，硬件资源是否存在冲突等。

⑤ 了解系统软件的版本和应用软件的匹配情况。

⑥ 充分分析所出现的故障现象是否与病毒有关，要及时查杀病毒。

2. 软件故障的预防

很多软件故障都是可以预防的，因此，在使用计算机时应注意以下事项。

① 在安装一个新软件之前，应考察其与系统的兼容性。

② 在出现非法操作和蓝屏的时候，仔细分析提示信息产生的原因。

③ 随时监控系统资源的占用情况。

④ 删除已安装的软件时，应使用软件自带的卸载程序或控制面板中的"添加或删除程序"功能。

13.3.3　典型软件故障的处理方法

1. BIOS 设置故障

计算机在载入操作系统之前、启动或退出 Windows 的过程中以及操作使用过程中都可能会有一些提示信息，根据其中错误提示，可迅速查出并排除错误。主板 BIOS 的屏幕提示信息主要有以下几种。

（1）BIOS ROM checksun error-System halted

这是 BIOS 信息在进行综合检查时发现了错误，它是由于 BIOS 损坏或刷新失败所造成的，出现这种现象时将无法开机，需要更换 BIOS 芯片或者重新刷新 BIOS。

（2）CMOS battery failed

这是指 CMOS 电池失效。当 CMOS 电池的电力不足时，应更换电池。

（3）Hard disk install failure

该信息表明硬盘安装失败。可检查硬盘的电源线和数据线是否安装正确，或者硬盘跳线是否设置正确。

（4）Hard disk diagnosis fail

该信息表明执行硬盘诊断时发生错误。此信息通常代表硬盘本身出现故障，可以先把这个硬盘接到别的电脑上试试看，如果还是一样，就只有换一块新硬盘了。

（5）Memory test fail

该信息表明内存测试失败，通常是因为内存不兼容或内存故障所导致，可以先以每次开机增加一条内存的方式分批测试，找出有故障的内存，把它拿掉或送修即可。

（6）Press TAB to show POST screen

这不是故障，而是表明按 TAB 键可以切换屏幕显示。有一些 OEM 厂商会以自己设计的显示画面来取代 BIOS 预设的 POST 显示画面，按 Tab 键可以在厂商自定义的画面和 BIOS 预设的 POST 画面之间切换。

2. 资源冲突故障

资源冲突故障是一种比较常见的故障，要学会用 Windows 系统硬件配置文件来解决资源冲突的问题。硬件资源冲突主要分为以下两类。

（1）I/O 地址冲突

计算机的每一个硬件都有唯一与之对应的 I/O 地址，CPU 正是通过这种一一对应的 I/O 地址，才能正确地辨认出每个外设。但是，如果有两个或两个以上的外设被设置成相同的 I/O 地址，一方面有些外设并不能处理和响应这个信息，另一方面由于一个 I/O 地址对应了多个外设，从而导致 CPU 无法判断哪个外设是当前应该使用的，哪个是当前不能用的。

（2）IRQ 冲突

同 I/O 地址一样，IRQ 也必须是一一对应的。如果有两个或两个以上的外设同时使用了同一个 IRQ 设置，它们就会产生冲突，都将不可用。Windows 能自动配置外设的 IRQ 值。因此 Windows 用户只需让系统自动侦测，一般都可以正确进行分配。一旦出现冲突，只需按调整 I/O 地址的方法对 IRQ 进行调整即可，Windows 会自动列出外设可使用的所有中断号以供选择。

当系统硬件产生资源冲突时，可尝试用下面的办法解决。

（1）检查硬件冲突

检查硬件冲突可以通过控制面板进行，具体方法是：在"设备管理器"选项的"资源"列表中，分类列出了相应类别的所有设备。当某设备无法使用时，"资源"列表就会出现以下情况。

设备条目前面有一个红色的叉号，说明该设备无效，当前无法正常使用。

设备条目前面有一个黄色的问号，说明该设备目前存在问题，无法正常工作，产生的原因可能是设备驱动程序安装不当，也可能存在硬件冲突。

设备条目前面有一个带圆圈的蓝色叹号，说明该设备存在，基本能正常工作，但系统认为设备有问题，如能正常工作的非即插即用设备。

在"资源"列表中，打开一个设备的"属性"对话框，在"资源"选项的"冲突的设备列表"中，会给出当前设备冲突的对象及冲突的资源内容。

（2）基本处理方法

检查到硬件资源冲突后，可按以下方法处理。

如果某一设备在"资源"列表中出现两次，而实际上只有一个设备，需将两个同一设备都删除，重新安装该设备驱动程序。

带有黄色问号的设备如果没有"资源"选项，大多是该设备的驱动程序安装不当或不兼容，需将其删除并重新安装。

如果"冲突的设备列表"中列出的冲突是"系统保留"类型的硬件冲突，这种特定设备所使用的资源冲突很可能不会出现问题，如果不影响使用，可以忽略它。但如果冲突影响使用，请在"资源"列表中双击"计算机"，打开"计算机属性"，在"保留资源"选项中，选择发生冲突的资源类型，单击"设置"列表中的特定资源，并删除。

（3）改变操作系统版本

这里说的"改变"，并不一定是"升级"。因为，有些配件在低版本操作系统下会发生冲突，升级至高版本后则问题就可以解决；而有些配件则正相反。所以，当硬件发生冲突时，可以试着改变一下操作系统的版本。

（4）删除设备驱动程序

删除设备驱动程序，将外设重新插拔后，让系统重新检测。当然要注意设备的安装顺序。

（5）尽量采用默认设置

绝大部分情况下，采用默认设置安装一般不会发生冲突，所以无需调整默认资源，但在设备较多的情况下容易发生冲突，只要与默认配置无关，仍然无需调整。确实需要调整时，要仔细阅读该设备的随机说明书，调整方法一般有修改跳线和软件调整两种。

（6）必要时可先拔掉有关板卡

先拔掉有冲突的板卡，将其他设备安装完毕后，再插上冲突板卡，安装该卡的驱动程序，绝大多数情况下不会再发生冲突，虽然方法比较麻烦，但非常有效。

（7）升级相关 BIOS 及驱动程序

有效解决硬件冲突的方法是升级最新的主板 BIOS、显卡 BIOS 及最新的硬件驱动程序等。此外，如果有必要的话，还应该安装相关的诸如主板芯片组的最新补丁程序。

3. 硬件驱动程序故障

在 Windows 系统中，常需要人工安装驱动程序的标准设备一般是显卡、声卡等，外设如打印机、扫描仪等，网络设备如网卡等。

（1）驱动程序丢失

如果驱动程序一时找不到了，可以尝试用以下办法寻找驱动程序。

如果硬件是非常出名的品牌，可登录到该公司的网站，选择下载其驱动程序，不过下载前要确定到底是为哪一种操作系统设计的，不可弄错。

如果在系统崩溃前使用了 Ghost 等软件为自己的系统作了镜像，可使用相应的软件把系统还原出来。当系统被还原后，它们仍然能正常工作。

有一些硬件，如扫描仪、刻录机等，即使驱动程序丢失了也没有关系，因为只要把原来系统中的应用程序复制过来即可。

（2）更新驱动程序

更新驱动程序是指把老版本的驱动程序替换成新的版本。操作系统不断更新换代，也促使硬件驱动程序必须及时更新以适应新的操作系统。电脑硬件技术发展很快，老的硬件设备与新生的硬件设备的驱动程序之间难免发生冲突，影响到电脑硬件的正常使用。并且更新驱动程序可以有效地提高电脑硬件的性能，有助于改善硬件的兼容性，从而提高硬件的稳定性。

（3）驱动程序安装的故障

一般情况下，更新驱动程序或者安装一个新设备的驱动程序都可能出现问题。有时是设备不工作，有时是系统出现故障或死机。因此，安装驱动程序之前，为了保险起见，可以先备份注册表。如果是来历不明或者是测试版的驱动程序，最好先备份系统。

如果安装驱动后，设备不能使用或者出现故障，可以尝试用其他方法安装，如通过手动搜索安装，通过添加新设备安装，通过系统更新安装。如果不行，可以更换驱动程序，换成稳定的旧版本或是更新的版本。如果还是不行，可以考虑重新插拔设备，更换设备的接口位置。如果再不行，可以考虑去掉其他设备，单独安装该设备。最后，重装系统，先不安装其他设备，而单独安装该设备。这些方法都不行，就要考虑是不是设备和系统的问题了，可以换到其他机器上去进行比较。

4. Windows 安装故障

庞大的 Windows 操作系统，决定了其安装过程的复杂性，复杂的安装过程难免会引发各种各样的故障。导致 Windows 安装失败的主要原因有以下几点。

（1）人为因素

由于用户操作不当引起的 Windows 安装故障，主要表现在 BIOS 设置不正确、安装顺序不正确、光驱中有非引导盘几个方面。

（2）配置太低

Windows XP/Vista/7 在综合了 Windows 的易用性和稳定性的基础上，还增加或增强了不少功能，同时对硬件也提出了更高的要求。在不满足最低要求的计算机上安装 Windows 系统是不会成功的。

5. 无法安装应用软件故障

随着应用软件的日益庞大，安装程序处理的任务也越来越复杂，任何一个环节发生错误，都将导致软件无法安装。无法安装是应用程序安装过程中最常见的一种现象，表现为在安装过程中出现错误信息提示，无论选择什么选项都会停止安装。典型的应用软件安装故障有以下几点。

（1）如果计算机原来安装过某一软件，后来自动丢失，在重新安装过程中，提示不能安装。这是因为软件安装过一遍后，若破坏或丢失，系统会存在残留信息，所以必须将原来的注册信息全部删除后重新安装。注册文件信息在 C:\Windows\system 目录下。

（2）如果计算机原来安装了某一软件的旧版本，后来在安装此软件的新版本过程中，提示不能安装。这时应先卸载旧版本，再安装新版本。

（3）有些软件安装不成功是由于用户的 Windows 系统文件安装不全所造成的，此时，按照提示将所需文件从安装盘里添加进去即可，也可以从微软的网站上进行下载。

（4）如果没有足够的磁盘空间，也会导致应用软件安装失败。

6. Windows 运行故障

Windows 在运行过程中可能会出现各种各样的故障，下面通过一些典型的例子来介绍这类故障的检测处理思路。

（1）Windows 系统越来越大

使用 Windows 系统一段时间后，用户会发现系统越来越大。这种情况很正常，当然需要时也可以删除一些无用的文件，通常可以从这样几个方面入手：使用"系统工具"中的"磁盘清理"功能对系统分区进行清理；把我的文档、IE 的临时文件夹转到其他硬盘或分区；把虚拟内存转到其他硬盘或分区；也可以使用第三方软件对系统分区进行清理。

（2）不能在 Windows 系统下安装软件

在装有 Windows 系统家庭版的计算机上安装软件时出现"You do not have access to make the required system configurations. Please return this installation from an administration account."的提示信息。这是因为 Windows 为了保护系统的安全和稳定，使用了用户账户和密码保护的方式来控制用户的操作，即只有指定的人才能做指定的事情。安装软件等修改系统的操作需要用户拥有该计算机管理员的权力才能执行。

系统在安装时，默认"administrator"账号是管理员身份，可以采用下面方法使自己成为管理员。注销当前用户，并以管理员身份登录，登录时输入安装时设置的密码，如果在安装时没有设置密码，直接回车进入计算机。打开"控制面板"中的"用户账户"，就会看到自己的用户账户是"受限的账户"。打开自己的账户，单击"更改账户类型"按钮，在出现的窗口中，选中"计算机管理员"，单击"更改账户类型"按钮，确认并退出。为了保证计算机安全，建议用户设置用户密码，以避免发生安全问题而造成不必要的损失。

（3）更改硬件配置会出现死机

在 Windows XP/Vista/7 中只要更改硬件配置，系统就启动不了。这是因为 Windows XP/Vista/7 中使用了激活产品程序，激活产品程序是微软公司在 Windows XP/Vista/7 中加入的防盗版功能。由于激活产品程序会根据计算机硬件配置生成一个硬件号，因此如果改变了硬件配置，激活产品程序就会发现硬件配置与之不符，这时系统就会停止运行，并要求重新激活产品。

7．Windows 注册表故障

Windows 的注册表实际上是一个数据库，它包含了计算机的全部硬件、软件设置、当前配置、动态状态及用户特定设置 5 个方面的信息，主要存储在 Windows 目录下的 system.dat 和 user.dat 两个文件中。由于注册表文件损坏而不能正常启动系统或运行应用程序的情况经常出现。

（1）注册表损坏的症状

注册表损坏时可能会出现下面的症状。

① 当使用过去正常工作的程序时，出现"找不到*dll"的信息，或其他表明程序部分丢失和不能定位的信息。

② 应用程序出现"找不到服务器上的嵌入对象"或"找不到 OLE 控件"这样的错误提示。

③ 当单击某个文档时，Windows 给出"找不到应用程序打开这种类型的文档"信息，即使安装了正确的应用程序且文档的扩展名（或文件类型）正确也是这样。

④ "资源管理器"页面包含没有图标的文件夹、文件或者意料之外的奇怪图标。

⑤ "开始"菜单或"控制面板"项目丢失或变灰（处于不可激活状态）。

⑥ 不能建立网络连接。

⑦ 工作正常的硬件设备突然不起作用或不再出现在"资源管理器"的列表中。

⑧ Windows 系统根本不能启动，或仅能以安全模式或 MS DOS 模式启动。

⑨ Windows 系统显示"注册表损坏"信息。

⑩ 启动时，系统调用注册表扫描工具对注册表文件进行检查，然后提示当前注册表已损坏，将用注册表的备份文件进行修复，并要求重新启动系统，而上述过程往往要重复数次才能进入系统，其实这是系统的误报，此时注册表并没有损坏，倒是内存或硬盘值得好好检查一下，这是硬件故障造成的假象。

以上是注册表损坏的 10 种症状，除最后一项外，前几项都是可以简单修复的，前提是有注册表备份文件。

（2）注册表被破坏的主要原因

Windows 系统对注册表有很多保护措施，所以很少产生注册表错误。但是注册表有时可能会遭到破坏，注册表被破坏的主要原因有以下三大类。

① 用户常常在 Windows 上添加或者删除各种应用程序和驱动程序。当今软件如此繁多，谁也不能确定多个软件安装在一个系统里，是否能正常运行，彼此间是否毫无冲突，并且某些应用程序在修改注册表时，增加了不该增加的内容，或者将原来正确的注册表内容改为不正确的内容。驱动程序一般都是经过周密测试的，但是由于计算机是一个开放性的体系结构，不可能测试所有的可能性，这样就有不兼容存在的可能性。例如，某些驱动程序是 32 位的，安装到 64 位的操作系统上，就可能出现不兼容的情况。

② 由病毒、断电、CPU 被烧毁及硬盘错误引起的硬件被更换或被损坏，也常常会导致注册表的损坏。

③ 由于注册表中的数据是非常复杂的，所以，用户在手工修改注册表的时候，经常会导致注册表的内容被损坏。有时，用户会用另一台计算机上的注册表覆盖本地计算机上的注册表文件，但是一份注册表在某一台计算机上使用正常，并不等于它会在其他计算机上也使用正常，这样做极易破坏整个系统。

（3）注册表的修复方法

Windows 注册表出现问题时，可以通过内置方法进行解决。当然，如果使用了注册表编辑器将注册表进行了备份，则在恢复注册表时就更方便了。修复注册表一般有以下几种方式。

① 重新启动系统。Windows 注册表中的许多信息是保存在内存中的，用户可以通过重新将硬盘中的信息调入内存来修正各种错误。每次启动时，注册表都会把硬盘中的信息调入内存。

② 使用安全模式启动系统。如果在启动 Windows 系统时遇到注册表错误，则可以在安全模式下启动，系统会自动修复注册表问题。注意：由于在安全模式下，Windows 并没有将注册表文件锁住，所以用户可以在这种方式下复制注册表文件。

③ 重新检测设备。如果注册表中关于某种设备的信息发生错误，那么这个系统就无法正确管理这个设备。这时，用户可以移除这个设备，再安装一次，或者让 Windows 重新检测这个设备。

④ 利用"设备管理器"重新安装设备。Windows 提供了功能强大的"设备管理器"，该管理器可以查看并管理硬件设备。用户可以利用"设备管理器"重新安装设备。首先在"设备管理器"中将该设备删除，然后刷新，"设备管理器"将重新检测所有设备，并安装相应的设备驱动程序。重新启动计算机后，即可对有问题的注册表进行更新。

 练习题

一、填空题

1. 常见的计算机故障主要有＿＿＿＿和＿＿＿＿，但是＿＿＿＿要多一些。

2. 判断硬件故障的方法主要有_____、_____、_____、_____、_____。

二、简答题

1. 简述计算机对环境的要求。

2. 简述如何清洁鼠标。

3. 常见的硬件故障有哪些？怎样处理这些故障？

4. 软件故障的检测方法有哪些？怎样预防软件故障？

5. 常见的软件故障有哪些？怎样处理这些故障？

实训

实训1 微型计算机系统硬件组成及外设的认识

一、实训目的

① 了解微型计算机系统的硬件组成。

② 培养学生对计算机系统硬件各组成部分的识别能力。

③ 认识常用外设。

④ 认识常用工具。

二、实训设备

① 微型计算机及常用外设。

② 常用计算机组装工具。

三、实训内容及步骤

（1）整机的认识

认识一台已组装好的多媒体微型计算机。

（2）认识常用工具

认识组装微机的常用工具及辅助工具，如螺丝刀、尖嘴钳、镊子、螺丝钉、万用表等。

（3）拆卸计算机

重点认识以下部件。

① 机箱、电源的认识。

观察机箱内部、外部结构；观察机箱前后面板的结构。

认识电源的结构、型号、电源电压输入/输出情况等。

② CPU。

了解 CPU 产品的型号、类型、主频、电压和厂商标志。

③ 主机板、内存的认识。

认识并了解主板的生产厂商、型号、结构、功能组成、接口标准、在机箱中的固定位置及其与其他部件的连接情况等。

认识内存，观察内存的种类、容量。

④ 硬盘、光驱，及 SATA 数据线的认识。

认识并了解硬盘的生产厂商、作用、外部结构、接口标准（数据及电源接口）及其与

257

主板和电源的连接情况等。

认识并了解光驱的作用、分类、型号、外部结构、接口标准及其与主板和电源的连接情况等。

认识硬盘、光驱等设备与主机板的连接的数据线的特点，并加以区别。

⑤ 常用插卡件的认识。

认识显卡、网卡、声卡等卡件。

（4）常用外部设备的认识

显示器、键盘、鼠标、打印机、扫描仪、音箱等常用外设的作用及其与主机的连接方法等方面的认识。

四、实训报告

简述实训内容和步骤，写出实训体会。

实训 2　微型计算机的组装

一、实训目的

① 了解微机的硬件配置和组装计算机的注意事项。
② 了解组装一台计算机的一般步骤。
③ 学会自己动手配置、组装一台微型计算机。

二、实训设备

① 常用计算机组装工具。
② 计算机配件一套。

三、实训内容及步骤

① 认真复习教材内容，了解组装计算机的注意事项和组装一台计算机的一般步骤。

② 模拟制定一套装机方案。根据当前市场情况，根据特定的用户，制定一套装机方案，列出要购买部件的详细清单。

③ 组装计算机。

a. 先把 CPU、散热风扇和内存安装在主板上，在安装时注意 CPU 与其插座上的安装方向标记，而内存条的金手指缺口应与内存插槽上的凸棱对齐。

b. 把主板安装在机箱内。

c. 分别把光驱、硬盘安装在机箱的相应位置。

d. 在主板上插上诸如网卡、显卡等扩展卡。注意集成主板可能不需要安装声卡、网卡，甚至显卡，要根据所购买集成主板内集成的情况而定。

e. 把光驱、硬盘和主板的电源线连接好，然后把光驱和硬盘的数据线连接好。

f. 连接机箱前面板上的各种指示灯以及开关的连线，要求根据主板说明书仔细逐个连接。

g．把键盘、鼠标、显示器、音箱和网线等连接到机箱后端的相应接口上，然后让指导老师检查安装好的主机，没有问题以后，可以通电验机。如果能正常进入 BIOS 设置界面，则说明硬件安装基本成功，在关闭电源之后把机箱两侧挡板装上。

四、实训报告

写出组装步骤，并结合实际谈谈在每个操作步骤中的体会。

实训 3　系统 CMOS 参数设置

一、实训目的

熟悉微型计算机系统 BIOS 主要功能及启动、设置方法。

二、实训设备

① 已组装好的多媒体微型计算机。
② 主机板说明书。

三、实训内容及步骤

（1）启动 BIOS 设置程序

开机启动机器，根据屏幕提示按 Delete 键，启动 SETUP 程序。待几秒后，进入 BIOS 程序设置主界面。

（2）了解系统 BIOS 设置的主要功能

进入 CMOS 设置主界面后，对照主机板说明书，全面认真地了解其所有的 CMOS 设置功能，如标准 CMOS 设置、高级 BIOS 设置、高级芯片组设置、集成外设设置、电源管理设置、即插即用/PCI 设备设置、计算机健康状态、频率/电压控制、设置密码和保存设置等。

（3）常用 CMOS 系统参数的设置

① 了解并修改本机器系统 CMOS 的基本配置情况。查看并修改系统日期、时间、硬盘、光驱、内存等硬件配置情况，并设置密码。

② 修改机器的启动顺序。

在"Advanced BIOS Features"选项中可以指定计算机存储操作系统设备的开机顺序，包括 First Boot Device、Second Boot Device 和 Third Boot Device 设置项。

一般机器可以从硬盘、DVD-ROM、USB 或网络等设备启动，其中以硬盘的开机率最高。首先选择"Advanced BIOS Features"选项，按 Enter 键，把 First Boot Device 项设置为"Hard Disk"，其他两项设置成为"Disabled"。

设置完成后，按 Esc 键回到主界面菜单，再选择"Save&Exit Setup"或直接按 F10 键使新的设置存盘后生效。

四、实训报告

① 结合实训内容，写出 CMOS 每一选项的功能。
② 详细写出实训的操作步骤。

实训 4　硬盘的分区、格式化

一、实训目的

掌握硬盘的分区和格式化方法。

二、实训设备

① 已组装好的多媒体微型计算机一台。
② 系统光盘一张，如 Windows 10/7。

三、实训内容及步骤

（1）硬盘分区

首先，从 BIOS 设置中将 First Boot Device 设置为 DVDROM，也就是首先从光盘载入操作系统。然后，将把系统光盘插入光驱，进入蓝色界面。

按"E"进入新建分区的界面。输入适当的硬盘大小，按"应用"和"确定"即可建立第一个分区，即 C 盘。重复上述操作，可以建立第二个分区。

如果某个分区的大小设置不理想，可以按"删除（D）"分区。但是必须注意，如果分区上有数据，删除分区将会导致数据丢失。

（2）高级格式化

硬盘分区之后，如果想在 C 盘上安装 Windows 10 系统，选中"驱动器 0 分区 2"，单击"格式化"按钮，进入格式化界面。

格式化完成后，重新启动计算机，并重新设置 BIOS 参数，使"Hard Disk"变为第一顺序启动盘，这样以后就可以从硬盘启动计算机了。

四、实训报告

结合对硬盘分区、格式化的实际操作，写出详细的操作步骤，并谈谈实训后的体会。

实训 5　操作系统与设备驱动程序的安装

一、实训目的

① 掌握 Windows 10 的安装方法。
② 掌握微机硬件设备驱动程序的安装方法。

二、实训设备

① 已分区、格式化硬盘的多媒体微型计算机一台。

② Windows 10 系统安装光盘一张。

③ 随机附带的所有硬件设备的驱动程序光盘。

三、实训内容及步骤

① 设置系统启动顺序。

从 BIOS 设置中将 First Boot Device 设置为 DVDROM，也就是首先从光盘载入操作系统。

② Windows 10 系统安装光盘放入光驱中，按照向导一步步安装 Windows 10 系统。

③ 主机板驱动程序的安装（如集成声卡、网卡和显卡，可以一起完成安装）。

④ 独立显卡驱动程序的安装。

⑤ 打印机驱动程序的安装。

⑥ 扫描仪驱动程序的安装。

⑦ 其他外设驱动程序的安装。

四、实训报告

结合操作系统和驱动程序安装的实际操作，写出详细的操作步骤。

实训 6　组建小型局域网

一、实训目的

① 熟悉路由器的各种外部接口。

② 掌握利用无线路由器建立小型局域网的方法。

二、实训设备

① 已组装好的多媒体微型计算机一台。

② 已安装无线网卡的笔记本电脑一台。

③ 无线路由器一个。

三、实训内容及步骤

① 路由器背部的 WAN 口，通过网线连接到外网，即 ADSL 宽带或小区宽带等。LAN 口通过网线连接到台式机的网线接口。并将路由器接通电源。

② 打开台式机，单击"开始"→"控制面板"→"网络和 Internet"→"网络和共享中心"→"更改适配器设置"→"本地连接"，右键单击"本地连接"，选择"属性"，即可打开"本地连接属性"对话框。双击"Internet 协议版本 4（TCP/IPv4）"。在弹出的对话框中，选择"自动获得 IP 地址"和"自动获得 DNS 服务器地址"。

③ 在台式机中打开网页浏览器，在地址栏输入路由器的默认的 IP 地址，按回车键。路由器默认 IP 地址在说明书中可以找到。在弹出的窗口中输入用户名和密码，默认均为 admin，单击"确定"按钮。进入路由器设置界面，单击"设置向导"，然后单击"下一步"

按钮。选择上网方式，单击"下一步"按钮。设置无线网络参数，单击"下一步"按钮。单击"重启"，路由器重启后设置生效。

④ 安装了无线网卡的笔记本电脑不需要使用网线连接到路由器。单击笔记本桌面右下角的无线信号图标，在弹出的网络列表中选择要连接的无线网络，单击"连接"按钮。在弹出的"连接到网络"对话框中，键入网络安全密钥，即在"设置路由器"阶段设置的 PSK 密码，单击"确定"按钮。当画面显示"已连接"时，表示电脑已成功加入无线网络。

四、实训报告

结合实训内容，写出详细的实训步骤和实训报告。

实训 7　Windows 10 系统的一般维护

一、实训目的

掌握 Windows 10 系统优化设置和经常性的维护操作。

二、实训设备

已组装好的多媒体微型计算机一台。

三、实训内容及步骤

认真复习教材 12.2 节内容，完成以下实训内容。

（1）杀毒和安全防护

① Windows 防火墙的开启、关闭和设置。

② 杀毒和安全防护软件的下载、安装和设置。

（2）磁盘的管理和维护

① 磁盘碎片整理。

② 磁盘清理。

（3）备份和还原

① 备份文件。

② 还原文件。

③ 创建还原点。

④ 系统还原。

四、实训报告

结合教材 12.2 节有关内容及在本实训课中的操作，写出详细的实训步骤和报告。

实训 8　注册表的使用与维护

一、实训目的

① 了解和熟悉有关系统注册表的重要功能。

② 掌握系统注册表的有关操作。
③ 学会利用注册表来优化系统。

二、实训设备

已组装好的多媒体微型计算机一台。

三、实训内容及步骤

（1）打开并查看注册表

在"开始"窗口的搜索框中输入"regedit"，按回车键，或者用鼠标点击搜索到的程序，即可打开注册表，查看注册表信息。

（2）认识注册表的结构

打开注册表以后，在此注册表窗口中注意识别哪些是根项，哪些是子项，哪些又是值项。它们是如何区分的？各有何特点？每一项的作用是什么？

（3）注册表的常用操作

① 在注册表中添加项、更改值、删除值项。
② 导入和导出注册表。
③ 查找字符串、值或注册表项。

认真阅读教材 12.3.4 小节注册表的应用，练习使用注册表实现系统优化。

四、实训报告

结合教材 12.3 节有关注册表的内容及在本实训课中的操作，写出详细的实训步骤和报告。

实训 9 微机系统故障与处理

一、实训目的

（1）了解和熟悉计算机故障诊断的常用方法。
（2）处理计算机软、硬件故障。

二、实训设备

（1）已组装好的多媒体微型计算机一台。
（2）常用计算机维修工具一套。

三、实训内容及步骤

（1）系统软件故障的处理

通过设定一个综合性软件故障，造成系统不能正常启动，由学生开机发现故障并逐一排除，使系统恢复正常。目的是使学生了解影响系统启动的多种故障因素，并学会解决问题的方法。

（2）系统硬件故障的处理

设置一些微机系统硬件故障，然后让学生使用诸如替换法、插拔法和比较法等进行故障诊断和排除。

四、实训报告

叙述实训中遇到的故障现象、分析判断和排除故障的过程，也可以写入自己在日常操作中碰到的系统、主要部件的故障现象和采取的解决方法。